# 水域修复生态学：基础与应用

陈雪初 等 编著

本书由大夏生态与环境书系资助出版

科 学 出 版 社

北 京

## 内 容 简 介

本书介绍了我国湖泊、河流、湿地等水域生态系统面临的问题，并从生态学视角出发阐释了水域生物要素与生态过程；梳理归纳了水域生态修复的基本理念和技术方法，并列举了针对不同类型水域生态系统的代表性工程案例；进一步总结了水域生态修复方案的设计流程，并提供了来源于实际工程的设计方案。本书有助于读者全面了解水域生态修复领域基础理论知识和工程设计方法。

本书注重生态学理论、工程思维和技术方法的相互贯通，可用于大专院校生态环境专业教学，也可以为相关领域工程设计人员学习理论和技术方法提供参考。

**图书在版编目（CIP）数据**

水域修复生态学 ：基础与应用/陈雪初等编著. —北京 ：科学出版社, 2024.6
ISBN 978-7-03-077440-8

Ⅰ. ①水…　Ⅱ. ①陈…　Ⅲ. ①水域–生态恢复　Ⅳ. ①X171.4

中国国家版本馆 CIP 数据核字(2024)第 009171 号

责任编辑：朱　瑾　白　雪 / 责任校对：杨　赛
责任印制：肖　兴 / 封面设计：无极书装

科学出版社 出版
北京东黄城根北街 16 号
邮政编码: 100717
http://www.sciencep.com

涿州市般润文化传播有限公司印刷
科学出版社发行　各地新华书店经销

*

2024 年 6 月第 一 版　开本：720×1000　1/16
2024 年 6 月第一次印刷　印张：14 3/4
字数：300 000

**定价：148.00 元**

(如有印装质量问题，我社负责调换)

# 编著者名单


**主要编著者** 陈雪初

**其他编著者** 黄莹莹　杨华蕾　戴雅奇

**参 编 人 员**（按姓氏汉语拼音排序）

崔耀楠　丁　睿　傅　敏

李　磊　李心露　刘博远

罗春晓　潘利平　权　越

盛世雯　王良洁　王一茹

吴菲儿　吴海鹏　张　楠

张晓涵　邹宏硕

# 前　言

当前，我国在污染源控制方面取得了显著成效，湖泊、河流、湿地等水域水质正逐步好转，如何进一步修复生态系统、恢复生态功能成为热点。20 多年来，我国开展了不同类型的水域生态修复技术实践，一些项目取得了很好的生态环境治理与修复效果及社会效应。但相关理论、方法、技术还有待总结，以更好地为生态文明建设服务。

2003 年，我还是一位刚刚入门的硕士生，在导师孔海南教授的指导下从事水域生态修复研究。如今屈指算来，我居然在这一领域有了 20 多年的教学、科研与工程实践经历。在此期间，我有幸参与了太湖、西湖等湖泊富营养化治理，以及长江口、杭州湾等湿地的生态保护修复，主持了鹦鹉洲生态湿地、农林水乡等项目的生态设计；同时我作为大学教师在上海交通大学、华东师范大学先后任教，其间开展了蓝藻水华控制、湿地生态修复等方面研究，主讲“湿地生态学”“水域生态学原理与恢复工程”等课程。

正是因为有这些教学研究及实践经历，我才有决心编著本书，希望能够从生态学视角出发为读者介绍水域生态系统过程，总结梳理水域生态修复的基本理念与技术方法。本书涉及的部分应用实例源自我参与的工程实践，同时也吸收了一部分国内外具有代表性的案例，这些素材多取自实施方案、工程可行性报告等第一手资料，并在教学过程中得到总结和提炼。此外，为更好地反映水域修复生态学的发展趋势，本书也吸收了一些国际上较前沿的研究和实践成果，如部分案例涉及生态功能恢复等前沿问题，探讨生态系统结构修复之后，随着生态系统逐步发育，其固碳能力和生物多样性的提升情况。

当前，我国正在大力推动绿色发展，促进人与自然和谐共生，“水清岸绿、鱼翔浅底”这一令人向往的美好景象正在逐渐成为现实。在此过程中，水域生态修复得到了全社会重视，专业技术人才需求量加大。期待本书能有助于培养在读学生的工科思维，为今后从事相关领域工作打下基础；同时也期待本书能够帮助工程技术人员通览水域生态修复的基本原理和技术方法，为开展工程设计做好准备。

本书从最初立意到最终付梓历时 10 年。在此期间，我从上海交通大学环境工程专业调任至华东师范大学生态学专业，并在教学科研岗位上工作至今。这本书的编写过程，也是我上下求索，探寻生态学与环境学交叉融合之道的过程。路漫漫其修远，有幸得到众多师友指点帮助，才能坚持至今。个人能力有限，本书更是团队合作的结晶。感谢与我长期共事的黄莹莹、杨华蕾两位老师和众多学生，以及来自工程实务界的戴雅奇等好友给予本书的莫大支持。

最后，感谢我的家人，他们是我完成此书的最坚强后盾。

陈雪初

2024 年 5 月 17 日于华东师范大学

# 目　　录

# 第1章 水域生态系统概述

## 1.1 曾为人类母亲的水域

湖泊、河流、湿地等水域既是动植物赖以为生的栖息地，也是人类生产生活必不可少的自然生态资源。水域曾经是孕育人类文明的摇篮，从狩猎采集时代开始人类族群就喜爱逐水而居，清洁的水源和充足的食物满足了人类生存与繁衍的基本需求，为技术进步创造了物质基础条件。进入农耕时代，人类文明的曙光在两河流域、尼罗河畔升起，人类聚落首先出现在河流周遭的台地之上、丘陵之间，接着又扩张至水势平缓、无洪涝之虞的近岸高地，随之开始利用河漫滩种植小麦等农作物，获得成功之后又发明了控制与管理水流的方法，进而排干湿地，改造地势，建设灌溉工程；与此同时，人类聚落逐渐成长为城邦，而水流则又成为城邦与城邦之间交换物资、传递信息的关键纽带，日益紧密的交流促生了共同的文化和信仰，随之国家诞生了。在一则取自《史记》的中国古代传说中可以大致窥见这一漫长历程的轮廓：

> 舜耕历山，历山之人皆让畔；渔雷泽，雷泽上人皆让居；陶河滨，河滨器皆不苦窳。一年而所居成聚，二年成邑，三年成都。尧乃赐舜絺衣，与琴，为筑仓廪，予牛羊。

这则传说讲的是舜在历山脚下妫水河边耕种、打鱼、制陶，得到当地人的拥护和支持，将聚落建设成为都城的故事。从中我们可以看出，农耕文明之初人类的居所、食物乃至器具都源自水，湖泊、河流、湿地对于蒙昧之初的人类来说不啻为父母，也正是对水域生态系统的合理利用，使得农耕文明能够发展延续并走向繁荣。

工业革命以来，人类历史的航船加速驶向了物质高度发达、科技突飞猛进的现代社会，然而我们与湖泊、河流、湿地“母亲”的关系却日渐疏离了。随着城市化进程的加快，人类活动对水域生态系统的干扰和破坏越发剧烈，水面减少、水文阻隔、水质恶化、水量降低、物种消失、功能丧失等一系列问题在世界范围内出现，而全球气候变化又进一步加剧了问题的严重性。这使得我们不得不回过头来重新审视曾经被我们视为“母亲”的湖泊、河流、湿地：它们怎么了，它们应该是什么样子，我们做错了什么，我们应该做些什么又不该做什么。

## 1.2 水域生态系统及其面临的问题

全球范围内的水域生态系统缤纷多样，从大都市区域为市民提供自然景观和游憩休闲空间的城市湖泊、湿地，到城市周边汇集清洁饮用水的水库与水源湖；从乡村郊野区域支撑农业灌溉与排水的渠道、河流，到隐藏于田陌深处为本地生物提供栖居之地的湿地、水塘；从山间潺潺流动、生机勃勃的溪流到峡谷间飞涌奔腾、鱼类丰富的江河；从温带、亚热带护卫着海岸线的盐沼到南北回归线之间河口茂密生长的红树林；从高寒地区支持野生动物生息的湿草甸，到热带地区储存丰富有机碳的沼泽地……这些不同类型的水域生态系统既是塑造自然地表过程和形貌的关键要素，同时又是提供生态系统服务和支持生物多样性的功能复合体。

从生态学的角度来看，每一类型的水域生态系统都是由特定的生境因子和生物要素共同组成的，它们历经漫长的自然演化，并相互作用，联结耦合形成特定的生态结构，进而涌现出独特的生态功能。然而进入人类世以来，现代科技的发展使得人类拥有了改造自然的工程技术利器，为了攫取短期利益，人类常常无所顾忌地调控与改造着水域生态系统的原生结构，而水生态结构的受损很快就导致生态功能的退化，进一步损害了水域提供生态系统服务的能力，反过来对人类造成危害。本书所讨论的是这些曾经为人类提供了极为重要的生态系统服务，而如今又受到人类活动严重影响的水域生态系统，主要包括湖泊、河流、湿地等。

### 1.2.1 湖泊

在地理学家眼中，湖泊是陆地上的盆地或者洼地自然积水形成的，或通过闸、坝等人工干预措施构建而成的蓄水体系，是湖盆、湖水及水中物质组合而成的自然综合体。从生态学视角出发，我们更加重视的是湖泊相对较长的换水时间、周期性的水文波动、从湖滨带到明水面的水深梯度，以及它们所造就的多样化的生物群落及其复杂而深刻的内在关系。除了这些特质之外，普通民众更关心的是湖泊水质是否清洁，能否予人以愉悦的感受，也就是说观感方面水体应当清澈透明，并且没有令人难受的味道，如果还能够看到水下水草茂盛、鱼儿游动，水面波光粼粼、雁鸭嬉戏那就最好不过。然而，令人遗憾的是，这样的湖泊并不多见，尤其在高度城市化的地区，湖泊健康问题越来越突出。

#### 1.2.1.1 湖泊面积的萎缩与调蓄能力的下降

人类世以来，湖泊面临的第一个问题是面积的萎缩与调蓄能力的下降。天然湖泊本身也有生命周期，伴随着水生植物的生长，泥沙的沉积使得湖泊逐渐沼泽化、陆地化。在历史时期，人类活动也曾加快了湖泊消失的速度。苏轼在《杭州乞度牒开西湖状》中说：

> 自国初以来，稍废不治，水涸草生，渐成葑田。熙宁中，臣通判本州，则湖之葑合，盖十二三耳。至今才十六七年之间，遂堙塞其半。父老皆言十年以来，水浅葑合，如云翳空，倏忽便满，更二十年，无西湖矣。

按苏东坡的估计，当时面积大约为 7km$^2$ 的西湖，如果不加以疏浚，50 年左右就会因为沼泽化的发展和人类的农业利用而变成陆地。50 年一个西湖消失，虽然这在苏东坡眼中十分惊人，但是相较于现代人类围湖造田的速度而言，那就缓慢得多了。近半个世纪以来，我国湖泊的数量和面积都在明显减少，特别是 20 世纪 60 年代至 80 年代末，许多省市都开展了大规模、高强度的围湖垦殖活动，被形象地概括为“湖岔子变鱼塘，鱼塘变藕塘，藕塘变楼房”。

人类对湖泊的开发利用活动不但导致湖泊面积下降，还阻隔了江河与湖泊的连通，许多曾经自由吞吐的通江湖泊如今都被闸坝管控约束起来，这增加了湖泊周边可利用土地，也提升了湖泊的通航能力，但是却大大削弱了它在雨洪季节的调蓄作用。原本可以被湖泊吸纳的洪水失去了原有的滞蓄场所，下游区域面临强迫行洪的危险，加重了洪涝灾害。2016 年，武汉在连续强暴雨袭击之下发生了特大洪水事件，其中一个重要原因就是现有湖泊所提供的调蓄能力不足，雨洪无处可去形成内涝。

#### 1.2.1.2 湖泊富营养化与蓝藻水华暴发

湖泊富营养化问题在 20 世纪 60 年代起才逐渐为世人所重视。最为著名的是美国华盛顿湖，1930 年以来开始有大量生活污水排入湖中，湖泊底泥中氮磷营养盐蓄积量逐渐升高，水体总磷浓度上升，湖泊生态系统结构在人们尚未察觉之时就发生了显著变化，直到有一天蓝藻水华大面积发生，这才引起了公众的关注。我国的太湖是长江中下游最重要的大型浅水湖泊，是我国富营养化现象最为严重的湖泊之一。20 世纪 60 年代以前，太湖水域眼子菜、菹草等沉水植物丛生，湖滨带芦苇、香蒲等挺水植物茂密生长，结构发育稳定的水生植被支持了多样的水生动物和丰富的渔业资源，还起到了清洁水质的重要作用，这也使得太湖成为无锡等城市的主要水源地。但是随着太湖周边城乡工农业的发展，工业废水、生活污水和农业排水携带大量氮磷营养物进入太湖，至 80 年代太湖已处于富营养化水平；90 年代以来，太湖富营养化加剧，蓝藻水华频繁发生，水生植被大量消失，周边城市的饮用水安全也受到威胁。2007 年无锡蓝藻水华造成了水污染事件，这成为当时全社会关注的重大公共安全问题，至今还作为典型案例时常被人们提起（秦伯强等，2007）。

### 2007 年无锡蓝藻水华事件

2007 年 4 月底，太湖蓝藻水华提前暴发，并在无锡市水源地梅梁湾一带聚集，5 月下旬蓝藻大量腐败形成污水团，先在 5 月 22 日迫使无锡市小里湾水厂停产，到 5 月 28 日晚，污水团进入无锡市供水规模最大的贡湖水厂，导致出厂水水质急剧恶化，居民家庭自来水中出现明显的藻腥味甚至恶臭，引发当地民众大量抢购瓶装水，连带泡面、饼干也一度脱销。随后，中央电视台等媒体报道了无锡自来水变臭的消息，无锡蓝藻水华事件开始受到全国关注。为了解决自来水安全危机，5 月 31 日专家到达无锡立即开展应急处理技术研究，经一整夜的试验，至 6 月 1 日早上确定采取高锰酸钾和粉末活性炭相结合的应急处理工艺；之后以动态调控方式在给水系统中投加药剂，以去除自来水中嗅味物质和有毒污染物；该工艺运行一直至 6 月 5 日停止，此后自来水水质逐渐好转，供水系统恢复正常。整个事件中，无锡市占全市供水 70%的水厂水质都被污染，影响到 200 万人口的生活饮用水（谢平，2008）。

2007 年太湖蓝藻水华危机暴发之时，还吸引了不少国外专家前来研究，其中有一位美国学者 Hans Pearl 在 *Science* 杂志上发出警示：蓝藻水华不会只在中国太湖暴发，像美国的伊利湖、奥基乔比湖，这些湖泊也已经处于成为“藻类汤（algal soups）”的边缘（Guo，2007）。没想到他的预言很快就应验了。湖泊富营养化问题也开始严重威胁北美五大湖，受害最重的是五大湖中流域社会经济相对发达的伊利湖，周边有底特律、克利夫兰、布法罗等人口密集的大城市，流域总人口超过 1150 万。伊利湖同时也是五大湖中面积最小、深度最浅的湖泊，因此更容易受到外源污染的影响。

### 美国伊利湖蓝藻水华

2014 年 8 月上旬，伊利湖暴发了蓝藻水华，湖水中的微囊藻毒素上升至了 2.5μg/L，是世界卫生组织（WHO）建议值（1μg/L）的 2.5 倍，这迫使俄亥俄州的托莱多市政府发布禁令，“禁止饮用”湖水。在 2015

年7月，水华蓝藻包围了伊利湖群岛，甚至一直延伸到了加拿大境内；2019年7月至8月，伊利湖又发生大规模蓝藻暴发事件，遥感数据显示，7月30日蓝藻覆盖面积超过770km$^2$，到了8月13日蓝藻面积已经扩大到了1605km$^2$（Bosse et al.，2019）。

如今，湖泊富营养化及其伴生的蓝藻水华灾害已经成为全球性的水域生态问题，吸引了无数科学家和工程师为之探索，寻找解决方案，而像太湖、伊利湖这些位于经济发达、人口密集的城市化地带，却频发蓝藻水华的湖泊，也成为全球湖泊学家和生态学家关注的热点研究区域。

### 1.2.2 河流

江河奔流不息，蜿蜒穿行在地表之上。河流可定义为陆地表面较大的天然水流，在一定区域内由地表水和地下水补给，经常或者间歇地沿着狭长凹地流动的水流；也可以认为是地表水在重力作用下沿着陆地表面凹地上的流动，按照水量的大小分为江、河、溪、沟、涧等；更为全面的河流定义则是指在一定区域内由地表水和地下水补给，受岸堤限制，在狭长区域内，由于重力作用持续流动，并最终汇入海洋、湖泊等的自然水流或人工水流。河流虽然是一个名词，但描述的却是水体在时间与空间中的连续流动状态。中国古人对河流的时空连续性早有认识：

孔子望着河流慨叹时间流逝："逝者如斯夫，不舍昼夜。"
李白歌咏河流说："君不见，黄河之水天上来，奔流到海不复回。"

处于连续流动状态的水体，具有改造自然地貌的巨大力量，同时又携带着生命的种子，将它们播送至湿地、湖泊、海洋。河流是物种迁移和物质流动的关键通道，它将上游流域内产生的营养物质输送至下游区域促进动植物生长；洄游鱼类从海洋出发，通过河流上溯至上游淡水区域繁育后代；河流携带泥沙沉积在河口逐渐形成了肥沃的平原。正因为如此，河流成为地球上绚丽多彩动植物生存的基础，也是人类灿烂文明诞生的摇篮。

河流是人类社会发展的基础，不仅为人类提供了食物、工农业及生活用水，还具有航运、休闲娱乐等诸多服务功能。河流为城市提供的生态服务功能推动着城市的发展，但城市规模的扩大对河流的干扰日渐增加，筑坝、取水、分流、截弯取直、堵塞汊流及河岸的固化、河岸植被带采伐等活动，破坏了河流连续性及其水文循环过程，进一步引起了河流生态系统的退化。

#### 1.2.2.1 生产生活排污导致河流水质恶化

在城市建设发展初期，人们往往忽视河流的生态功能与美学价值，而简单视之为城市排水通道。于是，人类生产生活产生的污水未经处理就直接排放入河道，好氧微生物在分解有机污染物的同时耗尽了溶解氧，导致水体长期处于厌氧状态；而底泥中积累的有机物转而与硫酸盐、铁离子、锰离子等发生氧化还原反应，生成硫醇、硫化氢等恶臭物质和硫化亚铁、硫化亚锰等致黑物质，这就是河流黑臭现象的主要成因。缺氧与发臭导致鱼类、虾类、贝类等水生动物死亡甚至绝灭，致黑物质则导致水体透明度急剧下降，使得水生植物丧失光合作用能力而死亡，而一些致病微生物却在“黑臭培养基”中迅速滋生。河流黑臭问题是现代城市发展的副产物之一，在19世纪正处于全世界工业革命中心的英国伦敦，就发生过一次被载入史册的泰晤士河污染事件。

**铭刻于现代城市发展史上的泰晤士河“大恶臭（The Great Stink）”**

自19世纪初，伦敦居民人口和人均生活消费量增加，生活垃圾大量产生，难以消纳，家用化粪池也经常堵塞。为此，埃德温·查德威克等提出建设小管径下水道系统，利用雨水冲刷作用将垃圾排入河流。虽然这一方法解决了垃圾与排泄物处理难题，却将污染物转移至了泰晤士河；而与此同时，伦敦人对于“母亲河”的感情也日渐疏远，生活污水、工业废水和屠宰场、制革厂等产生的废弃物统统被排入泰晤士河，当地标志性物种鲑鱼也因此绝灭。1858年夏，天气异常干旱炎热，承载了两百多万名伦敦居民的生产生活排水和排泄物的泰晤士河“臭气熏天”，持续的高温加剧了臭味，河流两岸弥漫着令人作呕的“大恶臭”。当时，维多利亚女王一度还坚持要泛舟泰晤士河，结果刚到岸边就忍受不住恶臭，匆忙逃离。不幸的是，这条“天然大下水道”竟然还是饮用水源地，由于病菌滋生导致伦敦暴发了4次导致数万人丧生的霍乱。危机也带来了改变，约翰·斯诺医生调查统计了病患人数分布情况，发现有公共水井的社区患病率和死亡率都很高，从而推断出疫情与水源污染有关；工程师约瑟夫·巴瑟杰认识到了避免泰晤士河污染对于公共卫生的重要性，提出了伦敦下水道全面改造计划，并主持建成了长达1300英里[①]的管廊式排水系统，终于将排水口转移到泰晤士河下游，从此垃圾与污水在伦敦桥以东的郊区排放入河，随着潮汐汇入大海（Glick，1980）。

---

① 1英里=1.609 344km

#### 1.2.2.2　水利工程对河流生态系统造成胁迫

水利工程对自然河流实施不同形式的改造，以满足城市发展对供水、防洪、灌溉、发电、航运、渔业及游憩等多种使用功能的需求；另外，水利工程也为低地区域抵御洪涝灾害、干旱与半干旱地区改善生态环境质量、跨境流域合理调配水资源等作出了巨大贡献，成为区域社会经济发展的基础。但是一些水利工程的兴建，也在不同程度上降低了河流的景观多样性，导致生物生境的改变甚至丧失，对生态系统稳定性和生物多样性造成了威胁。

河流景观多样性的形成是一个长期的动态过程。水流侵蚀作用引起岸坡冲刷、河道淤积、河道摆动及河势变化，构造了河漫滩和台地。在北半球由于科氏力的作用，河水在流动过程中更多地涌向右岸，湍急的水流不断冲刷右岸，造成岸线逐渐后退，形成弓形河岸；而左岸附近的水流则相对缓慢，这促使泥沙淤积于此，逐渐形成滩地；河流还时常受到周期性洪水的影响，这也加强了景观多样性，出现了纵坡变化，河道蜿蜒游荡、多级分汊，河漫滩落干与淹水交替等动态特征。河流的景观多样性为水生生物创造了不同的生境，如丰水季节河漫滩成为鱼类的产卵繁育之地，水位下降之后鹭类就前来取食；左岸滩地是草本湿地植物占据优势的区域，开阔的滩面与丰沛的水草为食草动物饮水取食提供了场所，右岸水深流急，溶解氧丰富，是具有很强游泳能力的急流性鱼类的栖息地。

水利工程对河流生态系统造成不同程度的胁迫与破坏，较为突出的表现是以改善防洪、航运条件为目标的河道截弯取直工程，直接破坏了原有的连续、多样的自然河流景观，造成河流形态的均一化和不连续化。河流形态均一化主要表现为自然河流被人为改造，岸线硬质化形成直立陡坡，加之河道底部浇筑混凝土，成为“三面光”的渠道；河流形态不连续化的主要原因是河流筑坝蓄水成库，阻塞了生物迁移的通道。这些过程都改变了河流的自然形态，降低了河流生境的异质性，进而引起生物多样性降低和生态系统功能退化。河流生态系统的破坏是一个缓慢发展的过程，也是人为与自然因素共同作用的结果，当人们发现其恶果时，往往情况已经变得不可逆转。

**美国基西米河渠化工程对河流生态系统的影响**

随着美国佛罗里达南部区域社会经济的发展，出于防洪排涝的需要，基西米河在 1962～1971 年逐渐被渠化为一条长 90km、深 9m、宽仅 100m 的几段近似直线的人工运河，河长缩短了约 38%，过流能力得到提高，可以防御 5 年一遇洪水。同时，为了航运的需要沿河修建了 6 级拦河坝，由第一级水坝直接控制基西米湖的出流，沿河形成 5 级河道型水库。但渠化工程迅速改变了下游地区的水文特性，对流域生态系统造成了一系列负面效应。

渠化工程直接导致了 56km 原有河道的消失和 25km$^2$ 滨岸及河漫滩湿地的损失。更为严重的后果是渠化工程极大地改变了流域内不同区域原有的自然水文特性，紧靠各拦河坝的上游滩地由于拦蓄作用，转变成了被深水长期淹没的水库，同时丧失了季节性的水文节律；而离主河道稍远的河漫滩湿地，由于流量被削平，洪水期水位不能上升，约有近 125km$^2$ 的湿地因此干涸；对于水库下游河段，由于拦河坝消除了原有的季节性水位波动，长期的低流量甚至零流量状态使得蓝藻和水葫芦等大量生长，植物死亡残体在河床累积，形成了厚度近 1m 的有机质堆积层，不断消耗水体中的溶解氧，导致水质恶化，影响到下游区域的用水安全。

基西米河渠化后的负面效应波及生活在该流域内的鱼类水禽等各种动物，到 20 世纪 70 年代早期，冬季性水禽的栖息沼泽地面积减小了 92%，在基西米河下游越冬的水禽数量减少了 92%～94%；水中溶解氧含量偏低对鱼类造成胁迫，超过 6 种本地鱼类消失，当地重要的渔业资源大口黑鲈大幅减少。此外，由于被调平的水位和长时间的小流量使得河水无法上溯至河岸滩地与高地池塘，原来在水位波动期间会发生的有机质输送、无脊椎动物和鱼类迁移过程均受到了干扰（Toth et al.，1995）。

### 1.2.3 湿地

在陆地生态系统与水域生态系统之间，往往存在着一个时常淹水又时常落干，干湿不定的过渡区域，特殊的水文条件限制了大多数陆生和水生生物的生长，但是对于像芦苇、香蒲这样既耐湿又耐旱的草本植物来说却是适宜的生境；丰茂的水草为昆虫、底栖动物提供了食物与庇护所，又吸引了白鹭、黑水鸡等水鸟到此觅食，而鸦雀、苇莺等则直接在芦苇丛中营巢，等等。

水陆的交互作用及水文波动塑造了湿地这一特殊的生态系统，这个生态交错区域被认为是野生动物的重要栖息地，具有很强的生物多样性支持作用，同时也具有调蓄雨洪、降解污染、调节气候和防止侵蚀等服务功能。1956 年，美国鱼类及野生动物保护局将湿地定义为：被浅水或间歇性积水覆盖的低地；生长挺水植物的湖泊与池塘，但河流、水库和深水湖泊等稳定水体不包括在内。1971 年，国际《湿地公约》则将湿地定义为：不问其为天然或人工、长久或暂时的沼泽地、泥炭地或水域地带，带有静止或流动的淡水、半咸水或咸水水体，包括低潮时水深不超过 6 米的水域。这一定义将湿地范围扩展到了浅水湖泊与河流、河口区等，为不同类型湿地保护区的划定提供了依据。1979 年，美国鱼类及野生动物保护局提出了相对明确的湿地定义：湿地是处于陆地生态系统和水域生态系统之间的过渡区，通常其地下水位达到或接近地表，或者处于浅水淹覆态，湿地至少具有以下 3 种特征之一：①至少是周期性地以水生植物为优势；②基底以排水不良的水成土（hydric soil）为主；③基底为非土壤（non soil），并且在每年生长季的部分时间水浸或水淹。该定义将“湿地土壤”的概念引入湿地定义中，认为满足“湿地三要素”之一的即湿地。我国 2022 年 6 月起正式施行的《中华人民共和国湿地保护法》基本遵循了《湿地公约》，规定湿地“是指具有显著生态功能的自然或者人工的、常年或者季节性积水地带、水域，包括低潮时水深不超过六米的海域，但是水田及用于养殖的人工的水域和滩涂除外。”

由于湿地生态系统结构复杂，水文与土壤基底条件多变，要想制定一个科学完整、指标明确的定量分类系统非常困难。从现有的湿地分类方法上看，一般可以把湿地分类方法分成三大类，包括依据形成湿地的气候和地貌条件的成因分类法、依据湿地表观特征和内在的动力特征的特征分类法及基于前两种方法的综合分类法。

《湿地公约》是全球最早针对单一生态系统保护的国际公约，至 2023 年 10 月湿地公约有缔约方 172 个。《湿地公约》分类是基于全球尺度，综合考虑各缔约方湿地分布范围和特点，从有利于湿地管理的角度展开分类，体现的是全球尺度下的湿地类型的层、级结构特征。《湿地公约》中将人工湿地单独作为一个系统，与海洋、内陆等系统并列，并将海洋和海岸湿地分为 12 类、内陆湿地分为 21 类、人工湿地分为 10 类（表 1-1）。

**表 1-1　湿地分类国际标准**

| 1 级 | 海洋和海岸湿地 | 内陆湿地 | 人工湿地 |
|---|---|---|---|
| 2 级 | 永久性浅海水域、海草层、珊瑚礁、岩石性海岸、沙滩、砾石与卵石滩、河口水域、滩涂、潮间带森林湿地、咸水及碱水潟湖、海岸淡水湖、海滨岩溶洞穴水系 | 永久性内陆三角洲、永久性河流、时令河、湖泊、时令湖、盐湖、时令盐湖、内陆盐沼、时令碱水及咸水盐沼、永久性淡水草本沼泽、泡沼、泛滥地、草本泥炭地、高山湿地、苔原湿地、灌丛湿地、淡水森林沼泽、森林泥炭地、淡水泉及绿洲、地热湿地、内陆岩溶洞穴水系 | 水产池塘、水塘、灌溉地、农用泛洪湿地、盐田、蓄水区、采掘区、废水处理场所、运河及排水渠、地下输水系统 |

资料来源：《湿地公约》，1971 年

2009 年 11 月我国发布了《湿地分类》国家标准，并于 2010 年 1 月正式实施。《湿地分类》综合考虑湿地成因、地貌类型、水文特征和植被类型，将湿地分为三级。第一级，按照湿地成因，将全国湿地生态系统划分为自然湿地和人工湿地两大类。自然湿地按照地貌特征进行第二级分类，再根据湿地水文特征和植被类型进行第三级分类；人工湿地的分类相对简单，按照人工湿地的主要用途进行第二级和第三级分类（表 1-2）。

表 1-2　中国湿地分类国家标准

| 1 级 | 自然湿地 | | | | 人工湿地 |
|---|---|---|---|---|---|
| 2 级 | 近海与海岸湿地 | 河流湿地 | 湖泊湿地 | 沼泽湿地 | 水库<br>运河、输水河<br>淡水养殖场<br>海水养殖场<br>农用池塘<br>灌溉用沟、渠<br>稻田/冬水田<br>季节性洪泛农业用地<br>盐田<br>采矿挖掘区和塌陷积水区<br>废水处理场所<br>城市人工景观水面和娱乐水面 |
| 3 级 | 浅海水域<br>潮下水生层<br>珊瑚礁<br>岩石海岸<br>沙石海岸<br>淤泥质海滩<br>潮间盐水沼泽<br>红树林<br>河口水域<br>河口三角洲/沙洲/沙岛<br>海岸性咸水湖<br>海岸性淡水湖 | 永久性河流<br>季节性或间歇性河流<br>洪泛湿地<br>喀斯特溶洞湿地 | 永久性淡水湖<br>永久性咸水湖<br>永久性内陆盐湖<br>季节性淡水湖<br>季节性咸水湖 | 苔藓沼泽<br>草本沼泽<br>灌丛沼泽<br>森林沼泽<br>内陆盐沼<br>季节性咸水沼泽<br>沼泽化草甸<br>地热湿地<br>淡水泉/绿洲湿地 | |

《土地利用现状分类》是 2017 年 11 月实施的一项中华人民共和国国家标准。其根据土地利用方式、土地用途和覆盖特征等因素，以满足生态用地保护需求为目标，按照主要用途对土地利用类型进行了归纳和完善，调整了部分地类名称并细化了二级类划分。《土地利用现状分类》将水田、红树林地、森林沼泽、灌丛沼泽、沼泽草地、盐田、河流水面、湖泊水面、水库水面、坑塘水面、沿海滩涂、内陆滩涂、沟渠和具有湿地功能的沼泽地，共 14 种二级地类归入湿地大类。

我国在 2017 年开始的第三次全国国土调查中，对《土地利用现状分类》中的部分地类进行了归并或细化。在土地利用方面，湿地作为一级地类，其中包括红树林地、森林沼泽、灌丛沼泽、沼泽草地、盐田、沿海滩涂、内陆滩涂和沼泽地 8 种二级类。与《土地利用现状分类》中的湿地分类标准相比，水田被划分为耕地二级类，河流水面、湖泊水面、水库水面、坑塘水面和沟渠划分为水域及水利设施用地二级类。

#### 1.2.3.1　湿地面积萎缩

在城市发展史上，人类曾经有相当长一段时间认为湿地是无主之地与毫无价值的荒野，因此湿地应当被广泛开发利用以支持城市扩张。随着现代工程技术的发展，人类可以通过构建排水通道、收割植被等，快速排干湿地的水分，将其改造为农用地或者城镇建设用地，同时水文条件的改变也导致周边更多的湿地旱化。从世界范围来看，众多国家已经历或正在经历湿地面积迅速减少的过程。在过去的 1000 年时间内，欧洲大陆上 80%的原生湿地损失殆尽。大部分国家，如荷兰、德国、西班牙、希腊、意大利、法国等，其湿地面积损失均在 50%以上。

**佛罗里达大沼泽湿地的开发**

佛罗里达大沼泽湿地位于美国最南端，面积约为 50 万 $hm^2$，是美国国家公园之一，也是负有盛名的旅游胜地。历史上大沼泽湿地的面积超过 90 万 $hm^2$。自 19 世纪以来，随着佛罗里达人口的迅速增长，对大沼泽地的开发大幅度加剧。为了发展农业，自 19 世纪中期开展沼泽地排水工程，80 年代开始建造人工运河，1905～1910 年进行了一系列排水疏浚工程，雨水从该地区排出，注入大西洋或改道流向农场与城市，至 20 世纪 20 年代沼泽地北部就有 27%的区域被开发为农业区，如今历史上大沼泽地近 50%的面积已被开发成农业区或城镇。湿地开发工程使得紧邻奥基乔比湖南面约 3100$km^2$ 的土地得到灌溉，改造形成了以种植甘蔗为主的规模化农场，原属大沼泽的 30%土地被建设成为美国的糖业基地。城市建设、农业开垦及建坝修灌渠等人类活动根本性地改变了大沼泽湿地的水文条件，导致水资源分布和水文过程的重大变化，使得 50%的原始湿地干涸；而来自大沼泽湿地北部甘蔗种植园的富含氮磷的农业排水下泄导致大沼泽湿地富营养化，香蒲成片地取代了湿地特有的植物群落（Davis and Ogden，1994）。

我国湿地面积萎缩问题也不容小觑，据第二次全国湿地资源调查（2009～2013 年）显示，2003～2013 年 10 年来可比口径湿地面积共减少了 2.9%；长江中下游 34%的湿地因围垦而丧失；中国最大的沼泽区三江平原，从 1995～2005 年的 10 年里由于人类开垦自然湿地，湿地面积减少 77%；1973～2013 年，黄河三角洲湿地总面积呈下降趋势。沿海地区累计丧失滨海滩涂湿地面积 50%以上，共计约 2 万 $km^2$ 以上，湿地功能持续下降。

**盐城湿地的面积变化**

盐城湿地内有珍禽国家级自然保护区和大丰麋鹿国家级自然保护区，是丹顶鹤、麋鹿等濒危物种赖以生存的家园；同时也是候鸟迁徙的栖息地。近年来，人类的持续开发利用活动特别是大面积滩涂围垦，是导致盐城滨海湿地不断变化的主要因素（谷东起等，2012）。根据 2005

年开始实施的江苏908专项调查结果，盐城海岸线总长378.885km，占江苏省海岸线总长度的43%，滩涂面积1262km$^2$，占全省滩涂面积的40%左右。新中国成立后，我国盐城沿海滩涂进行了大规模的滩涂围垦，遥感卫星数据显示，1951～2009年共围垦滩涂1607.3km$^2$，2010～2014年新增围垦面积222.8km$^2$。此外，海平面上升也导致湿地受损，江苏盐城湿地珍禽国家级自然保护区管理处调查发现，盐城湿地珍禽保护区核心区侵蚀逐渐加剧，核心区滩涂每年约向后蚀退100m。

#### 1.2.3.2 生物多样性下降

人类开发活动导致湿地面积萎缩的同时，也干扰了湿地水文结构及其他生境条件，造成生物多样性的下降。由于围垦湿地建设养殖池塘和盐田等原因，1987～2002年莱州湾南岸生长自然湿地植被的潮上带自然湿地面积由20 181hm$^2$下降至4619.14hm$^2$，湿地的总净初级生产量由$33.50×10^4$t下降到$7.57×10^4$t，降幅为77.40%；与此同时自然湿地景观格局破碎化严重，导致生物生境受到破坏，原来湿地分布较多的一些特有植物，如芡、珊瑚菜、天麻等到2005年时已非常罕见，同时大天鹅、丹顶鹤等珍稀濒危水禽的栖息地和觅食地也逐渐消失（张绪良等，2009）。

生物入侵也是导致湿地生物多样性下降的重要因素。外来入侵物种与当地物种争夺食物等资源，部分占据本地物种的生态位，进而改变种群结构与食物链过程，并影响物质循环，形成有利于自身的生境条件，最终排挤湿地本地物种。例如，紫茎泽兰原产中美洲，从中缅、中越边境传入我国云南南部后，于20世纪90年代侵入邛海湿地，该物种能分泌化感物质抑制其他湿地植物，加之在侵入地摆脱了原来天敌的制约，生长迅速，常常形成单一优势群落，快速挤占本地植物生境，最终导致入侵地物种多样性的丧失（鲁萍等，2005）。互花米草是我国盐沼湿地的典型入侵物种。互花米草原产于美洲大西洋海岸，自20世纪70年代引入我国后现已在全国海岸带扩散，造成一定危害。互花米草生态耐受性强，耐水淹、耐盐，且繁殖力强。近十年来互花米草侵占了大量中国本土盐沼植物如海三棱藨草、芦苇的分布区，导致盐沼湿地生境单一、生态功能下降，在我国南方红树林湿地互花米草与本土红树植物的生态位重叠，在局部地区互花米草也有可能侵占红树林，造成红树林湿地面积下降（解雪峰等，2020）。刘明月（2018）基于近25年的Landsat遥感影像发现盐城湿地碱蓬不断遭受互花米草和芦苇的两侧挤压，面积不断减小，2018年核心区内碱蓬面积已不足15km$^2$，保护区外围碱蓬已基本消失。

流域人类活动导致长期营养盐的大量输入，会改变湿地生态系统的氮磷限制条件，进而引起本地植物生理生态功能、地上部生物量、根系生物量、湿地土壤微生物种群等发生一系列的变化。在海岸带与河口区富营养化会导致盐沼植被退化，湿地表面裸露变成光滩，这一危害在潮沟附近表现最为明显；在淡水湿地区域富营养化有可能促进入侵物种生长，导致植被群落结构发生根本性变化。

**大沼泽湿地富营养化**

历史上佛罗里达大沼泽地湿地在降雨和洪水期间从奥基乔比湖的溢流中获得水和营养，整体处于贫营养状态，优势植物种为莎草科植物。但 1979 年完工的佛罗里达州中南部防洪项目排干了奥基乔比湖以南的土地以种植甘蔗，糖业的发展促进了更多的湿地被抽干用于种植，且为保持利润，当地鼓励广泛使用化肥和化学品，这导致农业区富含氮和磷的排水下泄，据估计约 80%的用于作物施肥的磷转移至大沼泽地湿地中。在被开发之前大沼泽湿地的土壤及水中磷浓度很低，湿地植物生长受到磷限制，因此低磷需求的锯齿草（学名：大克拉莎，*Cladium jamaicense*）占据优势。随着农业区径流的持续输入，大沼泽湿地的养分水平特别是磷水平升高，诱发了植被群落的动态演替。相对于湿地原生植被锯齿草，外来种香蒲在土壤磷含量相对较高的条件下具有竞争优势，因此随着湿地土壤磷水平的增加，香蒲逐渐取代了本地植物，并以每年 4%的速率扩张。如何解决糖业发展与大沼泽湿地保护的矛盾是当地人们面临的两难问题（Vaithiyanathan and Richardson，1999）。

#### 1.2.3.3　气候变化加剧湿地受损退化

工业革命以来，大气层中二氧化碳、甲烷和其他温室气体不断增加，特别是 $CO_2$ 在过去的 200 年里增加了 30%，增强了地球表面温室效应。虽然就气候变化对全球带来的影响科学家们还不能作出准确的评估，但气候异常对某些地区气温、降水量和蒸发量的影响已显而易见。降水减少使湿地获得的水分补给量降低，造成湿地萎缩。而气候异常使降水时空分布的不均匀性进一步增大，日照时数延长及气温、地温的升高，都会打破湿地原有的水分平衡关系，导致湿地保有水量的持续减少。以中国三大江河源头青藏高原为例，它对中国中东部的水分输入起着至关重要的作用，对于气候变化却十分敏感，近年来开展的湿地普查和相关研究都表明，青藏高原的湿地生态系统明显受气候热旱的影响，发生了不同程度的退化，表现为湿地面积快速萎缩及植被旱生化（罗磊，2005）。

气候变化还导致海平面上升加剧。我国《2021 中国海平面公报》显示，1980～2021 年中国沿海海平面上升速率为 3.4mm/a，高于同时段全球平均水平。滨海湿地通过泥沙沉积和有机质积累保持与海平面的平衡，气候变化情景下其沉积速度可能低于海平面上升速度，导致湿地面积和总生物量下降，湿地类型由高级类型向低级类型逆向演替。此外较快的海平面上升速率加剧了沿海风暴潮、海岸侵蚀、海水入侵与土壤盐渍化等灾害，也影响了滨海湿地的结构与功能。

## 1.3 水域生态系统与流域的关系

水域生态系统所在的流域是它最主要的汇水来源（图 1-1）。流域内降水与非点源排水形成地表径流，汇聚成河流，最终汇入湖泊、湿地、河口区等水域生态系统，与此同时流域人类活动产生的污染物质会随着水流进入水域；另外，湖泊、湿地等水域生态系统为周边流域提供航运、行洪滞洪、渔业资源等服务功能，支撑着人类生产生活。水域生态系统的结构和功能与流域的自然地理条件密不可分，并与流域中人类社会系统产生相互作用，成为“山水林田湖草沙生命共同体”。因此，在水域生态恢复项目实施过程中，应当从整体观角度来思考问题，深入分析水域与流域的关系，寻找人与自然和谐共生之道。

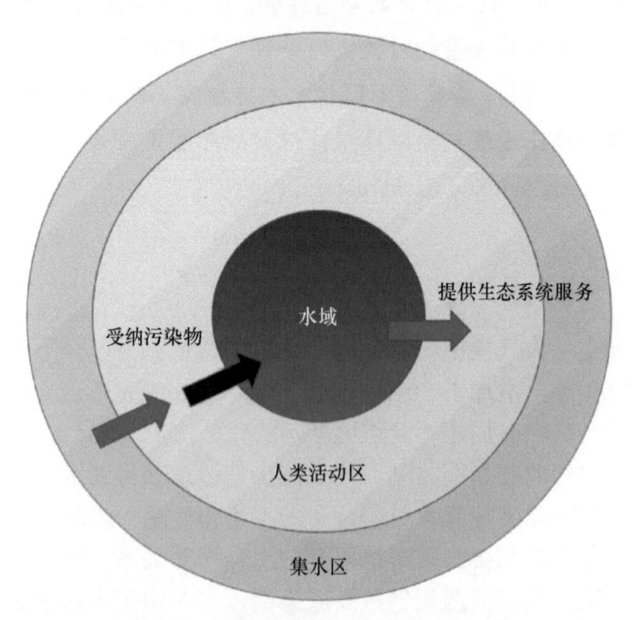


图 1-1 水域生态系统与流域的关系（彩图请扫封底二维码）

### 1.3.1　流域营养盐排放导致水域富营养化

在不少睿智的学者眼中，富营养化是因为“好东西太多”而带来的湖泊“慢性病”，这一问题的发生与湖泊周边流域土地利用方式和人类生产生活密不可分。以云贵高原第一大淡水湖泊云南滇池为例，由于它位于昆明城市河流下游，为半封闭的高原浅水湖泊，较低的地势使其成为昆明城镇生活污水、农业面源排水和工业废水的唯一受体。自 20 世纪 80 年代开始，滇池流域内工业开始迅速发展，滇池周围兴建了一批磷肥厂、造纸厂等，同时为提高农作物产量，流域内部分森林被砍伐改为农业用地，化肥农药被大量使用，致使氮磷营养盐随河流大量输入滇池，产生了严重的富营养化问题。太湖是一个受流域人类活动影响极大的富营养化浅水湖泊，自 2007 年以来经过了 10 余年高强度治理，特别是大规模控源截污措施实施后，进入太湖的外源营养盐负荷理应减少。但是仍然没有摆脱富营养化带来的困扰，究竟是什么原因呢？

**外源污染负荷控制“失效”之谜**

水利部太湖流域管理局的数据表明，2008～2018 年多年平均太湖外源输入的总氮为 4 万～5 万 t，总磷约为 2000t，与 2007 年水危机发生前相比并没有明显减少。这个背后的原因值得深思，有专家认为由于流域整体用水量增加，造成了营养盐入湖量增加。根据水利部门的监测，2007 年前后每年进入太湖的水量约为 70 亿 $m^3$，太湖换水周期大约为 260 天，现在的年来水量为 100 亿～150 亿 $m^3$，平均增量超过 60%，换水周期则缩短至不足 150 天。这个增量中的很大一部分并非天然降雨，而是通过长江引水进入城镇给排水循环系统，经城镇使用后再通过污水处理厂排放进入河流及湖泊。因此，尽管排放的废水中污染物浓度有所下降，但流域内总水量增加、水循环加快的效应却使总污染负荷下降有限。而且，由于我国《城镇污水处理厂污染物排放标准》（GB 18918—2002）中一级 A 排放标准的总氮浓度为＜15mg/L，总磷浓度为＜0.5mg/L，出水中氮、磷浓度仍然远高于太湖水体的氮、磷浓度。

另外，太湖流域分散而复杂的面源污染也不容忽视。面源污染包括农村居民生活污水、乡镇企业废水、农业生产污水、养殖废水等，仍未能得到有效的收集和处理。对于这些数量分散、浓度较低的污染源，因收集和集中处理成本较大，国内外通用的办法是用湿地或者水塘等进行拦截和滞留。有专家认为，按照湿地滞纳磷能力为 1g/($m^2$·a)进行计算，假设一半左右的磷是来自面源污染，太湖流域大约需要 1000km$^2$ 的湿地或者水塘来应对面源污染，然而截至 2018 年仅仅恢复了约 100km$^2$ 环湖湿地。还有专家认为正是面源污染治理的滞后，使得太湖流域一旦遇到降水丰沛的年份，入湖负荷即会显著增加，如 2016 年太湖流域水量偏丰，入湖水量超过 150 亿 m$^3$，总氮外源负荷输入量达到了 5.35 万 t，总磷达到了 2500t，较多年平均值分别高出 20%和 25%（翟淑华等，2020）。

在人类活动强度较低的情况下，湖泊与陆域相互作用往往会形成生态交错带，从浅水区到高地依次为沉水植被、挺水植被、草本、灌木、乔木等。天然生态交错带区域范围可以达数公里，甚至数十公里，流域产生的地表径流经过生态交错带调蓄净化后再流入湖泊，对污染物质起到拦截作用。随着流域人类活动的加强，生态交错带被逐步开发利用，丧失了清水功能，这也是导致湖泊富营养化发生的重要原因（图 1-2）。相对滇池和太湖而言，洱海水质较好，处于富营养化初期。洱海是大理市和周边乡镇的水源地，同时也接纳了流域产生的大部分氮磷营养盐。洱海湖区氮磷及有机污染物来源以生活点源和面源污染为主，主要通过河流和农灌排水沟渠在雨季集中入湖。根据生态环境部发布的全国地表水环境质量状况通报，洱海水质 2020 年、2021 年、2022 年连续三年评价为优、中营养状态；另外生态环境监测部门数据显示，综合反映洱海保护治理工作成效的全湖透明度均值达 2.29m，2022 年提升至近 20 年最高水平。洱海是怎么做到水清见底的呢？

### 洱海富营养化问题的解决之道

洱海地处云南省大理白族自治州中心地带，隶属澜沧江流域一级支流黑惠江的支流，是云南省的第二大高原淡水湖泊，水量补给主要为大气降水和入湖径流，环湖主要入湖河流有 29 条。洱海流域干湿季节分明，旱季（12 月至次年 5 月）降水量仅约占全年 10%，约 90%的入湖径流都集中在 6～11 月，因此受雨情条件影响和控制的入湖径流是洱海水质年际变化的关键环境因子。自 2014 年起洱海综合营养状态指数（trophic level index，TLI）呈逐年升高的变化过程，其中 2014～2017 年 TLI 年均增加 1.1（马巍等，2021）。由于洱海尚处于富营养化初期，采取“早期干预”，即在湖泊轻度富营养化阶段，通过技术措施控制污染源排放，削减入湖污染，可以减缓甚至逆转富营养化趋势（王哲等，2016）。针对流域污染，在水环境专家的指导下，当地实施了城乡一体生活污水收集处理、生活垃圾收集处理、农业面源污染防治、环湖生态廊道建设、清水入湖工程等截污治污措施。同时，重视发挥生态交错带的功能，在恢复湖滨带的基础上，向外围拓展，形成总面积约 94km$^2$ 的生态缓冲带，分为三圈：内圈为洱海最高水位线以上 100m 环湖带，外圈为环洱海公路“大丽线”近湖侧的截蓄净化带，中圈为外圈和内圈之间的绿色经济带。此外，以湖滨缓冲带为基础，建设兼具拦截污染物与景观功能的生态廊道，包括沟渠湿地、河口湿地、生态净化区和雨水花园 4 个梯级净化系统等。2016 年起全面开展污染源和入湖河流治理，2017～2019 年洱海 TLI 升高的态势明显趋缓，2016～2020 年洱海水质累计实现 32 个月Ⅱ类。

图 1-2　生态交错带的破坏与恢复（彩图请扫封底二维码）

### 1.3.2　水域为流域人类活动提供生态系统服务

生态系统服务的概念自 20 世纪 60 年代提出，最初定义为生态系统与生态过程所形成的、维系人类生存的自然环境条件及其效用。Costanza 等（1997）将生态系统服务划分为供给服务、调节服务、支持服务和文化服务四大类（表 1-3），

**表 1-3　生态服务类型的划分**

| 一级类型 | 二级类型 | 与 Costanza 分类的对照 | 生态服务的定义 |
| --- | --- | --- | --- |
| 供给服务 | 食物生产 | 食物生产 | 将太阳能转化为能食用的植物和动物产品 |
| | 原材料生产 | 原材料生产 | 将太阳能转化为生物能，给人类作建筑物或其他用途 |
| 调节服务 | 气体调节 | 气体调节 | 生态系统维持大气化学组分平衡，吸收 $SO_2$、氟化物、氮氧化物 |
| | 气候调节 | 气候调节、干扰调节 | 对区域气候的调节作用，如增加降水、降低气温 |
| | 水文调节 | 水调节、供水 | 生态系统的淡水过滤、持留和储存功能及供给淡水 |
| | 废物处理 | 废物处理 | 植被和生物在多余养分与化合物去除及分解中的作用，滞留灰尘 |
| 支持服务 | 保持土壤 | 控制侵蚀和保持沉积物、土壤形成、营养循环 | 有机质积累及植被根物质和生物在土壤保持中的作用，养分循环和累积 |
| | 维持生物多样性 | 授粉、生物控制、栖息地、基因资源 | 野生动植物基因来源和进化、野生植物和动物栖息地 |
| 文化服务 | 提供美学景观 | 休闲娱乐、文化 | 具有（潜在）娱乐用途、文化和艺术价值的景观 |

包括干扰调节、土壤形成、营养循环、废物处理、授粉、生物控制、栖息地、基因资源、休闲娱乐、文化等 17 种功能类型；分别估算全球生态系统 15 类生物群落的生态系统服务价值，提出全球生态系统每年的平均服务价值为 330 000×$10^8$ 美元，相当于全世界国民生产总值（Gross National Product，GNP）的 1.8 倍。

水域生态系统的供给服务主要形式是水资源、动植物资源、生产原料等，如河漫滩生长的水生植物、乔灌木等可以采伐作为造纸原料和燃料使用；调节服务是指从水域生态系统调节过程中获得各种收益，生物调节服务为人类提供水质净化、水土保持、调节气候等调节收益，非生物调节服务包括水温调节、防洪减灾、水资源蓄积调节、物质运输及空气净化等；支持服务是人们从水域中获得的间接服务，包括初级生产、碳氮磷循环、提供栖息地和生物多样性保护等；文化服务则是指人类从水域生态系统中获得精神满足、认知发展、思考、消遣和美学体验等非物质收益，包括文化多元性、科研教育、文化遗产价值和生态旅游价值等。

河流、湖泊和湿地这些重要水域生态系统所产生的生态系统服务对人类福祉贡献较大。河流生态系统服务功能包括对人类生存和生活质量有贡献的河流生态系统产品及河流生态系统功能，具体有淡水供应、水能提供、物质生产、生物多样性维持、生态支持、环境净化、灾害调节、休闲娱乐和文化孕育等功能。自古以来城市依水而建、因水而兴，河流具有重要的供水和输水功能，而河流作为多种水生生物生存的自然空间，能够提供丰富的动植物产品和工业原料，为人类社会生产和生活用水提供保障；河流不但能支持航运，在雨季也能迅速地把上游洪水向下游输送，调整暴雨等极端事件带来的影响；河流沿岸的植被形成天然缓冲带，除了能通过光合作用积累有机物质并释放氧气以外，还能蓄滞降水、防风促淤、护岸护堤、防止水土流失。从整体来看，河流是许多水生生物与鸟类的家园，能够为生物生存和繁衍提供栖息地，维持河流生态系统生物群落和栖息环境动态的稳定；河流能够调节区域乃至全球的生物地球化学循环，并能通过自然稀释、扩散、氧化等一系列过程来净化汇入水体的污染物；同时河流可以有效调节区域气候、云量与光照辐射，在夏季河流能够通过水分蒸发增加湿度来降低局部温度，在冬季河流相较于陆地降温较慢从而提高局部温度。根据 Costanza 等（1997）对全球各类生态系统服务价值的核算，单位面积河流的价值是森林的 8.77 倍、草地的 36.63 倍、耕地的 92.37 倍。

湿地可能是不同生态系统类型中服务功能最强的一类，不仅为人类提供原材料、食物、水资源等生态产品，在气候调节、固碳释氧、洪水调蓄、生物多样性保护等方面也具有不可替代的作用。湿地生态系统具有极高的初级生产力，发挥着重要的保护生物遗传性和多样性的功能，是天然的基因库；湿地为人类社会提供淡水资源、燃料能源，在调蓄洪水、净化水质和防护岸堤等方面也发挥着重要的作用；湿地还可以调节区域内的风、温度、湿度等气候要素，在城市中湿地可以成为天然的冷源，在郊野地区湿地可以减轻干旱、风沙、冻灾的危害；湿地植物生长过程中能够积累大量的有机碳，盐沼湿地和红树林等具有很强的固碳功能；湿地还具备促淤造陆的生态服务功能，如长江口、杭州湾滨海湿地生长着互花米草和芦苇等盐沼植物，对动力沉积过程有着显著的影响，当泥沙随着潮汐进入盐沼时，植物体能够显著消减波浪能量，促使其沉降，进而不断淤积形成滩地，为上海城市空间不断向海发展提供了基础条件。Costanza 等（1997）通过研究估算出全球湿地单位面积生态系统服务价值高达 14 785 美元/($hm^2 \cdot a$)。

湖泊能为人类提供必不可少的生态产品，包括生活用水、工业生产用水、农业灌溉用水，以及水产品和水生植物经济产品等；湖泊能够调节区域气候和水资源，可以通过蒸发作用带走热量，对城市热岛效应具有明显减缓作用，还具有水质清洁功能，能够通过自净作用去除水体中过剩的营养物质和污染物质；湖泊还支撑维持着流域水文、生态和营养循环过程，如它是碳氮循环和水循环的关键载体，为本地水生生物繁育提供重要生境等；湖泊还具有重要的文化服务功能，包括景观价值、文化遗产价值、娱乐和生态旅游价值等。

**2000～2009 年太湖生态系统服务价值变化**

几千年来，太湖都是周边居民的生存命脉，人类从太湖获取食物、原材料、医药、水资源等；太湖提供的水文和气候调节功能，为人类营造了适宜的栖息环境，帮助人类在湖泊周边安居乐业；太湖开阔水域、浅水区和周边湿地等不同类型生境，为水生和湿生动植物生命活动提供了支持，是流域内最为重要的生物栖息地，维持着本地生物多样性；而人类亲近湖泊，在欣赏与体验湖光山色中得到精神的愉悦和满足。基于近十年的太湖生态系统科学调查数据，有研究人员对太湖生态系统的四大类功能的服务价值进行了综合评估（贾军梅等，2015）。结果表明，2000 年、2003 年、2007 年和 2009 年太湖生态系统服务总价值分别为 1627.98 亿元、1908.68 亿元、1503.99 亿元和 3528.73 亿元，保持逐渐升高的趋势，但是在 2007 年受蓝藻水华事件影响有所降低；从 2000 年到 2009 年太湖生态系统服务功能价值构成发生了一些变化，2000 年以供水功能为主体，约占总价值的 43%，2009 年转变为以旅游功能为主体，约占总价值的 52.52%。供水功能的下降和旅游功能的上升是太湖与流域之间相互作用的结果，也反映了太湖流域生态环境的变迁与当地人类需求的变化。

河流、湖泊和湿地为流域人类活动提供了多种多样的生态系统服务并满足了人类不同的生产生活需求，是人类社会得以生存与发展的基石，支撑了流域社会经济的发展。值得注意的是，只有在生态系统结构完好、功能正常运转的前提下，它们的生态系统服务才能稳定发挥。因此，在开发利用河流、湖泊和湿地生态系统服务的同时，必须要深入认识生态系统结构与功能，慎重保护好结构与功能的完整性，这样才能够可持续地获取生态系统服务。

## 主要参考文献


谷东起, 付军, 闫文文, 等. 2012. 盐城滨海湿地退化评估及分区诊断. 湿地科学, 10: 1-7.

贾军梅, 罗维, 杜婷婷, 等. 2015. 近十年太湖生态系统服务功能价值变化评估. 生态学报, 35: 2255-2264.

刘明月 2018. 中国滨海湿地互花米草入侵遥感监测及变化分析. 中国科学院大学博士学位论文.

鲁萍, 桑卫国, 马克平. 2005. 外来入侵种紫茎泽兰研究进展与展望. 植物生态学报, 29: 1029.

罗磊. 2005. 青藏高原湿地退化的气候背景分析. 湿地科学, 3(3): 190-199.

马巍, 蒋汝成, 周云, 等. 2021. 洱海流域水环境问题诊断与水质保护措施研究. 人民长江, 52: 45-53.

秦伯强, 王小冬, 汤祥明, 等. 2007. 太湖富营养化与蓝藻水华引起的饮用水危机:原因与对策. 地球科学进展, 22(9): 896-906.

王哲, 谢杰, 刘爱武, 等. 2016. 经济植物湿地处理洱海流域低污染河水的性能. 环境科学研究, 29: 1230-1235.

谢平. 2008. 太湖蓝藻的历史发展与水华灾害. 北京: 科学出版社.

解雪峰, 孙晓敏, 吴涛, 等. 2020. 互花米草入侵对滨海湿地生态系统的影响研究进展. 应用生态学报, 31: 2119-2128.

翟淑华, 周娅, 程媛华, 等. 2020. 2015-2016 年环太湖河道进出湖总磷负荷量计算及太湖总磷波动分析. 湖泊科学, 32: 48-57.

张绪良, 张朝晖, 徐宗军, 等. 2009. 莱州湾南岸滨海湿地的景观格局变化及累积环境效应. 生态学杂志, 28: 2437-2443.

Bosse K R, Sayers M J, Shuchman R A, et al. 2019. Spatial-temporal variability of *in situ* cyanobacteria vertical structure in Western Lake Erie: implications for remote sensing observations. Journal of Great Lakes Research, 45: 480-489.

Costanza R, D'Arge R, De Groot R, et al. 1997. The value of the world's ecosystem services and natural capital. Nature, 387: 253-260.

Davis S, Ogden J C. 1994. Everglades: the ecosystem and its restoration.UAS: CRC Press.

Glick T F. 1980. Science, Technology and the urban environment: The Great Stink of 1858//Bilsky L J. Historical Ecology: Essays on Environment and Social Change. Port Washington: Kennikat Press: 122-139.

Guo L. 2007. Doing battle with the green monster of Taihu Lake. Science, 317: 1166-1166.

Toth L A, Arrington D A, Brady M A, et al. 1995. Conceptual evaluation of factors potentially affecting restoration of habitat structure within the channelized Kissimmee River ecosystem. Restoration Ecology, 3: 160-180.

Vaithiyanathan P, Richardson C J. 1999. Macrophyte species changes in the Everglades: examination along a eutrophication gradient. Journal of Environmental Quality, 28: 1347-1358.

# 第 2 章　水域生态系统主要生物类群

## 2.1　浮 游 植 物

34 亿年以前，当地球尚处于混沌蒙昧的初生期之时，一种最原始的生命物质——藻类就静悄悄地出现在了茫茫大海之中。藻类是地球最早的统治者，所有绿色植物的始祖。在水体中浮游的藻类，虽然微小到仅仅几十微米，却是极其精巧的“生物机器”，具有可以接收太阳能的“天线系统”，以及可以传递和转化能量的复杂生理结构。当太阳光穿透水层，照射到浮游藻类时，“天线系统”中富集的各种天线色素如叶绿素、藻蓝蛋白等就开始捕获光能，同时引发水分子的裂解和电子传递，生成腺苷三磷酸（ATP）和还原型烟酰胺腺嘌呤二核苷酸磷酸（NADPH）等可以暂时积聚能量的化合物，并释放氧气（光反应）；随后利用 ATP 和 NADPH 将吸收的 $CO_2$ 转化为糖（暗反应）（韩博平等，2003）。对于淡水生态系统而言，藻类是最主要的能量转换器，是整个水生食物链的营养源。通过光合作用，藻类将光能转化为化学能，并将氮、磷等生源要素富集于体内，营养丰富的藻类成为浮游动物的饵料，而浮游动物又成为鱼类的美餐，几乎所有的水生生物的能量和营养都来源于藻类。如果说水域生态系统如同一座由万千生物组成的生态金字塔，那么藻类就像是金字塔底端的基石，支撑着这座宏伟的生态金字塔的存在与延续。

### 2.1.1　浮游植物光合作用机制

藻类通过光合系统吸收太阳能，激发能量转换和电子传递，进而利用 $CO_2$ 和水合成有机物质，是水体中初级生产力的主要来源(Behrenfeld et al., 2001; Redfield et al.，1963)。同时，藻类的光合作用还为水体补充了溶解氧，支持着水生动物、好氧微生物的生命活动。光合作用是藻类细胞最为重要的生理生化过程，分为光反应和暗反应。光反应包括光的捕获、光化学反应、电子传递和 ATP 的生成；暗反应为固定无机碳的过程，主要发生在叶绿素基质（绿藻等真核藻类）或细胞质（蓝藻等原核生物）中（图 2-1）。

#### 2.1.1.1　*光反应*

光反应过程将光能转变为化学能，包括原初反应、电子传递、光合磷酸化三

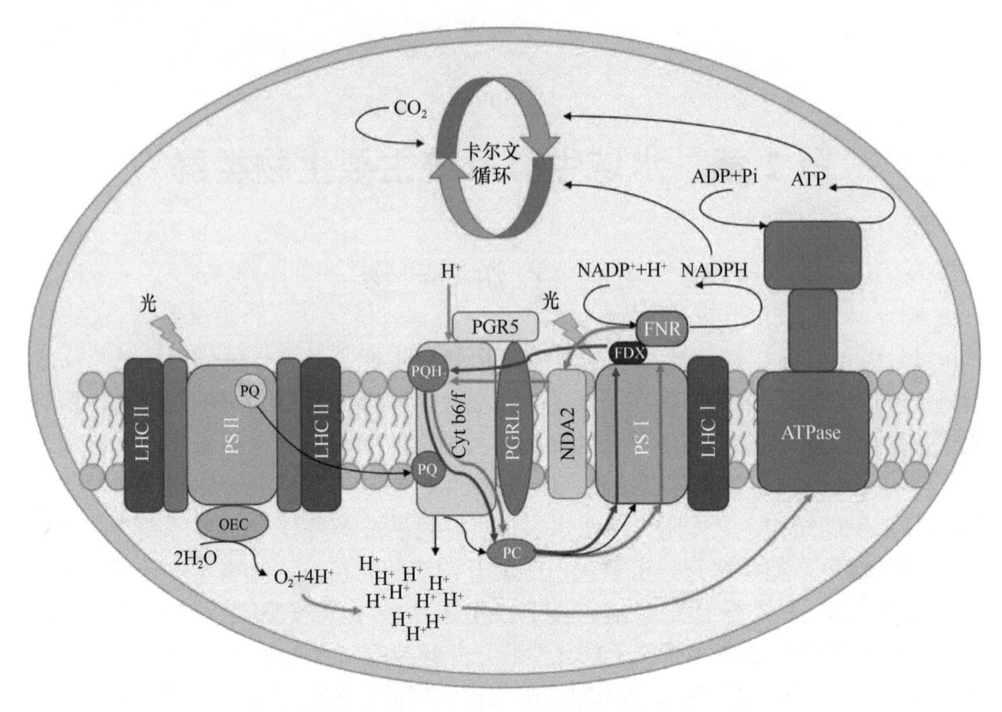


图 2-1　藻类光合作用机制（彩图请扫封底二维码）

ADP：腺苷二磷酸；ATP：腺苷三磷酸；ATPase：ATP 酶；$CO_2$：二氧化碳；Cyt b6/f：细胞色素 b6/f 复合物；FDX：铁氧还蛋白；FNR：铁氧还蛋白-$NADP^+$还原酶；$H^+$：氢离子；$H_2O$：水；LHC Ⅰ：光系统Ⅰ的捕光复合物Ⅰ；LHC Ⅱ：光系统Ⅱ的捕光复合物Ⅱ；$NADP^+$：烟酰胺腺嘌呤二核苷酸磷酸；NADPH：还原型烟酰胺腺嘌呤二核苷酸磷酸；NDA2：NAD(P)H 脱氢酶；$O_2$：氧气；OEC：放氧复合物；PC：质体蓝素；Pi：无机磷酸；PGR5：一个与光合作用有关的蛋白；PGRL1：与 PGR5 相关的蛋白，也参与光合作用；PQ：质体醌；$PQH_2$：质体醌醇（质体醌的还原形式）；PS Ⅰ：光系统Ⅰ；PS Ⅱ：光系统Ⅱ

部分。光反应主要发生在类囊体膜上，依赖光合色素和电子传递链组分。它是单层膜围成的扁平小囊，也称光合膜。类囊体膜上含有 4 种蛋白复合体：光系统Ⅱ、Cytb6/f 复合体、光系统Ⅰ和 ATP 合成酶。藻细胞体内所含的色素种类可依据在光合作用过程中的作用分为捕光色素和光保护色素，其中以叶绿素 a、叶绿素 b 为代表的捕光色素可将吸收的光能有效地传递到相关的反应中心转变为化学能，而类胡萝卜素作为光保护色素将剩余能量吸收，避免膜体受伤，从而达到光保护作用。光反应阶段的特征是在光驱动下水分子氧化释放的电子通过类似于线粒体呼吸电子传递链那样的电子传递系统传递给 $NADP^+$，使它还原为 NADPH。电子传递的另一结果是基质中质子被泵送到类囊体腔中，形成的跨膜质子梯度驱动 ADP 磷酸化生成 ATP。藻细胞在光合作用的光反应部分，最终产物是 $O_2$、NADPH 和 ATP（图 2-2）。

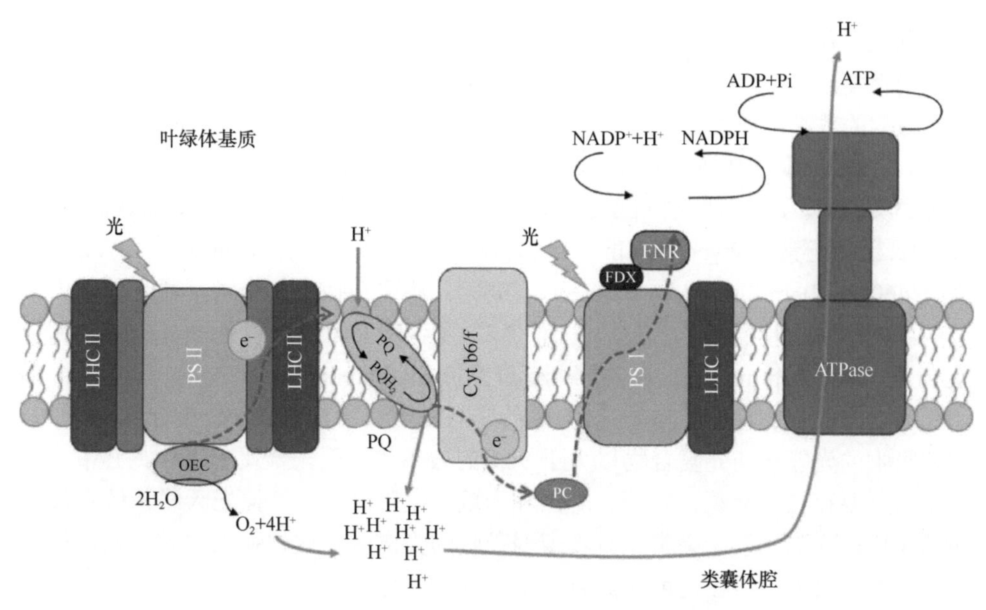


图 2-2　藻细胞类囊体腔（彩图请扫封底二维码）

## （1）原初反应

原初反应（图 2-3）将光能转变为活跃的化学能。光合色素必须与蛋白质结合在一起才能实现捕获光的功能。核心复合体和捕光复合物（light-harvesting complex，LHC，又可称为“捕光天线复合体”）吸收光能，并传到反应中心，引起电荷分离。其中核心复合体将光直接传递给反应中心，而捕光复合物将光先传递给核心复合体，再传给反应中心。

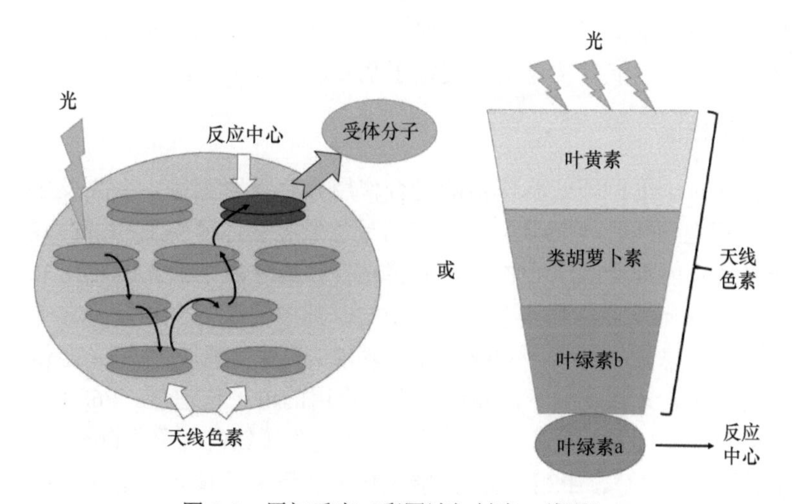


图 2-3　原初反应（彩图请扫封底二维码）

藻类进化出了各种捕光复合物，以适应各种光环境，包括定位于类囊体膜外的水溶性复合体，以及在类囊体膜内的疏水性复合体。这些复合体可通过调整其结合色素的数量、种类及位点，吸收环境中特定波段的光（Neilson and Durnford，2010）。例如，水溶性捕光复合物藻胆体（phycobilisome，PBS），可通过共价结合的各类藻胆素，如藻蓝胆素（phycocyanobilin，PCB）、藻红胆素（phycoerythrobilin，PEB）、藻尿胆素（phycourobilin，PUB）和藻紫胆素（phycoviolobilin，PVB）等吸收 460～670nm 的可见光（Glazer，1989）；膜蛋白捕光复合物可通过非共价结合的各类色素如叶绿素（chlorophyll，Chl）及各种类胡萝卜素（carotenoid）如岩藻黄素（fucoxanthin，Fx）、硅甲藻黄素（diadinoxanthin，Dd）和硅藻黄素（diatoxanthin，Dt）等吸收 350～750nm 的光（Büchel，2014；Krawczyk et al.，1993），这些吸收的光能被捕光复合物以大于 90%的效率传递至光合反应中心。其中，藻胆蛋白主要存在于蓝藻、红藻、隐藻和少数一些甲藻中，是捕光天线系统中很重要的物质，它弥补了叶绿素无吸收或弱吸收的光谱区，这种强大的天线系统使得具有该类色素的藻类在逆境下具有一定的竞争优势。

过去 70 年来，藻类捕光天线系统结构生物学的研究取得了重要进展，从发现藻类捕光天线的存在至今的 70 多年间，其结构解析技术的发展共经历了 4 个阶段：首先是利用生化及普通光谱技术研究结构组成（1950～1980 年）；其次是利用 X 射线晶体学技术研究局部精细结构（1980 年至今），目前 X 射线晶体学依然是解析藻类捕光复合物精细结构的第一选择；再次是利用电镜技术研究完整的粗略结构（1980～2010 年）；最后是近 10 年来利用冷冻电镜技术研究完整的精细结构（2010 年至今）。目前以蓝藻、红藻、绿藻和硅藻为主的藻类捕光复合物大量的精细结构已被解析，仅 2019 年就有 10 余种精细结构被发现。人们通过对藻类捕光天线系统结构生物学的研究，搭建了对结构与功能统一认识的桥梁，这为深入揭示藻类光合作用高效能量传递机制奠定了坚实的结构基础。

**（2）电子传递**

电子传递对于维持藻细胞正常的光合作用具有重要意义，主要发生在光系统Ⅰ（PSⅠ）和光系统Ⅱ（PSⅡ）上。它们是位于类囊体薄膜上的蛋白复合体，由捕光天线系统及内部反应中心构成，能将光合作用过程中的光能转化为化学能。PSⅡ含有两个捕光复合物和一个光反应中心，其中捕光复合物Ⅱ所含叶绿素占类囊体膜中叶绿素总量的 40%～60%，主要功能为吸收太阳光并将光能传递到光反应中心，由叶绿素 a 激发电子，并进入光合作用的电子传递链。P680 是原初电子供体，位于 $D_1$ 和 $D_2$ 蛋白上，之后电子依次传递到脱镁叶绿素（Pheo），继而传递到两个质体醌 $Q_A$ 和 $Q_B$。PSⅡ利用光能氧化水和还原质体醌，这两个反应分别在类囊体膜的两侧进行，即在腔一侧氧化水释放质子于腔内，在基质一侧还原质体醌，于是在类囊体两侧建立氢离子梯度。在电子传递链的推动下，水作为还原氢供体，在膜两侧建立质子梯度用以合成 ATP 和提供还原力，为藻细胞内的其他代谢活动提供直接能量。NADPH 和 ATP 能将 $CO_2$ 转化为碳水化合物，在暗反应过程中起重要作用。

**（3）光合磷酸化**

由光照引起的电子传递与磷酸化作用相偶联，在膜间质子梯度驱动下，形成 ATP 的过程（在部分氧的作用下，线粒体氧化磷酸化）。

#### 2.1.1.2　暗反应

暗反应阶段是利用光反应生成 NADPH 和 ATP 进行碳的同化作用，使气体 $CO_2$ 还原为糖，从而将活跃的化学能转变为稳定的化学能。由于该阶段基本上不直接依赖光，而只是依赖 NADPH 和 ATP 提供的能量，故称为暗反应阶段。$CO_2$ 的光合作用固定对藻类的发育和生长至关重要，它提供新陈代谢所需的碳水化合物，以及结构成分和细胞结构单元。

藻类的碳同化途径根据最初的固碳产物的不同，可分为卡尔文循环（Calvin cycle，$C_3$ 途径）、四碳双羧酸途径（Hatch-Slack cycle，$C_4$ 途径），所对应的植物分别称为 $C_3$、$C_4$ 植物。$C_3$ 途径是植物利用 $CO_2$ 合成有机碳的过程，而 $C_4$ 途径是植物利用 $HCO_3^-$，将其固定在 $C_4$ 双羧酸中，经过一系列反应转化成 $CO_2$ 进入 $C_3$ 途径。

卡尔文循环（图 2-4）是藻类光合作用碳同化的基本途径，大致可分为 3 个阶段，即羧化阶段、还原阶段和再生阶段。

1）羧化阶段：$CO_2$ 必须经过羧化阶段，固定成羧酸，然后被还原。核酮糖-1,5-二磷酸（RuBP）是 $CO_2$ 的接受体，在核酮糖-1,5-二磷酸羧化酶/加氧酶（Rubisco）作用下，3 分子 RuBP 与 3 分子 $CO_2$ 生成中间产物，后者再与 3 分子 $H_2O$ 反应，形成 6 分子的 3-磷酸甘油酸（3-PGA）。

2）还原阶段：3-磷酸甘油酸被 ATP 磷酸化，在 3-磷酸甘油酸激酶催化下，形成 1,3-二磷酸甘油酸（DPGA），然后在 NADP-甘油醛-3-磷酸脱氢酶 NADP-催化下被 NADPH 和 $H^+$ 还原，形成 3-磷酸甘油醛（G3P）。

3）再生阶段：G3P 经过一系列的反应，再生成 RuBP。这个阶段同样需要 ATP，并涉及一系列复杂的酶促反应，这些反应重新排列和利用 G3P 的碳骨架以生成足够的 RuBP，使得卡尔文循环能够持续进行。

卡尔文循环中 Rubisco 为关键酶（Luo et al.，2015），其活性主要受光反应中 NADPH 影响及 $CO_2$ 浓度调控。

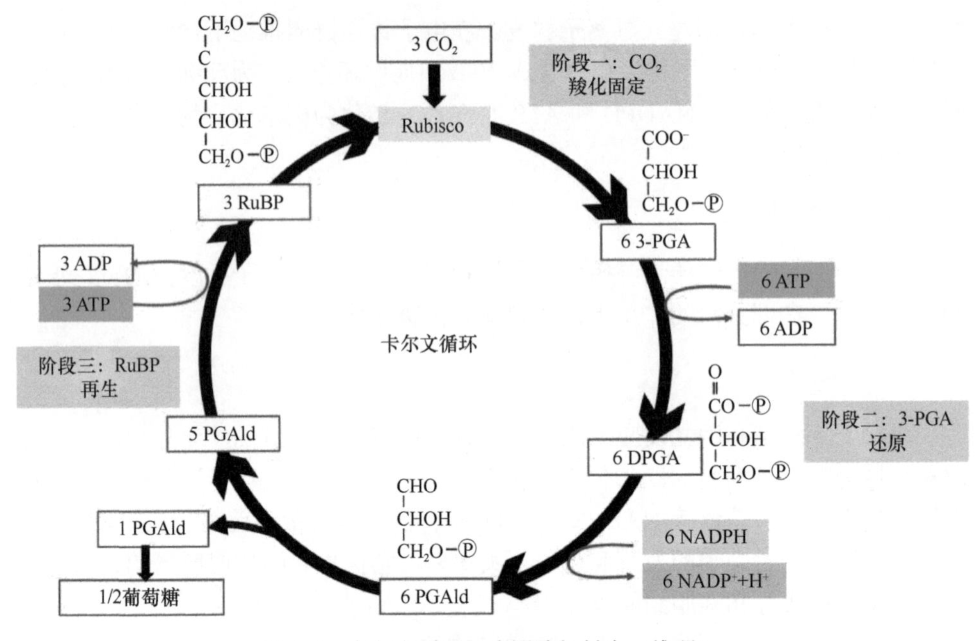


图 2-4　卡尔文循环（彩图请扫封底二维码）

自 20 世纪 70 年代以来，学者们陆续在硅藻、褐藻及绿藻的某些物种中发现了 $C_4$ 途径或者类似 $C_4$ 途径参与的藻类光合作用特征；甚至有研究认为藻类的 $C_4$ 途径的光合作用要比陆生植物的 $C_4$ 途径更早产生（Ehleringer and Monson，1993）。$C_4$ 途径可能是某些藻类提高其光合效率、快速增殖的重要光合机制之一。

藻类的二氧化碳浓缩机制（carbon concentration mechanism，CCM），对于其高效的光合作用至关重要。对于真核绿藻类，细胞会将 $HCO_3^-$浓缩在一个半流动状的细胞器蛋白核中，蛋白核内聚集着大量 Rubisco，这样可以使 $CO_2$ 浓缩高效发生。而蓝藻演化出一个被称为羧基体的特殊蛋白质小室结构，无机碳以 $HCO_3^-$ 的形式泵入胞质中富集达到高浓度，并在这个专门的二十面体隔室中转化为 $CO_2$，聚集在 Rubisco 周围优先与其结合，减少加氧反应的发生，从而实现相对快速高效的 $CO_2$ 固定（Kaplan and Reinhold，1999）。在淡水水体中，蓝藻相对于绿藻来说具有更高的 CCM 效率。

### 2.1.2　有害蓝藻

虽然藻类是水域生态系统中不可或缺的生物要素，但在不少人的眼中，它是令人讨厌的生物。对于水景住宅小区的居民来说，藻类影响着他们的生活，终日弥漫的刺鼻藻腥味和满眼油绿的湖水让他们失去了在水边休憩、亲近自然的权利；对于富营养化湖泊如太湖周边的渔民来说，藻类损害着他们的生计，让他们辛苦养殖的满塘鱼苗一夜暴毙；对于原水水质恶化，水源紧张的城镇而言，藻类问题则事关民生，因为一旦湖库水源地藻类水华暴发，当地就可能有停水之虞。藻类过量增殖产生的负面作用令人们谈之色变，甚至形成误解，把藻类当成有害生物，其实绝大部分的藻类并不会对人类生产生活造成危害，只有极少部分藻类在水体中氮磷等营养物质过量，光照充足，温度适宜时，才有可能出现暴发性增殖；而只有当水体中的叶绿素 a 含量超过 10μg/L 或者藻细胞数量达到 10 000cells/mL 以上，并引起明显的水色变化时，才会出现水华现象；而在能够形成淡水水华的藻类中，也只有几种蓝藻可能释放藻毒素，对水体产生直接毒害作用。

淡水中常见的形成水华的藻类中，最主要的是蓝藻门的种类，其中最常见的有微囊藻、长孢藻（曾用名鱼腥藻）、束丝藻、颤藻、平裂藻、螺旋藻、拟柱胞藻等。其他常见的水华藻类还有绿藻门的衣藻、实球藻、盘星藻，硅藻门的小环藻、直链藻，裸藻门的裸藻，甲藻门的多甲藻，金藻门的黄群藻等。在上述水华优势藻中，微囊藻、长孢藻和束丝藻最被水生态学家和环境工程师关注，有西方学者给它们取了如同邻家小孩般亲切的绰号，分别叫 Anny、Fanny 和 Mike，但是它们并不乖巧，甚至有些暴虐，让人类不得不敬而远之，因为在多数情况下，它们就是藻类水华的元凶。

#### 2.1.2.1　微囊藻（*Microcystis*）

微囊藻属是蓝藻门色球藻纲色球藻目色球藻科的一属，是热带和亚热带淡水水体中最常见的有害藻类（虞功亮等，2007）。可根据以下形态特征对其进行辨识：自然水体中微囊藻常常集聚成群体状态，群体微囊藻肉眼可见，目视呈绿色颗粒状微小团块，显微镜下观察会发现它由几百个至数千个单细胞组成，包被无色、柔软而有溶解性的胶质鞘，时有穿孔，形状不规则囊状、网状或窗格状（图 2-5）；

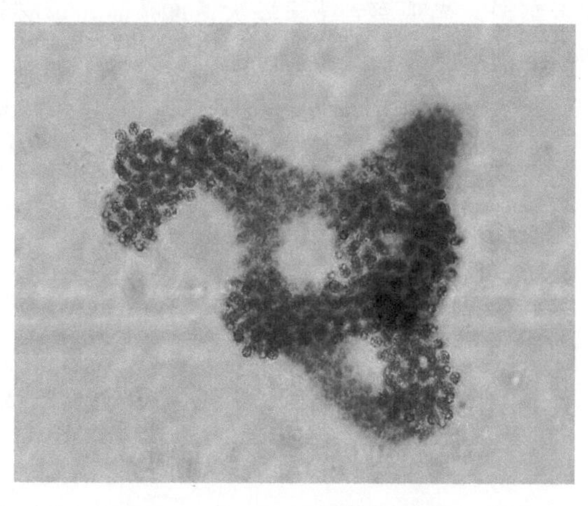

图 2-5　微囊藻群体在显微镜下的表观形态（陈雪初摄）（彩图请扫封底二维码）

微囊藻单细胞为球形或长圆形，淡蓝绿色或橄榄绿色，没有细胞核和色素体等细胞器，在细胞的中央只有一个透明的区域，内含遗传物质，但无核仁核膜，称为中央体，相当于核；细胞含有伪空胞，可提供上升浮力（图 2-6）。

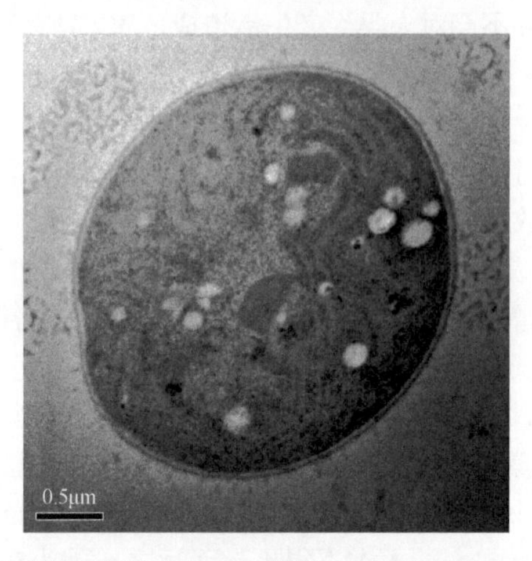


图 2-6　微囊藻单细胞在电子显微镜下的表观形貌（黄莹莹摄）

微囊藻喜欢聚集在一起形成群体，在水中自由浮游，它们多数生活在淡水中，偶尔也能在近海海湾被发现。微囊藻生长的最适温度为 25～35℃，春夏季水温较高时，微囊藻快速增殖，大量绿色的颗粒团块在水面浮聚，严重时如同在水面覆盖了一层浓绿色的黏稠油漆，这时就出现了的微囊藻水华；当秋冬季水温下降后，微囊藻会下沉至底泥表层形成越冬孢子，越冬孢子细胞壁很厚，贮存着大量营养丰富的多肽、糖原，这使得微囊藻能安然度过寒冷漫长的冬季，来年春天时又会复苏，重新上浮。

对于水质管理者来说，当观察到微囊藻大量增殖时，就必须密切关注水体中是否出现藻毒素超标的情况。以铜绿微囊藻的毒株为例，其所产生的微囊藻毒素 LR（MC-LR）是由 10 个氨基酸组成的多肽化合物，其结构式见图 2-7。

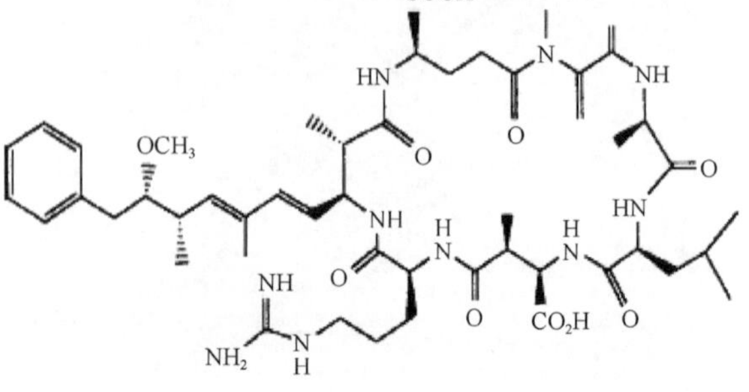

COOH　HN　N　NH　O　O　OCH$_3$　O　HN　NH　H N　H N　NH　O　NH$_2$　N H　O　CO$_2$H　O

图 2-7　微囊藻毒素 LR（MC-LR）结构式

若有人有勇气在微囊藻水华暴发的时节下水游泳，那么他游一会儿就会感觉到皮肤发痒；若他不小心呛了几口水，那就要当心，因为微囊藻有毒，当微囊藻毒素摄入量达到每千克体重 0.5mg 时，就可能有致命风险。科学研究发现，微囊藻毒素主要攻击动物的肝脏，通过多种作用引起肝细胞坏死，严重时可能诱发肿瘤；水质管理者们常常发现在微囊藻水华暴发的时期，水体中浮游动物总量也会大大下降，这也可能与微囊藻毒素大量释放有关。

#### 2.1.2.2　长孢藻（*Dolichospermum*）

长孢藻属是蓝藻门念珠藻科的一属。在显微镜下观察，长孢藻如同一条由许多暗绿色圆珠串成的项链。实际上，与微囊藻相似，我们在自然水体中观察到长孢藻大多是群体状态，形成一条条微小而细长的藻丝，藻丝中间等宽，末端有时候会变尖细，整体形态呈直链状或弯曲成不规则螺旋状，有的藻丝外面有透明、无色的水样胶鞘；长孢藻单细胞则一般为球形或腰鼓形，少数为圆柱形，其中一些单细胞会异变为异形胞，这是辨识长孢藻的重要特征之一，一条藻丝上往往间隔生长数个异形胞，比普通细胞大且细胞壁更厚，它周围还常常围绕着微小的成串孢子（图 2-8）。

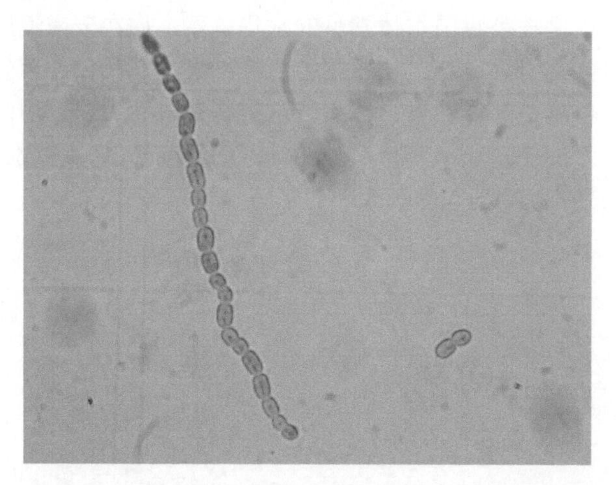

图 2-8　长孢藻在显微镜下的表观形态（黄莹莹摄）（彩图请扫封底二维码）

长孢藻在春末、夏季及初秋时节，水温较高时快速生长，它们也有可以提供细胞浮力的伪空胞。其中的一些种如螺旋长孢藻、水华长孢藻和卷曲长孢藻等，在景观水体、湖泊、水库中最为常见，容易形成水华。还有一些种则具有特殊的固氮能力，就像豆类作物一样能够把无机态氮转化为有机态氮，这个任务是由营养细胞和异形胞协作完成的，简单来说，就是营养细胞提供碳源，由异形胞固定 $N_2$ 生成 $NH_3$，再通过一系列生理生化过程，形成谷氨酸盐等物质，然后又被转运到营养细胞，供给生命活动所需。由于长孢藻的固氮作用，在一些富营养化水体中氮就不会成为限制因素，这时就意味着，去除水体中的磷比脱除氮能更有效地抑制藻类水华发生。长孢藻属中少数种也含有毒物质，如水华长孢藻的毒株，能产生 6 种鱼腥藻毒素，均为神经性毒素，主要作用于动物的肝脏而引起中毒死亡。其中鱼腥藻毒 A 是一种低分子量的生物碱，对动物的最低致死剂量为每千克体重 250μg，如果通过鱼腹腔注射或经口而感染较大剂量藻毒素，鱼体可在 3h 内死亡。

#### 2.1.2.3 束丝藻（*Aphanizomenon*）

束丝藻属是蓝藻门念珠藻目念珠藻科中的一属。显微镜下观察的最明显的特征是呈细长丝状，直或稍弯曲，单一或藻丝侧面相连成束状群体；藻丝中部细胞短柱状且呈方形；末端细胞渐细或呈发状，延伸成无色细胞；束丝藻也具有伪空胞和间生异形胞，成熟的异形胞是透明的，其细胞壁在与相邻细胞相接处有钮状增厚部（图 2-9）。束丝藻属的藻丝、营养细胞、藻丝末端细胞、异形胞、厚壁休眠孢子的形态和大小等特征易变，准确鉴别难度较大，现有研究发现我国束丝藻可以分为水华束丝藻、纤细束丝藻和依沙束丝藻三类。束丝藻属具有固氮能力，能够快速浮聚，也是一类我国水体常见的水华蓝藻，如在云南滇池，束丝藻水华与微囊藻水华时常交替出现。束丝藻属中的纤细束丝藻和依沙束丝藻可产生生物碱类神经毒素，也就是麻痹性贝毒毒素，这类毒素毒性大、作用时间短，会专一性地阻断细胞膜上的 $Na^+$通道，从而阻断神经信号的传导，造成肌肉麻痹、呼吸困难而导致动物死亡。

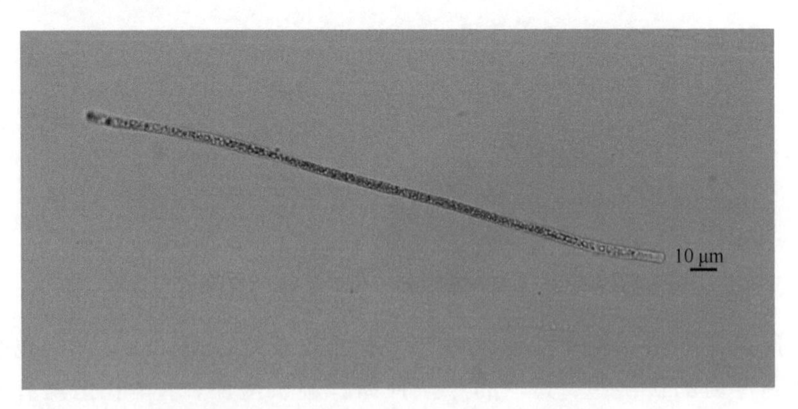


图 2-9 束丝藻在显微镜下的表观形态（于潘摄）（彩图请扫封底二维码）

### 2.1.3 藻类水华的危害

生态系统中的物质循环和能量流动是其功能的体现，水生生物类群是水域生态系统的功能节点，相互连接成食物链（网），承载生态系统能量流动和物质循环功能。富营养化导致水生生物物种多样性减少，使原有的群落结构被破坏，进而导致营养结构的改变，如食物链中各营养级能量的不协调，食物链的缩短或断裂，食物链总数量减少，最终使水域生态系统中物质循环和能量流动发生障碍，从而破坏整个生态系统的生态平衡。当藻类水华发生时，水体表层覆盖的藻类使阳光难以透过，水面下光照很弱，导致生活于水体底层的沉水植物光合速率下降，同化产物量降低，结果使沉水植物的生长受到限制，甚至生长停止而大量死亡。藻类大量消耗 $CO_2$，在升高 pH 的同时，造成无机碳源不足，这成为沉水植物生存的重要限制因素。同时由于藻类强烈吸收可见光的短波部分，导致水温升高，从而影响了对水温敏感的生物种群的生存。除此之外，一些蓝藻能产生藻毒素，高浓度的微囊藻毒素可以影响水生植物种类的多样性，从而帮助蓝藻获得竞争优势。

伴随着富营养化程度的加剧，水体往往会由草型生态系统向藻型生态系统转变，即优势种由大型水生植物向浮游藻类转变，与此同时一些耐污能力强的大型水生植物物种存留下来并得到发展，逐渐取代了原有的适应清水环境的水生植物，形成单优势群落，植物群落结构不断简化。以滇池为例，20 世纪 80 年代末水体富营养化导致藻类水华频繁发生后，水生植被面积缩减速度极快，从 20 世纪五六十年代的 90%下降到 1996 年的 1.8%，生物量也从之前的 1363.1g 鲜重/$m^2$ 降到 136.7g 鲜重/$m^2$。耐污种如凤眼莲、龙须眼子菜和喜旱莲子草等逐渐取代了过去的优势种如海菜花、轮藻、马来眼子菜等（余国营等，2000）。

藻类水华发生时会加剧水体溶解氧的消耗，同时释放有毒物质，这对浮游动物、底栖动物等水生动物群落结构产生了最直接的影响，进而引起部分水生动物种群消亡，优势种发生变化。藻类水华严重干扰了水体溶解氧的生成。自然水体中溶解氧主要来源于水生植物（包括大型水生植物和藻类）的光合作用及水气界面的氧气扩散；水体溶解氧的消耗则主要是因为各种生物的呼吸作用及水体各种有机质的腐烂分解过程。当富营养化水体中发生藻类水华时，表层水体中藻类大量集聚，直接阻隔了大气中溶解氧向水体中的扩散过程；而在表层集聚的藻类可以获得充足的阳光，进行光合作用放出氧气，使得表层水体溶解氧处于过饱和状态，但是在富营养化水体中下层，情况则完全不同，这是因为表层集聚藻类的光吸收效应使得入射光照在表层 1～2m 就急速衰减至 1%以下，这种由藻类水华引发的“自然遮光”现象使得水体表层以下藻类数量锐减，甚至消失殆尽，中下层水体的光合作用受到抑制。当现存的溶解氧被迅速消耗之后，就会导致对溶解氧敏感的鱼类、浮游动物等窒息而死；此外，藻类死亡后不断向水体底部沉积，不断腐烂分解，也会消耗深层水体大量的溶解氧，严重时可能使深层水体的溶解氧消耗殆尽而呈厌氧状态，使得水生动物难以生存，这种厌氧状态还会加速底泥积累的营养物质的释放，造成水体营养物质的高负荷，形成富营养化水体的恶性循环。

藻类产生的藻毒素也对水生动物有重要影响。水华蓝藻很多是产毒种，蓝藻毒素主要包括具有肝毒性和促癌性的环状肽类、脂多糖、内毒素及具有神经毒性的生物碱类，其中池塘最常见的蓝藻毒素为微囊藻毒素（microcystin，MC）。MC 是一组由水体中蓝藻如微囊藻、长孢藻、颤藻及念珠藻产生的具有亲肝特性的环状多肽毒素，当藻细胞衰老、死亡或溶解后，毒素被释放到水体，MC 可以对鱼类肝、肾、鳃、血液循环系统、消化器官、免疫系统等产生伤害，并进一步导致鱼类产生一系列行为改变，具体表现为过度通气、腹部缩紧、颜色变黑，集群活动减少、游动迟缓，常停留在靠近水面的地方。水环境 MC 浓度较低时可导致鱼类的慢性中毒，对鱼类的诸多器官造成伤害致其生长缓慢，并干扰鱼类胚胎的发育，降低孵化率，增加畸形率；如果水环境 MC 浓度较高则可能直接造成鱼类死亡。有很多关于严重蓝藻水华暴发往往伴随着大量的死鱼事件发生的报道，虽然很多死鱼事件发生可能主要是因为蓝藻的大量死亡引发的水体溶解氧含量急剧下降或氨氮含量急剧升高，但有些也可能是因为 MC 浓度升高导致。

在富营养化程度较低时，水体的营养状况与浮游动物生物量往往表现为正相关。当水体从中营养型向超富营养过渡时，大型底栖动物多样性明显降低。水体富营养化使水生动物的优势种由清水型转变为寡污型和耐污型。例如，武汉东湖不同区域，随着水体营养水平的提高，其中的原生动物优势种在不断变化。在中营养水平的区域，优势种为球砂壳虫。随着营养水平的增高，优势种既有耐污型种类点钟虫，也有寡污型种类透明麻铃虫。在重度富营养化区域，寡污型的原生动物已不占优势，耐污型的单环栉毛虫和喇叭虫演替成为特有的优势种属。研究表明，东湖中耐污型的大型底栖动物霍甫水丝蚓的密度分布与水体营养水平呈明显的正向趋势，且在东湖富营养化最严重的区域，其为绝对优势种。

从供水安全角度来看，当湖库水源地处于富营养化状态时，会对自来水厂的正常运行产生负面影响。在高藻期，由于原水的色度、有机物含量较高，藻类易于吸附在悬浮颗粒上，稳定性增强，难于脱稳凝聚；形成的絮凝体密度低，造成沉淀分离困难；同时，丝状藻类滋生并附着在斜管（板）沉淀池边壁，缩小了过水断面，增大了水处理负荷，降低了沉淀效果；过量的藻类还会直接影响过滤工艺的正常运行，造成滤层堵塞、板结、短流，缩短滤池的过滤周期，致使反冲洗水量增加，反洗频率提高，过滤效果降低，制水成本提高。藻类所分泌的嗅味物质导致饮用水产生异味，水中大量藻类的存在也增加了氯的消耗量，当水处理中氧化剂使用量较低时，不仅无法消除嗅味的影响，有时还会和一些嗅味有机物反应生成新的致嗅物质；氧化剂投量较高时，又会生成大量的有毒害的消毒副产物。藻类在代谢过程中易产生三卤甲烷的前期物质，三卤甲烷是对人体具有潜在危害的致癌物质。加氯后水中三卤甲烷含量大幅度增加，降低了饮用水水质的安全性。

另外，某些藻类能够分泌、释放有毒物质，有毒物质进入水体后，若被牲畜饮入体内，可引起牲畜肠胃道疾病，人若饮用也会发生消化道炎症，有害人体健康（Bhattacharya et al.，1997；LeClaire et al.，1995；谢平，2006）。研究表明，2000 多种蓝绿藻中有 40 余种可产生毒素，主要产毒藻有微囊藻、长孢藻、颤藻及束丝藻。不同的藻株可能产生相同的毒素，而同一藻株也可产生多种不同的毒素，产生的毒素包括：多肽肝毒素、生物碱类神经毒素、脂多糖内毒素、叶嘌呤类毒素等，其中多肽肝毒素中的微囊藻毒素最为常见，它是对人体毒性很大的“三致（致癌、致畸、致突变）”物质，当人误饮误食后，会引起病变甚至死亡（Ding et al.，1999；Falconer，1991）。鉴于微囊藻毒素具有较大的毒性，世界卫生组织提出当水体中藻毒素浓度超过 1μg/L 时，就具有环境风险。

## 2.2　浮 游 动 物

浮游动物是指缺乏发达的运动器官，没有或仅有微弱的游动能力，在水流的作用下被动地营浮游生活的水生动物。它是根据生物的生活习性而划分出的一个生态类群。浮游动物包括无脊椎动物的大部分门类及各类动物的浮游幼虫，如原生动物、腔肠动物（包括各类水母）、轮虫、甲壳类、浮游软体动物、毛颚动物、被囊动物等等，一般来说淡水生态系统中浮游动物由原生动物、轮虫、枝角类和桡足类四大类组成。在淡水生态系统中，浮游动物是水生食物链的关键环节之一，在一定程度上调控着淡水生态系统的物质循环和能量流动过程。一方面，浮游动物以藻类和细菌为食物，是最为典型的初级消费者，其数量的动态变化影响着初级生产力的规模和节律；另一方面，浮游动物是次级消费者如鱼类、虾类的主要饵料来源，因此浮游动物生物量的消长影响着高等水生生物的分布和丰度，造成自然渔业资源的变动。浮游动物种群动态变化和生产力的高低，对于整个淡水生态系统结构与功能、生态承载力及生物资源量都有着十分重要的影响。

### 2.2.1　枝角类

枝角类是淡水浮游动物中最为常见的一大类，俗称水溞或红虫，是一类小型浮游动物，隶属节肢动物门甲壳纲鳃足亚纲双甲目枝角亚目（刘建康，1999）。如

图 2-10 所示，枝角类身体通常短小，从侧面观察略呈长圆形。体长 0.2～2.0mm。身体左右侧扁，分节不明显，枝角类的头部有明显的黑色复眼，1 块由两片合成的甲壳包被于躯干部的两侧。第二触角十分发达，呈枝角状，为主要的运动器官，身体末端有一对尾爪。绝大多数枝角类为滤食性种类，它们以水体中细菌、藻类、有机碎屑为食。一般认为它们有选择食物颗粒大小的能力而无区别食物优劣的本领。它具有两种不同的生殖方式：孤雌生殖（单性生殖）与两性生殖，两种生殖方式交替进行。在温度适宜、食料丰富的良好环境下，通常进行孤雌生殖，行单性世代，在短时间内可达到很高的种群密度。

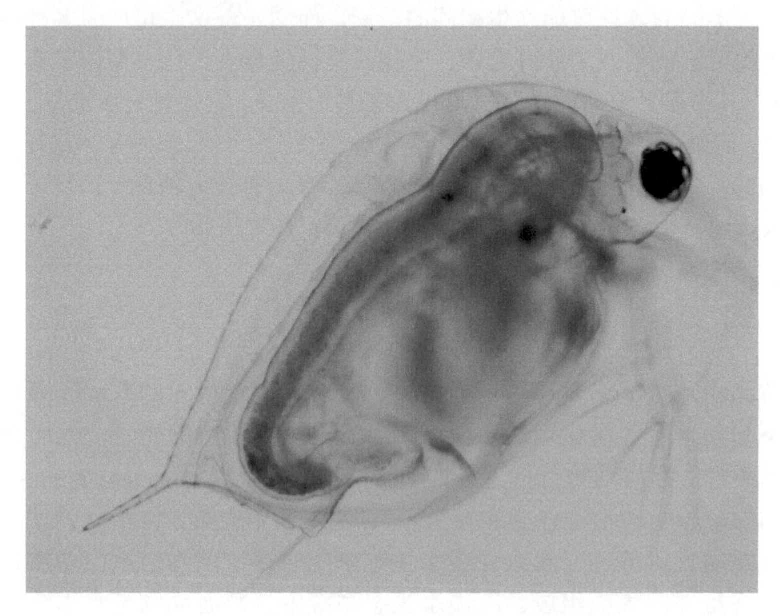

图 2-10　枝角类在显微镜下的形态（姜晓东摄）

### 2.2.2　桡足类

相对于枝角类而言，桡足类更喜欢生活在海洋中，是海洋次级产量的主要贡献者，也是海洋食物网中单细胞藻类和鱼类之间必不可少的“桥梁”。桡足类隶属节肢动物门甲壳纲桡足亚纲，为小型甲壳动物，身体纵长，分节明显，体长一般 1～4mm，体节数不超过 11 节（刘建康，1999）。桡足类的身体（图 2-11）可分为头胸部（前体部）与腹部（后体部），头部有一眼点、两对触角（第一触角、第二触角）、三对口器（大颚、第一小颚、第二小颚）；第一触角为主要的运动器官，是一对不分枝的附肢，雌雄异形，第二触角短小，是一对两叉式的附肢（剑水蚤的外肢消失呈单肢状）；胸部具 5 对胸足（第一至第五胸足），前四对构造相同，双肢型，第五对常退化，两性有异；腹部无附肢，末端具一对尾叉，其后具数根羽状刚毛，雌性腹部常带卵囊。桡足类营浮游与寄生生活，主要隶属有哲水蚤目、剑水蚤目和猛水蚤目。

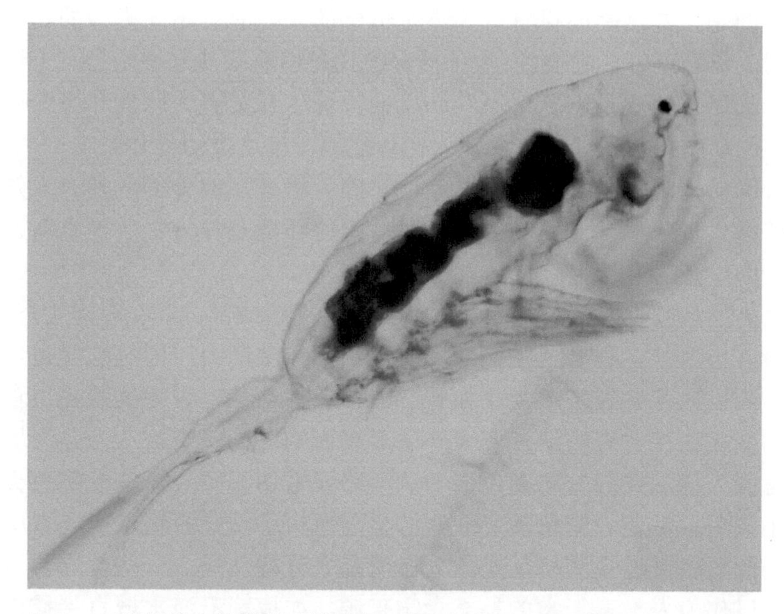

图 2-11　桡足类在显微镜下的形态（姜晓东摄）（彩图请扫封底二维码）

哲水蚤目多数生活于海洋，头胸部比腹部显著宽大，活动关节位于末胸节和第一腹节之间，第一触角通常比身体长，雌性的左右对称，雄性的对称或一边形成执握触角；剑水蚤目的头胸部比后腹部宽大，活动关节位于第四和第五胸节之间，第五胸节为后体部的第一节，第一触角较短，雄性左右触角都改变为执握触角，第二触角单肢型，第五胸足退化，有两个卵囊；猛水蚤目大部分生活在海洋，仅一小部分生活于淡水或半咸水中，体形多样，呈圆筒形，或背腹扁平呈卵圆形，或头胸部大、腹部较短小而宽，呈梨形，活动关节位于第六胸节末，其他各节间也能自由屈伸活动，第一触角一般很短，由 4～10 节组成，雄性第一触角左右相同，通常第 4～6 节较为膨大，有时可作为执握器用，第二触角在海洋种类的内肢分 3 节、外肢分 7 节，在淡水种类的内肢分 2 节、外肢分 1～3 节，有的种类外肢节消失，仅留刚毛。

桡足类的栖息生境包括海洋、湖泊、水库、池塘、稻田、盐沼湿地、溪流等，有时还会寄生到鱼的体表、鳍、鳃或眼眶等处。桡足类按摄食行为可分为滤食型、掠食型和刮食型，滤食型桡足类的取食方式与枝角类类似，依靠口部附近的几组附肢持续往复摆动，制造出一个稳定水流，将周边水体中的藻类、细菌、原生动物、有机碎屑等吸吮至口边后取食；掠食型桡足类游弋于水体等待时机，当感知到附近有昆虫幼虫、水蚯蚓、枝角类等活动搅动水流时，就主动出击捕捉猎物；刮食型桡足类则靠刮食水底表层碎屑、动植物残体等为生。值得注意的是，桡足类的摄食行为不是恒定的，当面对不同类型的食物，或者处于不同生长阶段时，它会在 3 种摄食模式间切换。淡水桡足类和个别海洋桡足类有休眠现象，这是它应对不利环境的特殊生存策略。恶劣环境条件下，部分桡足类主动产生休眠卵沉入底泥；在休眠期，桡足类的身体藏在一个包囊中，包囊由特殊的分泌物粘住一些泥块或植物碎片组成，部分剑水蚤的成熟雌体还会利用卵囊包裹自己度过不利的环境条件；待环境条件恢复后再重新返回水柱繁殖，从而维持种群稳定。

桡足类是水域生态系统中次级生产力中重要组成部分，在海洋生态系统中，桡足类摄食作用一定程度上控制着浮游植物初级生产力，同时它又是鱼类的优良饵料，可以为各种经济鱼类，如鲱、鲐和各种幼鱼、须鲸类等提供食物，其种群动态变化往往对海洋渔业资源产生直接影响。桡足类被认为是渔场的标志物，这是因为桡足类的分布和鱼群的洄游路线密切相关，一些经济鱼类，如大黄鱼、小黄鱼、带鱼、鲳鱼等喜欢洄游至近海中小型浮游桡足类丰富度较高的区域，因此可以通过观测桡足类的分布情况来寻找渔场；一些营养价值较高的桡足类可以作为人、畜、禽的补充食物来源，如挪威沿海水域直接捕捞飞马哲水蚤已有几十年的历史；它还是重要的环境指示生物，一些桡足类种群变动可以直接反映水体生态环境质量变化，一些与海流密切相关的桡足类，可作为海流、水团的指标生物。

## 2.3 浮游生物食性鱼类

浮游生物食性鱼类是指以水中较大粒径的藻类、浮游动物等为主要食物的鱼类。浮游生物食性鱼类处于水域生态系统第 2 或第 3 个营养级，它们的滤食、捕食作用，直接影响自然水体中藻类和浮游动物种群数量的动态变化。具体来说，对于富营养化水体中的藻类而言，浮游生物食性鱼类主要通过以下两种方式起到调控藻类生物量的作用：其一，直接滤食较大粒径的藻类特别是群体形态蓝藻；其二，通过滤食或捕食浮游动物，降低浮游动物对藻类的摄食压力，从而间接调控藻类生物量。富营养化水体中常见的浮游生物食性鱼类有鲢、鳙、尼罗罗非鱼、银鱼、太阳鱼等，其中鲢、鳙等依靠吞咽含有食物的水团，将浮游生物和其他颗粒物过滤在鳃耙上进行摄食，因此也被称为滤食性鱼类。鳃耙间距决定了滤食性鱼类的滤食范围，鲢的鳃耙间距为 8～25μm，成鱼主要以藻类为食；鳙的鳃耙间距为 20～80μm，成鱼以浮游动物和藻类为食；尼罗罗非鱼的鳃耙间距为 135～375μm，食谱范围很广。

## 2.4 凶猛鱼类

凶猛鱼类也称食鱼性鱼类，是指鱼类群落中以其他鱼类为主要食物的鱼类掠食者。凶猛鱼类处于水域生态系统营养级的较高位置，是主要的顶级消费者。在天然河湖中，凶猛鱼类的捕食压力，对低营养级鱼类、浮游动物、藻类的种群数量可起到直接或间接的调控作用，甚至还能影响水体理化指标，从而影响整个水域生态系统的结构和功能。我国常见的凶猛鱼类可被划分为“底层型”和“表层型”。底层型凶猛鱼类喜欢在水底栖息生活，平时行动迟缓，当猎物接近时，会迅速出击捕食对方，代表性鱼类为乌鳢、鲶鱼、鳜鱼等；表层型凶猛鱼类生活在水体表层，游动速度很快，一旦发现猎物，就会主动追逐捕食对方，代表性鱼类为蒙古红鲌、鳡鱼等。

## 2.5 底栖动物

底栖动物是指生活史的全部或大部分时间生活于水体底部的水生动物群，多为无脊椎动物。除定居和活动生活的以外，栖息形式多为固着于岩石等坚硬的基体上和埋没于泥沙等松软的基底中。底栖动物与其所生存的环境相互依存、相互影响，是水域生态系统中最重要的定居动物代表类群之一，承担分解和营养循环的关键功能，具有不可替代的作用。底栖动物能加速碎屑的分解、调节沉积物与水柱界面的物质交换、促进水体自净等，它还是绝大部分鱼类的重要饵料，底栖动物不发育的地方往往鱼类也难以生存。

与其他水生生物相比，由于底栖动物多生活于底泥中，多数不能远距离移动，具有区域性强、迁移能力差的特点。因此水质的好坏直接或间接影响底栖动物的生长、繁殖和种类分布。加之底栖动物不同种属对其生境条件及对污染等不利因素的耐受力和敏感程度不同，所以在不同的生境条件下优势物种不同。各底栖动物能耐受不利因素者存活，不能耐受者数量减少或消失，或由其他能适应的种类所代替。一般来说，生境条件好的河流底栖动物物种多样性高，富营养化水体中底栖动物种群往往大量消亡，生物多样性较低。底栖动物所包括的种类及其生活方式较浮游动物复杂得多，常见的底栖动物有摇蚊幼虫、螺、蚌、水丝蚓、河蚬、虾、蟹和水蛭等。在富营养化水体中常见的底栖动物有水丝蚓、摇蚊幼虫、螺类等，水丝蚓、摇蚊幼虫是耐污种，贝类和螺类则能起到滤食藻类的作用。

## 2.6 大型水生植物

大型水生植物是指植物体的一部分或全部永久地或至少一年中数月沉没于水中或漂浮在水面上的高等植物类群。这是一个生态学范畴上的类群，是不同类群植物通过长期适应水环境而形成的趋同性生态适应类型，因此包含了多个植物门类，如蕨类植物和种子植物。通常意义上的大型水生植物还包括一些大型的藻类植物，如轮藻门的藻类。大型水生植物长期生活在一种低氧、弱光的环境中，本身具有与水体环境相适应的特殊形态结构，使其在水质调控和水域生态系统维护方面发挥着重要作用，如根、茎、叶具有完整的通气组织，保证器官和组织对氧气的需要，而且表皮有角质层，栅栏组织发达，根、茎、叶表皮细胞排列紧密，增强自身的耐污性和抵抗力。在水处理应用中，大型水生植物主要功能有构建微生态环境，吸收富集氮、磷等营养物质和其他污染物，吸附过滤和沉降污染物及克制浮游藻类等。水体富营养化治理工程中，常根据生活型的不同将大型水生植物分为挺水、漂浮、浮叶和沉水等四大类。

挺水植物的根生长在水的底泥之中，茎、叶挺出水面。常分布于0～1.5m的浅水处，其中有的种类生长于潮湿的岸边。这类植物在空气中的部分具有陆生植物的特征；生长在水中的部分（根或地下茎）具有水生植物的特征。这类植物体形比较高大，为了支撑上部的植物体，往往具有庞大的根系，并能借助中空的茎或叶柄向根和根状茎输送氧气。生态工程上常用的有芦苇、美人蕉、香蒲、菖蒲等。

漂浮植物是植物体完全漂浮于水面上的植物类群，为了适应水上漂浮生活，它们的根系大多退化成悬垂状，叶或茎具有发达的通气组织，一些种类还发育出专门的贮气结构（如凤眼莲膨大成葫芦状的叶柄），这为整个植株漂浮在水面上提供了保障。在生态工程中常用的有粉绿狐尾藻、穗花狐尾藻等。

浮叶植物指根或茎扎于底泥中，叶漂浮于水面的植物类群。这类植物为了适应风浪，通常具有柔韧细长的叶柄或茎，常见的种类有菱、荇菜等。

沉水植物是指植物体完全沉于水气界面以下，根扎于底泥中或漂浮在水中的类群，这类植物是严格意义上完全适应水生的高等植物类群。相比其他类群，由于沉没于水中，阳光的吸收和气体的交换是影响其生长的最大限制因素，其次还有水流的冲击。因此该类植物体的通气组织特别发达，有利于气体交换；叶片也多细裂成丝状或条带状，以增加吸收阳光的表面积，也减少被水流冲破的风险；植物体呈绿色或褐色，以吸收射入水中较微弱的光线。沉水植物其茎、叶和表皮与根一样都对水体中营养盐类有较强的吸收降解作用，而且表皮含有叶绿素，可以进行光合作用，这种结构功能可使沉水植物直接从水体和底泥中吸收氮磷，并同化为自身的结构组织。沉水植物的存在可以明显改善水体的理化性质，可以有效降低颗粒物质的含量，可以改善水下的光照条件，使得透明度保持在较高水平，极大地增加底质的稳定和固着。沉水植物还可以通过群聚生长有效降低水体的营养盐含量，通过叶片的快速生长周转干扰附生藻类群落，还通过分泌化学物质直接或间接控制浮游藻类和附生藻类的密度，而且很多研究表明，沉水植物茂盛的水体一般具有较高的清澈度，以及较低的营养盐浓度和藻类生物量。在生态工程中常用的种类有苦草、狐尾藻、菹草等。

## 主要参考文献


韩博平, 韩志国, 付翔. 2003. 藻类光合作用机理与模型. 北京: 科学出版社.

刘建康. 1999. 高级水生生物学. 北京: 科学出版社.

谢平. 2006. 水生动物体内的微囊藻毒素及其对人类健康的潜在威胁. 北京: 科学出版社.

余国营, 刘永定, 丘昌强, 等. 2000. 滇池水生植被演替及其与水环境变化关系. 湖泊科学, 12: 73-80.

虞功亮, 宋立荣, 李仁辉. 2007. 中国淡水微囊藻属常见种类的分类学讨论: 以滇池为例. 植物分类学报, 45(5): 727-741.

Behrenfeld M J, Randerson J T, McClain C R, et al. 2001. Biospheric primary production during an ENSO transition. Science, 291: 2594-2597.

Bhattacharya R, Sugendran K, Dangi R, et al. 1997. Toxicity evaluation of freshwater cyanobacterium *Microcystis aeruginosa* PCC 7806: Ⅱ. Nephrotoxicity in rats. Biomedical and Environmental Sciences: BES, 10: 93-101.

Büchel C. 2014. Fucoxanthin-chlorophyll-proteins and non-photochemical fluorescence quenching of diatoms//Demmig-Adams B, Garab G, Adams III W, et al. Non-Photochemical Quenching and Energy Dissipation in Plants, Algae and Cyanobacteria. Dordrecht: Springer: 259-275.

Ding W X, Shen H M, Zhu H G, et al. 1999. Genotoxicity of microcystic cyanobacteria extract of a water source in China. Mutation Research/Genetic Toxicology and Environmental Mutagenesis, 442: 69-77.

Ehleringer J R, Monson R K. 1993. Evolutionary and ecological aspects of photosynthetic pathway variation. Annual Review of Ecology and Systematics, 24: 411-439.

Falconer I R. 1991. Tumor promotion and liver injury caused by oral consumption of cyanobacteria. Environmental Toxicology and Water Quality, 6: 177-184.

Glazer A N. 1989. Light guides: directional energy transfer in a photosynthetic antenna. Journal of Biological Chemistry, 264: 1-4.

Kaplan A, Reinhold L. 1999. $CO_2$ concentrating mechanisms in photosynthetic microorganisms. Annual Review of Plant Biology, 50: 539-570.

Krawczyk S, Krupa Z, Maksymiec W. 1993. Stark spectra of chlorophylls and carotenoids in antenna pigment-proteins LHC-II and CP-II. BBA-Bioenergetics, 1143: 273-281.

LeClaire R D, Parker G W, Franz D R. 1995. Hemodynamic and calorimetric changes induced by microcystin-LR in the rat. Journal of Applied Toxicology, 15: 303-311.

Luo Q, Zhu Z, Yang R, et al. 2015. Characterization of a respiratory burst oxidase homologue from *Pyropia haitanensis* with unique molecular phylogeny and rapid stress response. Journal of Applied Phycology, 27: 945-955.

Neilson J A, Durnford D G. 2010. Structural and functional diversification of the light-harvesting complexes in photosynthetic eukaryotes. Photosynthesis Research, 106: 57-71.

Redfield A C, Ketchum B H, Richards F A. 1963. The influence of organisms on the composition of sea-water//Hill M N. The sea, Volume 2: The Composition of Sea-Water Comparative and Descriptive Oceanography. New York: John Wiley: 26-77.

# 第3章　水域生态系统过程

## 3.1　水域生境区域

在水域生态系统的内部，水生生物的分布与水体生境状况密切相关（Kalff, 2011）。沿岸带（littoral zone）是处于水体岸边的水陆交错区域，在此区域内水体较浅，阳光可以透过水体直接到达底泥表面，这就为大型水生植物的生长提供了基本条件；同时沿岸带具有一定坡度，这使其在空间上存在明显的水深变化，为适应不同水深和光照的各类水生植物提供了生境条件（图3-1a）。因此，沿岸带一般都是淡水生态系统中大型水生植物生长最为茂盛、生物多样性最丰富的区域。从空间格局来讲，在沿岸带水深最小的区域，以挺水植物如芦苇、菰等为主；在水深较深的区域为浮叶植物如菱、荇蓬草等；而沉水植物则主要在水深较深的区域甚至开阔水域生长。沿岸带大量生长的水生植物群落，为鱼类、浮游动物、无

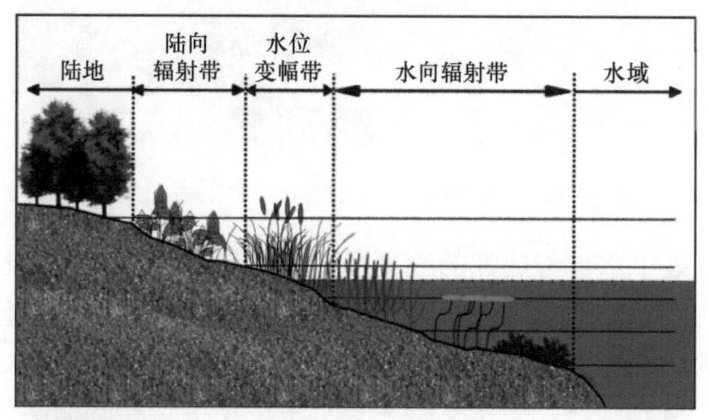

a

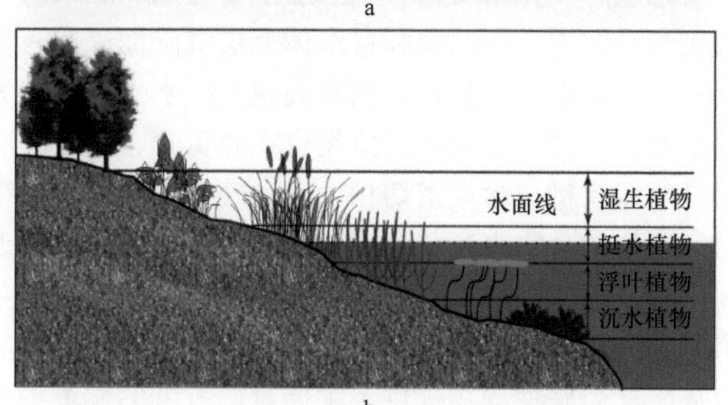

b

图3-1　沿岸带大型水生植物群落空间分布（彩图请扫封底二维码）

脊椎动物等提供了重要的食物来源，也为它们营造了躲避天敌与灾害的场所，是它们赖以生存、繁殖的栖息地（图 3-1b）。

湖沼带（limnetic zone）是水体的主要部分。一般来说由于光衰减作用，在此区域内阳光难以到达底泥表面，因此从垂直方向上来说，湖沼带又可分为真光层（euphotic zone）和暗光层（dark zone）和底栖生物层（benthic zone）。真光层是水下光照度大于水面入射光照 1%的水深区域，真光层为藻类光合作用提供了最为关键的光照条件，是各种浮游藻类生长的主要区域；真光层以下是暗光层，在此区域内光照过低，难以支持藻类和其他水生植物生长，因此总体氧消耗速率大于光合作用产氧速率，在水温上升、水体稳定度高的夏季往往出现缺氧现象，成为鱼类、浮游动物等绝迹的湖下层（hypolimnion，又称“下层滞水带”）（图 3-2）。

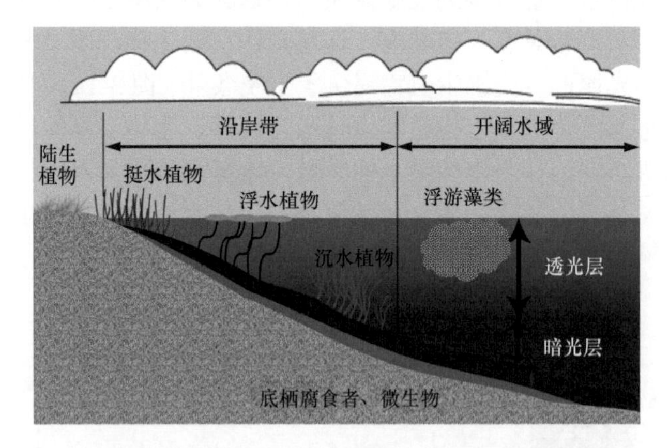


图 3-2　富营养化水体的不同生境区域（彩图请扫封底二维码）

底栖生物层处于水体与底泥的交界区域。在底栖生物层底泥表面附近区域内，由于底栖动物的扰动作用，混合现象明显，这是底栖动物生长、繁殖的主要场所，其中大部分底栖动物为无脊椎动物，如摇蚊幼虫、螺、贝等。当水体水深较大时，底栖生物层处于暗光状态，无法支持大型水生植物生长和底栖藻类生长，底栖动物的主要食物为底泥表面生长的细菌和自水体上层沉降而来的有机碎屑；当水体水深较浅时，底栖生物层表面可生长底栖藻类或大型水生植物，为底栖动物提供丰富多样的食物来源，一些底层生活的鱼类也在此觅食、繁育。底栖动物的生物量及群落结构还与底泥有机质含量密切相关，当底泥有机质含量很高，如全部为泥炭基底时，底栖动物的食物来源就会比较丰富，但是同时也缺乏可供其躲藏的避难所，容易被鱼类捕食；当底泥有机质含量很低，如为岩石质基底时，就缺乏可供大型水生植物、底栖藻类、细菌生长的营养物质，底栖动物的食物也大大减少，但是岩石质基底却为底栖动物提供了可躲避捕食者的生境条件，一些适应环境的底栖动物种可以大量生长。

# 3.2　初 级 生 产

藻类是水体中最主要的初级生产者之一。和细菌类似，在纯培养条件下藻类种群增长过程也包括了停滞期、对数生长期、稳定期和衰亡期。对数生长期是藻类适应环境后快速增殖的阶段，此时描述藻类数量变化的公式为

$$M_t = M_0 e^{\mu t} \tag{3-1}$$

式中，$M_0$ 为指数生长期起始藻类数量；$M_t$ 为 $t$ 时刻藻类数量；$\mu$ 为比增殖速率。

比增殖速率是与藻类生长有关的关键性指标，在摇瓶实验中，可控制最佳条件使得藻类生长不受环境因子的限制，此时的比增殖速率被认为只与藻种特性有关，因此可获得基本不变的 $\mu$ 值，用于表征该藻种生长的快慢程度。温度、营养盐、光照等环境因子直接影响藻类生长，当受到环境因子限制时，$\mu$ 值的大小与环境因子的变化直接相关，目前普遍以莫诺特（Monod）方程来描述两者关系，即

$$\mu = \mu_{\max} \frac{S_0}{K_s + S_0} \tag{3-2}$$

式中，$\mu_{\max}$ 为最大比增殖速率（$h^{-1}$）；$S_0$ 为限制因子浓度（mg/L）；$K_s$ 为半饱和浓度（mg/L）。

一些水生态学家以上述一系列公式为基础，进一步构建数学模型，模拟光照、营养、温度变化对藻类种群增长的影响，预测自然水体中藻类水华发生的概率；对于水质管理者和工程技术人员而言，则首先需要了解光照、营养、温度与藻类数量变化和种群结构的基本关系。

## 3.2.1　初级生产力的影响因素

### 3.2.1.1　光照

光照是藻类生长的最基本条件。藻类光合作用分为需光的“光反应”与不需光的“暗反应”两个阶段。在光反应阶段，叶绿体（或叶绿素）在光照射下将无机磷源、ADP、$NADP^+$转化为 ATP、NADPH；在暗反应阶段，ATP、NADPH 在还原性的铁氧还蛋白等调节剂的酶促作用下，将 $CO_2$ 同化为糖。藻类光合作用强弱反映着它的活性，以及未来一段时间内的增殖潜力，生态学家采用光合速率这一参数来反映藻类光合作用的强弱程度。藻类光合速率指的是单位时间、单位藻干重或叶绿素所固定的 $CO_2$ 或释放的 $O_2$ 量，可通过叶绿素荧光仪等专业设备测定。

藻类光合速率快慢与它所生活水体的光环境状况直接相关，用光合速率对藻

类所接受的平均光照度作的曲线称光响应曲线，又称 *P-I* 曲线。如图 3-3 所示，在弱光照度下，光响应曲线为倾斜的直线，此时处于光限制过程，藻类光合速率与光照度成正比例关系，此时暗反应所需要的 ATP、NADPH 等不能从光反应中得到充分的满足，因此其反应速度受到限制；当光强逐渐达到饱和时，光反应产生了大量的中间产物，暗反应的反应速度已经跟不上转化的速度，光合速率不再随着光照度的提高而提高，曲线逐渐同横轴平行。*P-I* 曲线代表了各种藻类光合速率与光照度的一般关系，曲线倾斜的部分相当于光合作用受光照限制的范围，水平部分为饱和光强。水平部分的高低依赖于藻类的种类和生态类型。$I_k$ 是 *P-I* 曲线最初直线上升部分和曲线水平部分延长线的交点在横轴的对应点，它表示光反应达到最大速率时的光照度。在自然水体中藻类的光响应曲线与图 3-3 中的理论曲线是有区别的，一般采用 Platt 等（1980）的描述［式（3-3）］：

$$P = P_{\mathrm{m}}\left(1-\mathrm{e}^{-\alpha I/P_{\mathrm{m}}}\right)\times \mathrm{e}^{-\beta I/P_{\mathrm{m}}} \tag{3-3}$$

式中，$P$ 为光合速率；$I$ 为光强；$\alpha$ 为光限制曲线斜率；$\beta$ 为光抑制曲线斜率；$P_{\mathrm{m}}$ 为最大光合速率。

光照度过高时，光合作用会受到抑制。$I_b$ 为光合作用开始受到抑制时的光照度：

当 $I>I_b>I_k$ 时，为光抑制现象，光对藻类的生长有抑制作用；

当 $I_b>I_k>I$ 时，为光限制现象，光对藻类的生长有限制作用；

当 $I_b>I>I_k$ 时，为光饱和现象，光适合藻类生长。

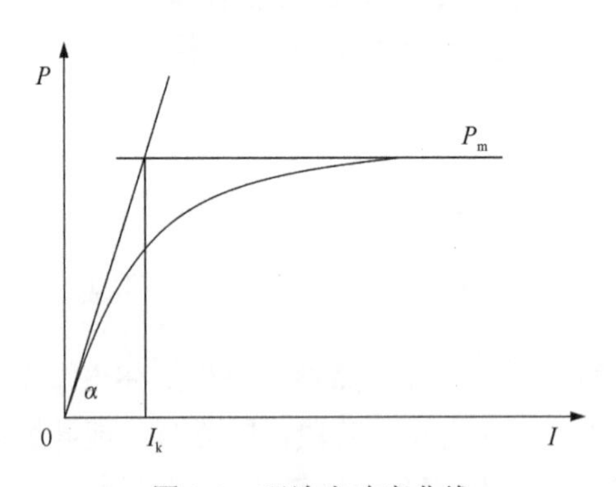


图 3-3 理论光响应曲线

图 3-4 中的光抑制现象是当光照度较高时，强光造成细胞中的 PSⅡ光活性丢失，从而造成光量子吸收量下降，光合速率受到强光抑制；而光限制过程则是光照度较低时，光反应产生较少的 ATP、NADPH，造成暗反应速率下降，即光合速率也逐渐下降。当光合速率随光照度降低到一定程度之后，光合作用产氧速率便等于呼吸作用耗氧速率，此时的光照度称为光补偿点。

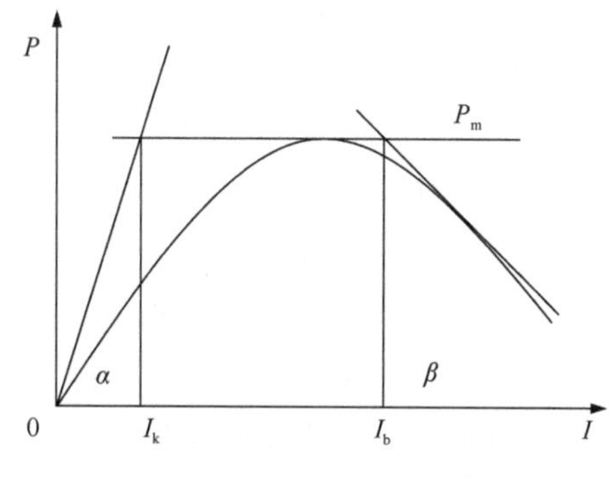


图 3-4　实际光响应曲线

#### 3.2.1.2　温度

温度对藻类的新陈代谢和生命活动产生重要影响。水温升高，藻类的生理活性加大，对营养物质的利用效率提高，比增殖速率上升。一般而言，大多数淡水蓝藻和绿藻适宜在 20℃以上水体中生存，但少数绿藻在低温时期仍能保持一定的丰度；硅藻、隐藻、甲藻则能够在温度更低如 15℃的水体中生长；较高温度则有利于蓝藻的生长，这是由于蓝藻的 DNA 与光合作用系统的热稳定性等形成了高温适应机制，微囊藻在水温达到 35℃以上时仍能够持续增殖，这是它在夏季能够在水体中占据优势形成水华的原因之一（郑维发和曾昭琪，1994）。

在浅水湖泊中，藻类生物量和藻类种群结构时常变动，这与水温的变化有很大关系。在春秋冬三季，短期内的增温对藻类种数、密度和生物量均起促进作用，夏季持续高温则引起蓝绿藻数量增加和硅藻明显减少。在严重富营养化的太湖，现场监测显示微囊藻和颤藻分别在夏季和春秋两季占据优势，两种藻类在不同温度条件下的比增殖速率、生长周期的差异可能是种群季节更替现象的关键原因（陈宇炜等，2001）。在深水湖库中，温度可能并不是直接作用的环境因子，而通过改变水体混合状态而间接导致藻类数量和种群结构变动（刘建康，1999）。

相比于其他水华蓝藻如长孢藻、束丝藻等，微囊藻生长的适宜温度较高，在夏秋季节水温相对较高时能够持续增殖。有研究表明，随温度升高，铜绿微囊藻比增殖速率和固碳速率显著增大，单位藻细胞叶绿素 a 和总碳的增量在 25℃、30℃条件下大于 15℃、20℃。一般来说，28～30℃是最适合铜绿微囊藻生长的温度，超过 32℃条件下微囊藻仍能保持增殖状态，但是增殖速率会有所下降。

#### 3.2.1.3　营养盐

氮磷营养盐是藻类生长所必需的生源要素，是影响藻类生长的另一重要环境因子，历来主流观点认为要想控制藻类水华暴发，必须削减湖库氮、磷的污染负

荷，降低水体中氮、磷的浓度。合适的光照、温度、pH和充分具备营养物质的条件下，藻类光合作用的总反应式为

$$106CO_2 + 16NO_3^- + HPO_4^{2-} + 122H_2O + 18H^+ + 能量 + 微量元素 \longrightarrow C_{106}H_{263}O_{110}N_{16}P_1 + 138O_2 \tag{3-4}$$

从藻类化学组成$C_{106}H_{263}O_{110}N_{16}P_1$可以看出，生产1kg藻类，需要消耗碳358g、氢74g、氧496g、氮63g、磷9g。根据李比希最小因子定律，植物的生长取决于外界供给它们的养分中最少的一种。磷在水体中相对缺乏，因此磷常常是最重要的藻类生长的限制性因子。科学家们已证实外源性磷污染的输入与湖库藻类生物量及叶绿素a含量具有高度相关性，现有的富营养化标准认为水体中磷浓度超过0.02mg/L，就存在暴发藻类水华的风险。而对于我国多数城市湖泊而言，磷浓度一般都超过0.05mg/L，因此夏季发生藻类水华的概率较大。

氮素也对藻类生长具有类似的限制作用，但由于许多蓝藻可以通过固氮作用得到氮元素，所以与磷相比，氮作为湖泊水库富营养化的限制因素，处于次要地位。最近基于长期的实验湖沼学研究的结果对氮的限制性作用提出了质疑，认为无论总氮（TN）是多是少，总磷（TP）始终是浮游藻类群落的限制因子，虽然TN也与藻类总量显著相关，但这只是氮与磷密切关系的间接反映。另外，削减氮的输入可大大促进固氮蓝藻的生长，只要磷充足且有足够的时间，固氮过程就可使藻类总生物量达到较高水平，从而使湖泊保持高度富营养状态。氮磷比对藻类的影响也具有争议，早期许多研究认为氮磷比较低时蓝藻容易成为优势种群，而近年一些研究则提出氮磷比的改变只不过是蓝藻增殖的结果而已（许海等，2011）。然而，对于富营养化湖泊中常见的优势产毒蓝藻——微囊藻而言，水体氮可获得性却是限制其生长的重要因素，这是因为微囊藻自身不具有固氮能力；一些研究还显示微囊藻胞内藻毒素含量还受到水体氮可获得性调控。

藻类生源要素氮磷除了直接来自水体之外，还可以间接地自底泥获取。对于上层水体而言，底泥如同一个具有缓冲功能的营养库，当水体中溶解性的氮磷浓度很高时，它会吸收一部分氮磷；当水体中氮磷浓度很低时，它又会释放一部分氮磷，水生态学家通过进行底泥-上覆水氮磷吸附平衡实验或底泥-水界面氮磷迁移模拟实验来评价底泥是否是氮磷的“源”或“汇”，对于普通水质管理者而言，在设备条件有限时，可以重点监测水体底层溶解氧，因为一旦水体底层至底泥表层厌氧化，溶解态的氨氮和磷酸盐就极容易释放出来。

#### 3.2.1.4 藻类沉降

为满足自身生长繁殖的需要，藻类必须长期存留于真光层中，以确保光合成量大于内源呼吸量，这就意味着藻类必须进化出特定机制以获得足够的悬浮性能。

藻类在水体中的上浮下沉状况，是决定某种藻类在某一季节是否能成为优势藻种的重要因素，与藻类水华的发生密切相关。现有研究表明，藻类能够主动调节其表观形态及内在结构，从而改变悬浮性能，并适应水体混合状态的变化。最为典型的是蓝藻通过伪空胞、糖合成调节浮力；脆杆藻通过群体集聚延伸形成飘带状而降低下沉速率。

**（1）藻类沉降机制的数学表达**

对于密度为 $\rho_c$ 的单个藻体，在密度为 $\rho_w$（$\rho_w<\rho_c$），黏滞系数为 $\eta$ 的静止水体中下落，若所受阻力遵从斯托克斯公式，则该藻体的沉降速度表示为

$$w_s = g\left(d_s\right)^2\left(\rho_c - \rho_w\right)\left(18\eta\varphi_r\right)^{-1} \tag{3-5}$$

式中，$d_s$ 是与藻相同体积的球的直径；$\rho_c-\rho_w$ 是藻平均密度与水的差距；$\varphi_r$ 是相对体型阻力系数，和藻形状与球形状差距有关；$g$ 为重力加速度。

斯托克斯公式普遍被认为用于预测浮游植物的上浮下沉速率是可行的，但是必须考虑以下因素：第一个因素是 $\varphi_r$ 的率定，绝大多数藻类并不是标准球体，颗粒的大小与不规则度不仅影响了粒径 $d_s$，也影响了 $\varphi_r$。对于不同形态的藻，需要通过特定的实验来测定 $\varphi_r$，但一般来说 $\varphi_r$ 在数值上很难测准，需要根据藻类沉降实验结果来反推；第二个因素是活细胞与死细胞的差别，悬浮着的藻类种群通常都是活的细胞，死细胞会被细菌分解或者被其他浮游动物摄食而消失，有一些硅藻细胞死亡后自然下沉，这种死细胞的下沉速率比活细胞要快一些，研究表明很可能存在活性因子发挥作用。

**（2）藻类沉降机制的调控因子**

根据斯托克斯公式，在黏度和密度都相同的水体中，藻类的上浮下沉速率主要由 $\rho_c$、$d_s$ 和 $\varphi_r$ 决定。

**比重**。藻类细胞中，密度与水相比要大很多的细胞物质称为细胞镇重物，包括碳水化合物、蛋白质、核酸等，且由于碳水化合物含量高，比重大，所以它是细胞镇重物的主要组成部分。碳水化合物的密度约为 1500kg/m$^3$，蛋白质约为 1300kg/m$^3$，核酸约为 1700kg/m$^3$。只有脂类物质的密度小于水的密度，但它们一般只占细胞干重的 10%。因此，浮游植物细胞通常比水重，且会在水中下沉。伪空胞（gas vesicle，GV）是蓝藻所特有的调剂细胞升浮的机构体。它是一种惰性、中空、充满气体、两端为锥形的圆柱形结构，仅由蛋白质组成，直径大约 75nm，长度将近 1μm。这些圆柱体结构的两末端为锥形，由 2nm 厚的单层薄膜组成，而这些单个的圆柱体结构就是伪空胞。在所有原核生物进化的细胞器和亚细胞结构中，只有伪空胞含有充气的空间，为细胞减轻密度，在水体中提供浮力。伪空胞不仅仅是一个浮力的辅助物，通过动态调节伪空胞数，藻能够控制它的浮力。伪

空胞可以被较高的胞内膨胀压压破，也可以不断重新组装，这种动态的破裂与组装提供了一个潜在的调节浮力的机制。

**尺寸**。从斯托克斯公式中可以看出，尺寸即等效直径，与藻类下沉速率成平方正相关关系。细胞尺寸在藻类生态学和生理学特征上都起了至关重要的作用，并且在一定程度上影响藻类的生长和消亡。细胞大小在与浮游植物的生长和损失所依赖的生态及生理行为中具有关键作用，特别地，藻细胞或群体尺寸结构也会影响其在光照垂直分布上的生理机能，同时也会影响同一种类的藻的沉降损失和营养盐吸收程度（表 3-1）。

**表 3-1　群体大小对硅藻下沉速率的影响**

| 透明辐杆藻 *Bacteriastrum hyalinum* | | 中肋骨条藻 *Skeletonema costatum* | |
|---|---|---|---|
| 群体大小（cells） | 平均下沉速率（m/d） | 群体大小（cells） | 平均下沉速率（m/d） |
| 1～5 | 0.79 | 2～5 | 0.73 |
| 6～10 | 1.31 | 6～10 | 0.55 |
| 11～15 | 3.21 | 11～20 | 0.32 |
| | | 20 | 0.13 |

**形成抗力**。除了藻细胞尺寸，胞外黏性物质团、螺旋状藻丝（filament coiling）等形状特征也会影响藻类的沉降性能。某些藻类会聚集形成群体，提升它相对于其他藻类的竞争优势，使其更容易上浮于表面。以脆杆藻（*Fragilaria*）和星杆藻（*Asterionella*）为例，采用含不同细胞数的死的脆杆藻做沉降实验，将沉降速率对相应的细胞个数作图，结果显示沉降速率先随细胞数的增大而增大，在细胞数为16～20 个时，沉降速率维持稳定。对于星杆藻，结果显示由 8 个细胞组成的群体的下沉速度最稳定，而星杆藻细胞排列的对称性等形状参数通过影响相对体型阻力系数（$\varphi_r$）来决定其下沉速度。

其他形状多样性特征如长宽比（*L*/*W*）、突起和棘刺等都会改变藻类的 $\varphi_r$。Padisák 等（2003）的模型实验表明，棘刺的对称性和数量各不相同的栅藻在水中的沉降速率也不一样。野外微囊藻呈群体状，尽管增大了尺寸，但外围包裹着一层黏性物质（mucilage），黏性物质的存在可以改变群体形态、降低细胞比重、封存养分，同时还能抵抗被其他浮游动物捕食。

### 3.2.2　光限制与藻类垂直分布

#### 3.2.2.1　水下光衰减

藻类光响应曲线是将藻类从自然水体中分离出来，在实验室中置于不同的光照度条件下测定获得的，它反映的是藻类的生理活性与光照度的关系，但是根据这一结果，还远远不足以对水中藻类的增长趋势进行预判。一个最重要的原因是在实际水体中，光强随着水深增加而成指数形式衰减，这就是比尔定律。对于单个藻类而言，如果它是微囊藻就可能具有浮力，能够浮聚在水体上层，使自己获得的光照度在 $I_b$ 与 $I_k$ 之间，这时它的种群数量就极可能在之后的一段时间里快速增长；如果它是无漂浮能力的小球藻或者脆杆藻，那么它可能在水体中是均匀分布的或者趋向于沉降至水体底层，这时它们的种群是否会增长就与水下光分布状况有密切关系。

多年来学界已形成的共识是，由于在水体中光强随深度增加而衰减，光合作用强度随水深增加也不断削弱，当藻类的光合作用正好与呼吸损耗平衡时，对应的深度称为光补偿深度。在此深度之上浮游植物净光合作用为正值，之下为负值。临界深度指水柱的日净初级生产力刚好为零的深度，在此深度之上，水柱的净初级生产力为正值，之下为负值（图 3-5）。

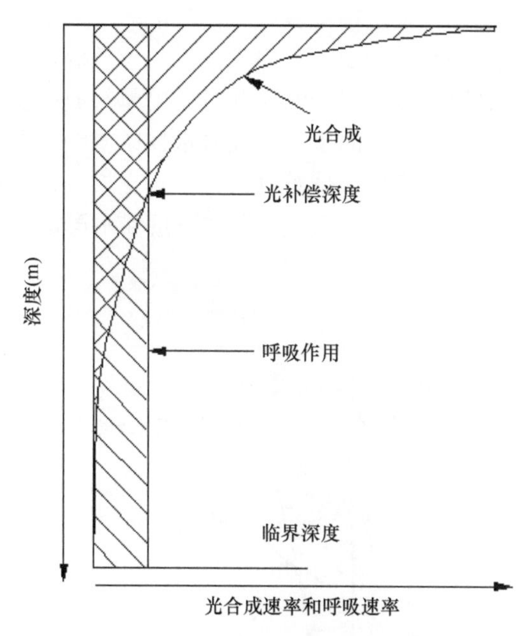


图 3-5　光补偿深度与临界深度的关系

以小球藻为例，由于它在自然水体中一般为个体状态，且粒径不到 5μm，因此随水深增加往往呈均匀分布，由于在水体中光强随深度增加而衰减，不同深度处小球藻光合速率随水深增加也会不断削弱，在某一深度处，藻类的光合作用正好与呼吸损耗相平衡，这一深度即光补偿深度，在此深度之上藻类净光合作用为正值，之下为负值，这时的光强称为光补偿点光强。常见藻类的光补偿点光强一般在 200～1000lx。对于小球藻来说，假设它的光补偿点光强以光照度计为 800lx，水面平均入射光照度为 30 000lx，水体光衰减系数为 $1m^{-1}$，那么当水深约为 3.6m 时达到光补偿深度，如果小球藻长期悬浮在此深度以下，则它将逐渐趋于消亡。

对于处于不同深度的藻类而言，其可获得的光照度区别极大。在真光层以下可获得的光强不到入射光强的 1%，这被认为是光限制层。早期一些研究已认识到光限制作用的存在，如尹澄清和兰智文（1993）于 20 世纪 90 年代初在巢湖现场试验中观测到，在有风天气时湖水透明度降至 10～16cm，1m 深处光照度仅有 70lx，这导致整个水层的净生产力为负值，由此提出巢湖是光限制型水体的观点。Petersen 等（1997）采用不同深度的水柱进行模拟研究，发现在春季气候条件下，对于深度不同、直径相同的水柱而言，若初级生产力以单位面积或水柱接受的单位光强计，净生产力的结果基本一致。若以单位体积计，则出现十分明显的差异，即随深度增加初级生产力下降，他们把这一现象归因于光限制的结果。

#### 3.2.2.2 热成层现象

对于水深大于 5m 的水体而言，从春末开始由于气温逐渐升高，水体上层温度增加很快，而水体底层温度始终较低，此时会出现热成层现象。所谓热成层，即水体温度随着水深增加而递减的现象，此时水体比重随着水深增加而递增，水体稳定度较高，上层水体和底层水体难以进行垂直交换。自然水体出现热成层现象之后，会逐渐形成表层混合层、温度跃层和下层滞水层这三个水层（图 3-6）。

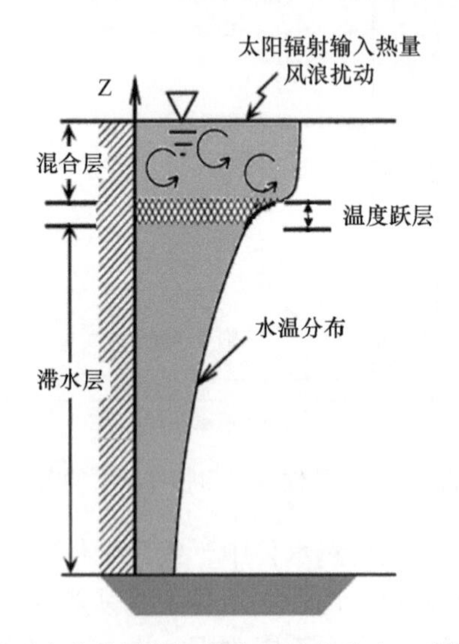


图 3-6 热成层出现后水体分层状况与水温垂直分布（彩图请扫封底二维码）
Z 表示垂直方向

表层混合层中水体受风浪、湖流等自然因素影响，处于持续性的扰动状态，在该水层中包括水温、pH、溶解氧、氮、磷等各项理化指标均一。下层滞水层水体极为稳定，水温随着水深增加递减，其上部水体中溶解氧已极低，随着水深递减数米后即减至零，因此滞水层中大部分水体均处于缺氧或厌氧状态。下层滞水层的另一个值得注意的特点是，由于长期处于缺氧或厌氧状态，底泥中氨氮、亚铁离子、二价锰离子、磷酸盐等均会释放，并形成从底泥表层到滞水层上部的浓度梯度，即随着水深增加上述营养盐浓度逐渐增加。温度跃层处于表层混合层和下层滞水层之间，在此水层中随着水深增加，水温迅速下降，而且其温度减幅远远大于下层滞水层。温度跃层的另一个特征是，在该层中，随着水深增加，溶解氧也迅速递减并接近零，因此它是水体溶解氧从高到低的过渡区域；形象地说，热成层现象出现后，如同在水体温度跃层处形成了一层抑制表层水体与下层水体垂直交换的“隔板”。

#### 3.2.2.3　光照、混合与藻类演替

对于处于富营养化状态的水体，热成层现象的出现会促使表层混合层中有害藻类特别是蓝藻的大量增殖，进而导致藻类水华暴发。这是因为热成层时期，表层混合层一般较浅，为 2～5m，对于藻类来说，在此深度内生活能获得充足的光照，即藻类的生长不受光照限制；另外由于水体处于富营养化状态，氮磷等生源物质充足，且由于下层滞水层厌氧化，氮磷还会源源不断地自底泥释放，因此对藻类而言营养盐亦不受限制，此时藻类便迅速增殖。随着热成层现象的持续，在各种藻类之中微囊藻、长孢藻等蓝藻具有浮力调控机制和群体化的竞争优势，而且对高温具有耐受性，因此微囊藻、长孢藻等蓝藻会逐渐成为表层混合层中的优势藻。

值得注意的是，混合层深度直接影响混合层藻类的生物量。以本研究在温州泽雅水库的监测结果为例（Chen et al.，2009），图 3-7 为 2004 年全年水体混合层深度与藻类生物量的关系，从图中可以看出，在热成层时期，即 4 月到 9 月间，水体混合层深度较小，生物量＞13cm$^3$/m$^3$，在 4 月底，藻类生物量的高峰出现，达到 44cm$^3$/m$^3$，此后在 5 月中旬和 6 月下旬，出现了其他两个高峰，在 8 月 13 日，藻类生物量的最大值出现，达到 48cm$^3$/m$^3$；当到 9 月，混合层深度逐渐增加至 15m，藻类生物量相应地下降；在水体全混时期，藻类生物量低得多，在 9～22cm$^3$/m$^3$；在 2005 年 1 月时，混合层深度又开始下降，在 2 月 18 日时就观察到了早春藻类生物量的高峰，达到 39cm$^3$/m$^3$。另外，混合层深度也影响着藻类的种群结构，如在季风强烈的时期，水库混合层深度显著加深，此时蓝藻水华就迅速消失，绿藻成为优势种（An and Jones，2000）；当数天内的平均风速超过 4m/s 时，无论是藻类生物量还是藻类个体的尺寸分布都会受到显著的影响（Pannard et al.，2007）。

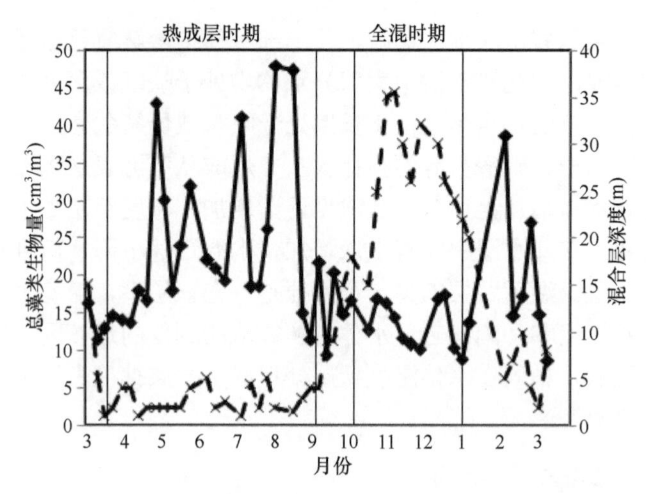


图 3-7 混合层深度的年内变化及其与藻类生物量关系

—◆—藻类生物量；—×—混合层深度

归结起来，混合层深度与藻类生物量的关系如图 3-8 所示，当混合层深度很浅时，随着混合层深度的增加藻类生物量增加；当混合层深度逐渐增加后，藻类生物量达到最大值；之后随着混合层深度的增加藻类生物量趋于下降。这一现象产生的原因主要为：

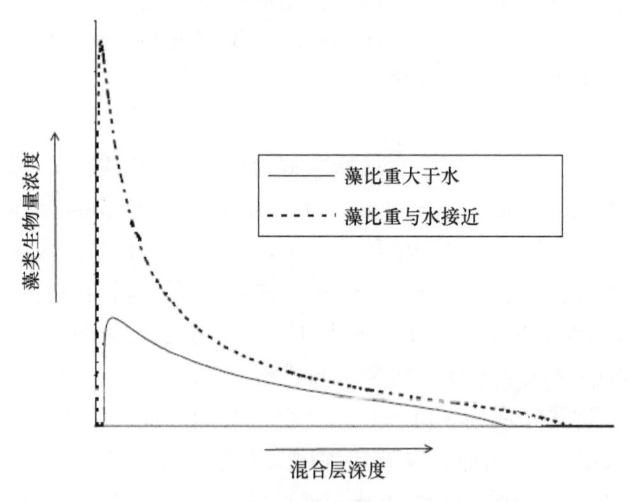


图 3-8 混合层深度与藻类生物量的关系

1）随着混合层深度增加，光限制条件出现。自然水体水下光资源量呈不均匀性分布，即随着水深增加，光照度呈指数衰减，这造成在真光层以下可获得的光强不到入射光强的 1%，形成光限制层；在水体混合强烈之时，藻类被迫随着混合水流在真光层和光限制层上下迁移，而藻类进入光限制层之后，呼吸作用强于光合作用，其生长受到抑制，并不断消耗自身营养物质，逐渐衰亡。湖库水体在热成层时期混合层深度一般为 5m 以内，而一旦热成层受到破坏，水体混合强烈之时，混合层深度可高达 30m，这可能导致藻类可获得光资源量急剧下降，从而形成光限制条件。

2）随着混合层深度增加，藻类比沉降损失率降低。对于比重大于水的藻类而言，它们不能够持续存在于混合层中，而是会因为自身的沉降作用而不断沉出混合层。比沉降损失率（$r$）表征的是单位时间沉出混合层的藻类生物量占混合层现存藻类生物量的比例，比沉降损失率与混合层深度 $E_{\text{mix}}$、藻类沉降速率 $V$ 存在如下关系：$r=V/E_{\text{mix}}$，关于该公式的推导过程见 Reynolds（2006），根据这一公式，混合层深度越大，藻类比沉降损失率越小，这将有利于藻类生物量增加。

结合 1）和 2），在混合层深度较浅时，藻类生长不受光资源限制，藻类的沉降速率成为影响藻类生物量变化的主要因素，随着混合层深度的增加藻类生物量增加；当混合层深度较深时，光资源逐渐成为限制因素，此时随着混合层深度的增加，藻类生物量将显著下降，这就出现了如图 3-8 所示的现象。此外藻类比重不同，生物量随混合层深度变化的趋势也有所不同，尤其是在混合层深度较浅时，比重小的藻类随着混合层深度的增加，其生物量增加趋势快于比重大的藻类，且比重小的藻类生物量峰值远大于比重大的藻类，这反映在现实中就是在热成层时期，具有浮力调控机制的蓝藻能够在与绿藻和硅藻的竞争中胜出。

上述关于“光照、混合对藻类种群增长的影响”的基本理论属于“藻类光限制生长动力学”理论的重要部分（Huisman，1999；Huisman and Weissing，1995），“藻类光限制生长动力学”是最近 30 年来藻类生态学领域的重大成就之一，Jef Huisman 是这一重要理论的提出者。该理论可用于解释水体垂直混合作用的主要控藻原理，简述为：在热成层现象出现后，水体混合层深度较浅，此时长孢藻和微囊藻等有害蓝藻占据了竞争优势，比沉降损失率较低，可长期停留在水体表层混合层，在光资源不受限制的条件下蓝藻种群迅速增长；天然混合（秋季“翻塘”现象）或人工造流技术的实施，导致整个水体处于全混状态，此时蓝藻随水流进入真光层以下的光限制层，造成可获得的光资源量大为减少，而脆杆藻等硅藻则更适应光限制环境，同时强烈的垂直混合也促使它们的比沉降损失率显著降低，这使得有害蓝藻逐渐消亡，而硅藻、绿藻逐渐形成优势。

对于混合水体，藻类生物量动态变化规律可以采用下式描述：

$$\frac{\partial L_k}{\partial v} = r_k K + L_k - N_k L_k + X_k L_k + X_k K + \frac{\partial L_k}{\partial L} + \frac{F\partial^4 L_k}{\partial L^4} \tag{3-6}$$

式中，$L_k$ 为深度 $L$ 处 $k$ 种藻的藻类密度；$r_kK$ 为 $k$ 种藻的合成速率对光照度的响应关系式（$R/K$ 方程）（Huisman，1999）；$N_k$ 为 $k$ 种藻的内源代谢系数；$X_kK$ 为 $k$ 种藻上浮或下沉速率对光照度的响应关系式（Kromkamp and Walsby，1990；Visser et al.，1997)；$F$ 为扬水造流引起的水体对流扩散系数。上述基本表达式意味着：深度 $L$ 处 $k$ 种藻的藻类密度变化率（$\frac{\partial L_k}{\partial v}$）取决于藻类光合成项（$r_k K + L_k$）、藻类内源代谢项（$N_k L_k$）、藻类垂直迁移项（$X_k K + \frac{\partial L_k}{\partial L}$）、水体垂直流动项（$\frac{F\partial^4 L_k}{\partial L^4}$）等 4 方面的共同作用。

## 3.3 牧 食 作 用

### 3.3.1 浮游动物牧食

淡水生态系统中，枝角类浮游动物的主要食物来源为藻类和细菌。欧美生态学家普遍认为，枝角类浮游动物的摄食作用，对富营养化水体中藻类种群结构和生物量能起到十分关键的下行调控作用。枝角类浮游动物主要采取“机械筛滤”对藻类进行捕食，即枝角类利用胸肢的运动形成水流，使得壳瓣和胸肢间的水被吸吮至身体的犁沟处。滤梳的末梢部分封住吸吮的水，然后迫使水流通过滤梳的刚毛形成的“筛子”，大颗粒物质如有机碎屑、无机悬浮颗粒等通过“筛子”作用而被截除，较小颗粒如藻类、细菌随水流进入枝角类体内逐渐被消化吸收。由于枝角类采用“机械筛滤”这一特殊的捕食方式，其对藻类的捕食率与体长、藻类颗粒尺寸、滤水率等因素紧密相关。

#### 3.3.1.1 体长

通过对 6 种枝角类的体长与其摄食颗粒大小的研究发现存在下列关系：

$$Y = 22X + 4.87 \tag{3-7}$$

式中，$X$ 为浮游动物的体长，mm；$Y$ 为浮游动物可以利用的食物颗粒大小，μm。

参照这一关系式，成体体长在 2.0～3.0mm 的枝角类所能利用的藻类颗粒大小可以在 50μm 以上；成体体长在 1.0～1.4mm 的枝角类所能利用的藻类物颗粒大小在 30μm 左右。

#### 3.3.1.2 藻类颗粒尺寸

可摄食藻类颗粒的尺寸可从枝角类滤器的微观形态来预测，特别是根据筛孔的分布和大小。用扫描电子显微镜对 11 种枝角类的滤器进行研究给出了成年枝角类浮游动物的食谱范围（表 3-2）。研究表明（Hélène and Curtis，1999），相较于以溞属（*Daphnia*）和象鼻溞属（*Bosmina*）为优势的浮游动物群落（可摄入藻类范围为 28～78μm），以网纹溞属（*Ceriodaphnia*）和单肢溞属（*Holopedium*）

为优势的浮游动物群落可摄入的藻类大小范围更窄（可摄入藻类范围为 16～36μm）。

**表 3-2　11 种成年枝角类的食谱范围**

| 种类 | 最大食谱范围（μm） |
| --- | --- |
| 短尾秀体溞 *Diaphanosoma brachyurum* | 0.17～15（0.25～5） |
| 圆形盘肠溞 *Chydorus sphaericus* | 0.21～20（0.4～4） |
| 方形网纹溞 *Ceriodaphnia quadrangular* | 0.22～9（4～7） |
| 僧帽溞 *Daphnia cucullata* | 0.22～25（5～8） |
| 大型溞 *Daphnia magna* | 0.23～30（6～38） |
| 盔形溞 *Daphnia galeata* | 0.3～40（1.1～20） |
| *Daphnia puliceria* | 0.5～42（1.3～30） |
| 透明溞 *Daphnia hyalina* | 0.6～48（2.1～29） |
| 简弧象鼻溞 *Bosmina coregoni* | 0.65～25（1.5～11） |
| *Holopedium gibberum* | 0.8～50（3.5～50） |
| 晶莹仙达溞 *Sida crystallina* | 0.9～50（4～50） |

资料来源：张钰，2007

注：括号内表示该种最主要的食谱范围；0.1～2μm 以细菌为主，2～50μm 以浮游植物为主

### 3.3.1.3　滤水率

滤水率指的是单位时间单个浮游动物所能过滤的水量。在水体中可食用藻类生物量固定的情况下，枝角类的滤水率越大，对藻类的摄食率越高。水生态研究者通过受控实验可以测定枝角类的滤水率和摄食率，即通过添加特定量的藻类或其他食物颗粒，若干小时后测定食物剩余量，再依照如下公式计算滤水率和摄食率：

$$F = \frac{V}{N} \cdot \frac{\ln C_t / C_{tf}}{t} \tag{3-8}$$

$$G_z = F \cdot \frac{\left(C_{tf} - C_o\right)}{\ln C_{tf} / C_o} \tag{3-9}$$

式中，$F$ 为滤水速度，mL/(ind.·h)；$G_z$ 为对浮游植物的摄食速度，细胞数/(ind.·h)；$V$ 为实验瓶水的体积，mL；$N$ 为放入该水体中的实验浮游动物总数；$C_t$ 为 $t$ 小时后没有移放实验浮游动物的对照组的饵料密度；$C_o$ 为给定浮游植物饵料密度；$C_{tf}$ 为 $t$ 小时移放实验浮游动物的饵料密度。

水体中的水温、食物密度、溶解氧含量及枝角类体长等都会影响枝角类的滤水率。在实验室条件下，枝角类的滤水率随着温度和食物密度的上升而上升，但在超过最适合温度后，滤水率随着温度和食物密度的上升而迅速下降；由于枝角类的胸肢同时担负呼吸的功能，当溶解氧大幅度降低时，枝角类为了获得代谢所需的氧气，势必要相应加大滤水量，当溶解氧回升时，枝角类的滤水率也逐渐恢

复至正常状态；枝角类浮游动物体长与滤水率之间则存在着较为显著的相关关系，可以用 $F=aL^b$ 描述（$F$ 为滤水率，$L$ 为浮游动物体长，$a$、$b$ 为常数），部分枝角类的滤水率及其与体长关系如表 3-3 所示。

**表 3-3 部分枝角类的滤水率**

| 种类 | 温度（℃） | 食物条件 | 滤水率[mL/(ind.·h)] |
| --- | --- | --- | --- |
| 大型溞 | 20 | 小球藻（*Chlorella vulgaris*）（$7.5\times10^4$ind./mL） | $0.282L^{2.20}$ |
| 蚤状溞 | 18 | 水华束丝藻（*Aphanizomenon flos-aquae*）（$4\times10^3$ind./mL）原位试验 | $0.060L^{3.01}$ |
| | 22.1 | | $0.818L^{2.13}$ |
| 长刺溞 | | 小球藻（*Chlorella vulgaris*）（3.43～12.69mg/L） | 0.270～0.508 |
| 盔形溞 | | 原位试验 | 2.5 |

资料来源：张钰，2007

注：$L$ 表示浮游动物体长，mm，如 $L^{2.20}$ 表示浮游动物体长为 2.20mm

除了枝角类之外，浮游动物中的原生动物也是水生食物链的关键环节，在湖泊和海洋水生态系统中，藻类生物量的下降往往伴随着原生动物数量的急剧增加。常见的食藻原生动物有鞭毛虫、纤毛虫和变形虫，它们可以直接取食藻类，如丝足类变形虫呈圆球状，往往和藻类共生或寄生于藻类上，以藻类为主要食物，在移动和取食时，放射性地发出丝状伪足，包裹藻细胞，其体内有类似于溶菌酶的物质可以降解吞入体内的食物。原生动物的取食方式会根据微藻种类发生改变，如在日本霞浦湖（Lake Kasumigaura）中，核虫取食真核藻角星鼓藻（*Staurastrum*）和新月藻（*Closterium*）时，通过刺透细胞壁吸取细胞内含物，但是当它取食微囊藻或者长孢藻（*Dolichospermum*）时，其摄食方式转变为直接吞食整个藻细胞。原生动物数量随着藻类种群密度动态变化，当水体中食物耗尽时，有些原生动物会形成包囊度过食物缺乏期，等到藻类生物量恢复时又破囊复萌。

原生动物对微藻取食有较强的选择性。例如，变形虫（*Amoeba* sp.）、*Nuclearia* sp.、*Vampyrella* sp.、*Naegleria* sp. TH8 对水华长孢藻有明显的摄食作用；变形虫 *Amoeba radiosa* 和 *Amoeba discoides* 可以取食微囊藻及 3 种长孢藻；从云南滇池分离出的原生动物赭球虫（*Ochromonas*）对惠氏微囊藻（*Microcystis wesenbergii*）具有很强的吞食能力，而对丝状的长孢藻和束丝藻未表现出吞食作用，对接近体积的小球藻及体积更小的腔球藻也不能吞食。微藻的形态与大小是影响原生动物可食性的主要因素，如马氏虫（*Mayorella*）不能直接取食群体蓝藻，但用超声波将蓝藻藻丝打成小段后，马氏虫即可取食，并在食物泡中消化。就蓝藻群体颗粒而言，其胞外聚合物及其形成的“保护层”会对原生动物的取食产生极大的障碍。

### 3.3.2 鱼类牧食

鲢、鳙和罗非鱼对藻类都有较强的摄食能力，但它们在摄食机制上有所区别（唐汇娟，2002）。鲢、鳙主要通过鳃耙滤食藻类，鲢的鳃耙间距为 8～25μm，滤食的颗粒物（微型和大型浮游植物及碎屑）的大小范围为 8～100μm，其中大部分藻类粒径大于 30μm；鳙的鳃耙间距比鲢大，滤食的藻类粒径更大一些；罗非鱼的摄食机制较为复杂，它先通过鳃分泌黏液包裹浮游生物细胞，然后通过鳃耙滤食富含浮游生物的食物团，这就使它能利用直径小于 5μm 的微型浮游植物。几种淡水鱼类的摄食特性如表 3-4 所示。

**表 3-4 几种常见淡水鱼类的比较**

| 种类 | 特点 |
|---|---|
| 鳙 | 分布广泛，滤食性鱼类，鳃耙间距 20～80μm，成鱼主要以浮游生物为食 |
| 鲢 | 分布广泛，滤食性鱼类，鳃耙间距 8～25μm，成鱼主要以藻类为食 |
| 鲤 | 分布广泛，杂食性鱼类，成鱼主要以底栖动物、水生植物等为食 |
| 草鱼 | 分布广泛，草食性鱼类，鳃耙短而稀疏，鳃耙间距 360～450μm，成体主要以水生高等植物为食 |
| 罗非鱼 | 原产非洲，不耐低温，杂食性鱼类，鳃耙间距 135～375μm，成鱼主要以植物为食，亦食藻类 |
| 鲫 | 分布广泛，杂食性鱼类，主要以无脊椎动物为食，亦食藻类 |

鱼类的消化率因食性及食物类型而有很大变化，植食性和碎屑食性鱼类由于食物中纤维和灰分的含量高，一般消化率较低。鲢和鳙摄食时主要通过咽齿把藻类磨碎后才能进行消化，若藻类来不及被破坏，而直接进入消化道就很难被消化。鲢、鳙的消化道结构与其食性相适应的特点是肠管细长而盘曲，鲢的肠长为体长的 6～10 倍，鳙的肠长为体长的 5 倍左右。鲢仅能消化利用所滤食藻类的部分，其余部分则以粪便的形式进入分解环节或被鲢等重新滤食。当鲢再次摄食其排出的微囊藻形成的粪时，它的利用率可能会超过对新鲜微囊藻的利用率。另外，就蓝藻而言，其细胞外部包裹胶质鞘，这造成鲢、鳙对水华蓝藻（微囊藻）的消化利用率只有 25%～30%，排泄的粪便中存在着大量未消化的蓝藻，这些蓝藻细胞能很快回到水体中重新参与蓝藻种群增殖。

与鲢的消化机制不同，罗非鱼对藻类破坏主要是在胃内进行，活跃罗非鱼的胃液 pH 常低于 1.25，甚至低于 1.0，这种胃液可溶解藻类的细胞壁。藻类最初进入食道后依然保持绿色，一部分藻类进入囊袋状胃体部后，罗非鱼发达的胃腺及其酸性的胃液使藻类由绿色变成褐色，而另一部分藻类沿着胃前部直接从贲门到幽门进入肠道后始终保持绿色。罗非鱼体内消化酶的活性也较鲢、鳙高，以蓝藻水华为主要食物时，罗非鱼蛋白酶活性明显高于鲢，其中罗非鱼肝脏蛋白酶活性是鲢的 7 倍，而肠道蛋白酶活性平均比鲢高出 136.7%。尼罗罗非鱼被认为是迄今为止能消化蓝藻的少数几种鱼类之一，在蓝藻的消化吸收方面有着鲢、鳙无可比拟的优势，其对铜绿微囊藻的消化率可高达 58.7%～78.1%。

### 3.3.3 贝类牧食

贝类是湖泊、河流等淡水生态系统沿岸带常见的滤食性软体无脊椎动物，成体着生在介质上或底栖生活，具有较强的耐污能力，可以直接摄食藻类，其摄食方式主要是通过过滤大量水体摄取浮游植物和有机碎屑，被摄取的浮游植物中绿藻门最多，其次是硅藻门、裸藻门和蓝藻门。贝类牧食作用可以对水域生态系统产生影响，其强弱取决于水中食物的多少、适口程度和自身体质状况等，对斑马贻贝入侵后生态系统响应及种间关系的研究发现，斑马贻贝可以通过高强度的滤食增加水体透明度，直接或间接地改变浮游植物和沉水植物群落结构。

淡水贝类三角帆蚌、河蚬、斑马贻贝、褶纹冠蚌等是被研究较多的食藻贝类。以三角帆蚌为例，它主要靠鳃和唇瓣上纤毛的运动形成进出水流，从而通过过滤获得食物，主要摄食浮游植物和浮游动物，其中浮游植物为主要饵料，可以形成较为明显的下行滤食压力，对铜绿微囊藻具有一定的控制作用。三角帆蚌在滤食时具有选择性，直径介于 10～40μm 的藻类最容易被三角帆蚌滤食，单细胞且结构形态简单的藻类最容易被消化，群体藻类则较难以被消化。

## 3.4 有害蓝藻对环境的适应

在富营养化水体中，蓝藻是最常见的水华优势种，但并不是所有的蓝藻都能适应外界多变的环境，只有某些特殊的种类能够利用自身的优势来适应外界环境剧烈的变化，这与它们的生态特性有关，如能够利用异形胞和营养细胞的联合作用进行生物固氮，供给自身新陈代谢所需；能够分泌藻毒素等物质抑制天敌和其他竞争者的生长；能够贮藏营养物质，形成越冬孢子，保证在营养和温度限制下存活；具有特定的色素如藻蓝蛋白，保证了蓝藻高的光合效率和在低光下合成光合产物；具有高度灵活的代谢能力，保证了蓝藻能够忍受不利温度、酸碱和盐度的变化；具有高效的 $CO_2$ 浓缩机制，能够应对自然水体中的低无机碳条件等等。在水华蓝藻的诸多生态特性中，还有特别突出的两点，在许多情形下几乎起到了决定性的作用，即蓝藻的“浮力调控机制”和“群体化机制”，这两点使得蓝藻具备了“可在垂直方向上快速迁移”和“可有效抵御浮游动物摄食”的关键功能，如同变成了一架来去自由、高效运转的“微生物机器”，在与其他藻类的竞争中轻松胜出。

## 3.4.1　水华蓝藻的浮力调控机制

水华蓝藻的浮力调控机制是通过细胞比重的变化来达成的，是细胞镇重物和伪空胞共同作用的结果，两者分别为细胞提供下沉和上浮的动力。这种调控主要通过细胞镇重物的合成与消耗及伪空胞的合成与破裂来实现。

### 3.4.1.1　细胞镇重物的合成与消耗

细胞镇重物对外界光照的变化极为敏感，是短期内调节蓝藻浮力的主要因子（图 3-9、图 3-10），这种光响应型浮力调控机制表现为：当处于水体表层时，光照充足，蓝藻光合作用强烈，合成碳水化合物，提高自身比重，快速下沉；当下沉到一定深度，特别是低于光补偿深度后，由于光照缺乏，光合作用低于呼吸作用，碳水化合物不再合成而处于不断消耗之中，浮力转而上升，快速上浮；另外，由于蓝藻呈群体化形态，且其群体越大，垂直迁移范围越大，环境适应力更强，它们既可以躲避过高光照，亦能够下沉到水下较深处营养盐浓度更高的地方，获得满足其生长需求的营养盐。以微囊藻为例，当它接受大量光照时，微囊藻光合作用强烈，吸收水中溶解的 $CO_2$ 产生大量的糖，在细胞干重中占据比例可以从 30%上升至 60%；当微囊藻接受光照不足或者处于夜间时，则呼吸作用占据主导地位，糖被消耗从而产生能量。糖的不断生产和消耗导致微囊藻的密度也会随之不断增加或减少，在短期内就会产生较大的变化。相比之下，蛋白质、核酸等其他细胞内含物的生成和消耗则比较慢，不会使微囊藻密度迅速发生变化。最近研究发现，微囊藻胞内糖积累与氮可获得性有关，当水体缺氮时，微囊藻碳代谢特别是糖酵解过程受到抑制，光合作用生产的碳水化合物难以转化，以多糖等形式积累在细胞内部，进而增加细胞比重，促进微囊藻沉降（Huang et al.，2020）。

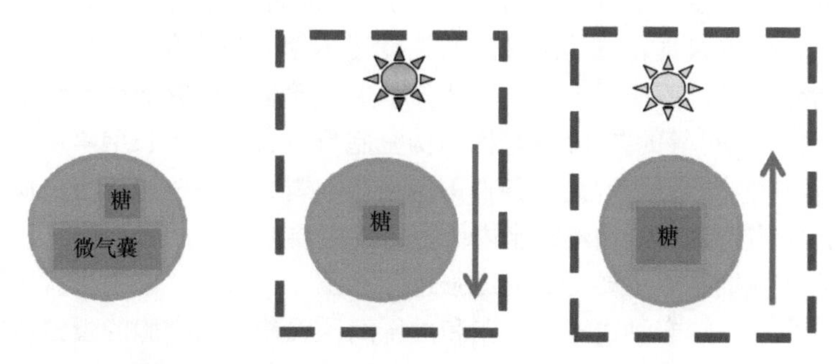


图 3-9　微囊藻细胞镇重物对光照条件的响应（彩图请扫封底二维码）

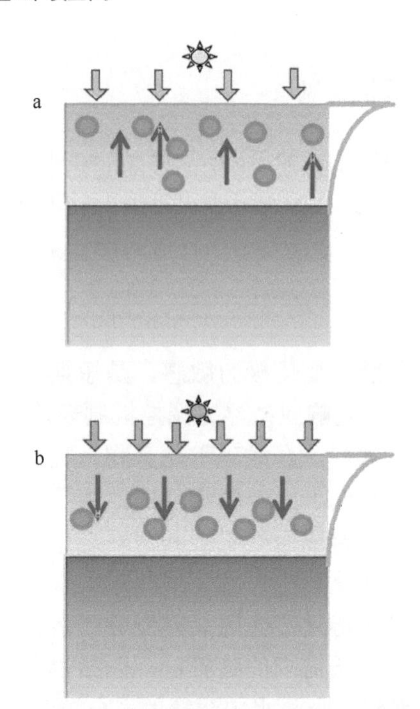


图 3-10　光照对微囊藻垂直迁移的影响（彩图请扫封底二维码）

a. 低光照时微囊藻向水体表层迁移；b. 高光照时微囊藻向水下迁移

#### 3.4.1.2　伪空胞的合成与破裂

伪空胞的合成是一个较为复杂的生理生化过程，需要若干天时间，因此尽管蓝藻可以通过合成伪空胞对自身浮力起到调节作用，但这一过程是较为滞后的。伪空胞合成依赖光合作用产生的能量，也就是说在低光或暗光情况下伪空胞是难以合成的；此外氮是构成伪空胞的主要物质，因此在水体缺氮的情况下伪空胞也是难以合成的；伪空胞合成还可能受到水体中碳氮比（C/N）的影响，高 C/N 时藻细胞分裂增殖速度快于伪空胞的合成速度，此时单位细胞伪空胞含量下降，蓝藻浮力降低；低 C/N 时藻细胞分裂增殖速度慢于伪空胞的合成速度，此时单位细胞伪空胞含量上升，蓝藻浮力增加。从分子生物学层面研究伪空胞组成发现，共有包括 *gvpA*、*gvpC* 等的共 14 种基因与伪空胞形成有关，当长孢藻从低光照移到高光照时 *gvpA* 的转录减少，逆境条件下伪空胞破裂并被酶分解成蛋白质再重新组装成新的伪空胞，这可能是藻细胞内伪空胞的主要循环方式。

伪空胞在藻细胞中主要受到的压强包括水压、大气压、细胞膨胀压这三种外压和伪空胞内气压这一种内压，外压和内压间压强差由伪空胞的蛋白质壁承受。不管是伪空胞老化使蛋白质壁能承受的压强降低还是光合作用产生胞内糖增加了细胞膨胀压，当内外压强差超过了蛋白质壁承受范围时伪空胞就会破裂。伪空胞破裂过程则较为快速，自然水体中主要由细胞膨胀压升高引起。淡水蓝藻的细胞膨胀压通常在 0.2～0.4MPa；当蓝藻长时间接受较强光照时，光合速率就会升高，造成细胞内可溶性有机产物如糖增加，进一步导致细胞膨胀压升高，此时一些脆弱的伪空胞就会破裂，从而使细胞浮力下降。以自然水体中采集的水华长孢藻为例，如果将其置于太阳直射下约 2h，其细胞膨胀压可上升 0.1MPa 以上，这时大部分伪空胞会破裂，导致细胞浮力丧失。

形象地说，蓝藻如同一艘微小而精巧的生物潜水艇，内部组装了一系列的浮力装置（伪空胞）、镇重物（碳水化合物）和一套光控系统。当光控系统感知到所接受的平均光照超出阈值（光补偿点）时，就增加镇重物，蓝藻比重提高，开始下沉；当光控系统感知到平均光照低于阈值（光补偿点）时，就减少镇重物，蓝藻比重降低，开始上浮；另外，为了确保浮力，这艘生物潜水艇还必须源源不断地从外界获取原料氮，并利用光合作用产生的能量来制造浮力装置，水体中氮缺失、光照不足和过高、温度过低都会影响浮力装置的制造速度，那就可能导致这艘生物潜水艇“失事沉没”。

### 3.4.2　水华蓝藻的群体化与可食性

在我国大多数的浅水湖泊中常常形成有毒水华的铜绿微囊藻，一般为群体化状态，群体大小为 50μm 以上。通过分离纯化转入实验室无机营养培养基培养后，这种群体形态往往消失，无论其培养条件如何优化，尽管其生物量达到很大，却仍保持单细胞形态，难以形成野外水华的群体特征。群体化是微囊藻能够在富营养化湖泊中建立优势的主要原因之一，这使得它难以被浮游动物牧食。

#### 3.4.2.1　群体化过程

在水华形成初期，沉积物中越冬的细胞上升至水体中，随着细胞的增加小群体（直径＜100μm）逐渐形成，此后群体不断增大可达到直径 300μm 以上，有时甚至在水面形成厚厚的浮渣。群体化使有害蓝藻能漂浮在水面上并通过垂直迁移获得最佳的光照和营养条件，还可以有效抵御浮游动物的摄食作用。有害蓝藻群体颗粒初始形成的两种机制分别是细胞分裂和细胞黏附（图 3-11），前者指细胞分裂后保持附着并通过分泌的胞外聚合物（extracellular polymeric substance，EPS）包裹阻止细胞分散；后者则是单个细胞通过 EPS 的黏附性而聚集。传统上对这两种机制的鉴定通过细胞的排列来确定：细胞分裂导致细胞的规则排列，而细胞黏附则导致细胞的任意排列。但随着细胞群体的增大，群体内细胞排列可能发生变化，通过黏附形成的群体中也会进一步出现细胞分裂从而使任意排列变得规则。可通过比较群体细胞数量增加和总生物量增加的关系来判断群体形成机制：当群体的细胞数量增加大于生物量增加时，群体形成由细胞分裂主导；反之，若群体的生物量增加大于细胞数量增加则群体形成由细胞黏附主导。

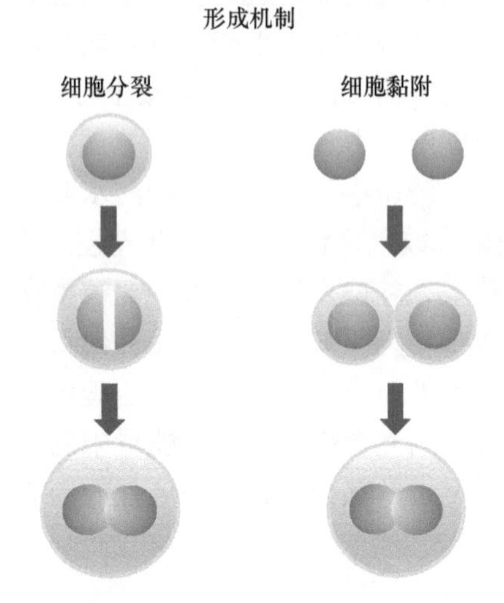


图 3-11 蓝藻群体形成的两种机制（改自 Van Le et al.，2022）（彩图请扫封底二维码）

EPS 成分复杂，包括多糖、蛋白质、腐殖酸、核酸和脂类等，其中多糖比例最大，称为胞外多糖（extracellular polysaccharide），其合成是蓝藻群体形成的关键因素。蓝藻分泌的胞外多糖一部分溶于水中，即溶解性胞外多糖（soluble extracellular polysaccharide），一部分结合在细胞表面，即结合性胞外多糖（bound extracellular polysaccharide）。在野外样品中，群体大小与结合性胞外多糖水平相关，实验室培养中增加的结合性胞外多糖水平诱导了群体形成而添加溶解性胞外多糖则没有，这反映了不同形式胞外多糖的不同作用和组成。微囊藻胞外多糖的单糖单位包括糖醛酸、葡萄糖、鼠李糖、岩藻糖、木糖、甘露糖等，其组成的变化会影响黏附能力，如糖醛酸含量的增加会产生更大的黏附强度，有利于群体形成。作为一种复合聚合物，胞外多糖具有多种特性，包括疏水性、黏附性、营养富集性及金属吸附能力，这些特性会影响细胞表面属性、营养循环及细胞在水中的迁移行为，对有害蓝藻维持群体形态、抵御逆境具有重要作用。

#### 3.4.2.2 影响群体化的因素

在自然选择的压力下，个体之间的合作被认为是保护自己免受环境变化影响的共同策略。有害蓝藻通过形成群体也可以克服多种压力条件，包括营养不良、化学应激和摄食作用。野外的群体蓝藻通过分离纯化转入实验室无机营养培养基培养后常以单细胞形式存在，这被认为与其较高的生长速率有关，支持了群体的作用是保护其免受环境压力的观点。

研究发现，蓝藻群体的形成与多种因素相关。实验室研究表明，在低温或低光照度下由于生长速率的下降每个细胞的 EPS 含量增加，且菌落大小与 EPS 含量之间存在显著的正相关关系。而较高的光照度和温度则导致细胞生长速度加快，加速细胞内多糖和其他物质的消耗，降低形成菌落的倾向。高浓度的金属，如钙（$Ca^{2+}$）和铅（$Pb^{2+}$）也会诱导菌落形成，当暴露于重金属时，藻细胞增加 EPS 的分泌以沉淀金属离子，同时细胞聚集增加。藻毒素也可能是影响群体形成的重要因素，产毒微囊藻细胞在生长过程中释放到胞外的微囊藻毒素（MC）具有信号物质的功能，它可通过激活产毒及非产毒微囊藻细胞中部分与多糖合成相关基因的表达，诱导一系列胞外多糖产物的释放，进而促进微囊藻群体的聚集。

藻类群体化现象还与浮游动物捕食作用有关。Burkert 等（2001）在研究混合营养的赭球虫（*Ochromonas* sp.）与铜绿微囊藻相互作用时，在一个处理中意外地发现了微囊藻有诱发群体形成的现象（Burkert et al.，2001），之后有大量的研究关注浮游动物与藻类群体化的关系。经典生态学的研究认为，在较高的捕食压力下，往往会诱发被捕食者的自主防御，以避免了它们被消灭殆尽。最为常见且十分有效的防御方式是在觉察到捕食者的存在时，迅速增加个体大小至超过捕食者的捕获能力，从而大大降低被捕食风险。上述经典生态学的“捕食防御”理论被用于解释藻类群体化的成因，所形成的基本认知包括：牧食性浮游动物释放的化学物质影响分裂细胞的正常分离而诱发群体形成；信息化学物质诱发藻类分泌黏胶；浮游动物粪渣泌出物导致藻类聚合成群体。

#### 3.4.2.3　群体化降低可食性

同等情况下，群体化藻类相对于单细胞藻类的可食性会大大下降。例如，当细胞群体的比例很高时，个体大小为 1.75mm 的枝角类牧食速率降低 75%；当投喂群体藻类时，相对于单细胞食物，一种相对小型的枝角类种群生长降低了 28%，生化分析揭示单细胞和群体的总脂肪、蛋白质和碳水化合物含量是一样的。

而当水体严重富营养化并导致蓝藻水华暴发时，水体中的优势蓝藻如微囊藻、长孢藻等很难被枝角类摄食，这是因为：①枝角类能利用的蓝藻的群体一般小于 100μm，而微囊藻、长孢藻等都以群体形式存在，尺寸大都大于 100μm，因此难以为枝角类摄食，而当蓝藻大群体解散为＜40μm 的小群体时，就可以成为枝角类的主要食物；②蓝藻往往被认为是浮游动物不可口的食物，因为蓝藻中多不饱和脂肪酸（PUFA）含量太低，而 PUFA 是枝角类食物中的重要组分；相反，绿藻如栅藻、小球藻等往往被认为是高质量的食物，因为它们含有较多的 PUFA；③微囊藻等蓝藻具有胶被，胶被的胶质可以明显降低大颚的运动，用群体微囊藻喂养的大型枝角类浮游动物呼吸率上升，个体存活率下降，而用除去胶被的单细胞微囊藻喂养浮游动物，浮游动物的存活率会上升 30%。

### 3.4.3 其他

水华蓝藻除上述介绍的能够占据最有利光照条件的浮力调控能力、避免浮游动物摄食提高抗逆性的群体化策略，还具有多种高效利用资源或应对资源紧缺的能力。

作为一种光能自养生物，与高等植物和真核藻类一样，蓝藻固定 $CO_2$ 进行光合作用，其可利用 $CO_2$ 和 $HCO_3^-$ 形式的无机碳源。但在水体中，无机碳源 Ci（$CO_2$、$HCO_3^-$）的可利用性和供应速率常受到严重限制，因为 $CO_2$ 在水中的扩散比在空气中慢，且 Ci 浓度本身对 pH 敏感，在中性至酸性条件下含量较低。针对这一情况蓝藻进化出完善的 $CO_2$ 浓缩机制（$CO_2$ concentrating mechanism，CCM），在有限的 $CO_2$ 浓度下大大提高了光合性能。CCM 的重要组成部分包括 5 种无机碳吸收系统和由蛋白质构成的羧基体（carboxysome）（图 3-12）。

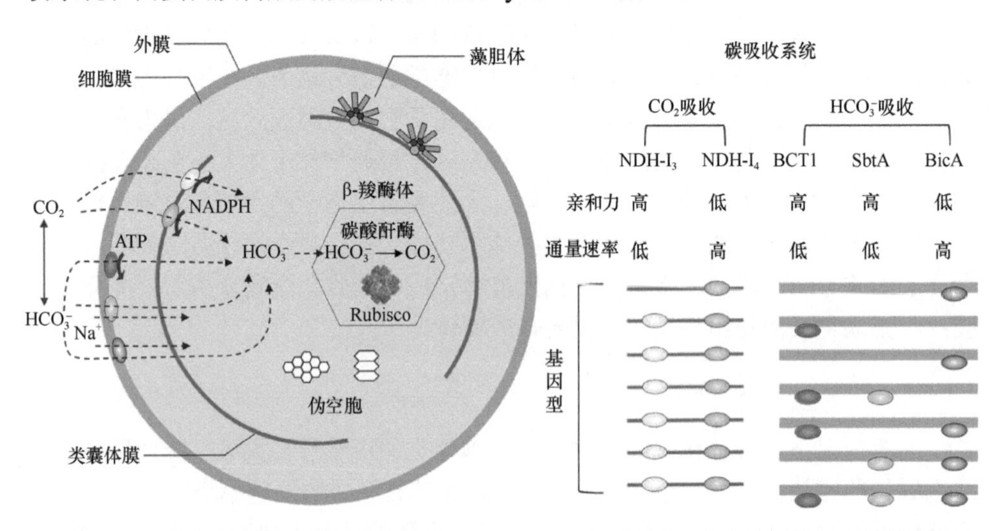


图 3-12 蓝藻的 $CO_2$ 浓缩机制（改自 Huisman et al.，2018）（彩图请扫封底二维码）

5 种无机碳吸收系统的通量速率和亲和力不同，不同的菌株以不同的方式组合这些吸收系统以适应淡水环境中剧烈波动的无机碳水平。5 种无机碳吸收系统包括两种钠离子依赖的碳酸氢盐转运系统（SbtA、BicA）和一种 ATP 依赖的碳酸氢盐转运系统（BCT1），还有两种二氧化碳吸收系统（NDH-$I_3$、NDH-$I_4$），利用还原力驱动二氧化碳转化为碳酸氢根进入质膜。离子形式的 $HCO_3^-$ 与不带电荷的 $CO_2$ 分子相比对脂质膜的渗透性更强，这使其成为积累的首选 Ci 形式。碳酸氢根进入羧基体后需要再通过碳酸酐酶（carbonic anhydrase，CA）变为二氧化碳，作为核酮糖-1,5-二磷酸羧化酶/加氧酶（Rubisco）的底物。Rubisco 通过羧化反应将二氧化碳固定，是卡尔文循环的限速酶，其对二氧化碳的亲和力低，$CO_2$ 的米氏常数（$K_m$）大于 150μmol/L，但 CCM 机制的存在使蓝藻细胞能在小于 10～15μmol/L

外源 $CO_2$ 水平下达到最大 $CO_2$ 固定率，并且单位蛋白质的二氧化碳转化率高于其他藻类和高等植物，提高了氮利用能力。一般认为，CCM 机制带来的性状优势远远超过了与 Ci 积累相关的额外代谢成本。

生物的生长利用氮的活性形式，如硝酸盐、亚硝酸盐、铵盐及尿素。当水体外源氮输入不足或由于大量藻类的同化吸收及反硝化过程使其消耗时，固氮蓝藻能直接从大气中获得氮，比其他自养生物更具有竞争优势，更容易形成水华。固氮蓝藻通过固氮酶复合体将大气中的分子氮还原为可利用的氨氮形式同时产生氢气，氢气可通过氢化酶回收进而减少固氮过程中能量的损失，反应方程式如下：

$$N_2 + 8H^+ + 8e^- + 16MgATP \longrightarrow 2NH_3 + H_2 + 16MgADP + 16P_i$$
$$H_2 \longrightarrow 2H^+ + 2e^- \quad (3\text{-}10)$$

由于固氮酶需要在厌氧微环境中进行反应，且氧气对固氮酶会造成不可逆的损伤，因此固氮蓝藻进化出多种方式隔离氧气，可分为时间隔离和空间隔离两大类。单细胞固氮蓝藻和部分丝状蓝藻白天进行光合作用积累有机碳，在夜晚则消耗呼吸作用产生的 ATP 固氮，并将氮储存于藻青素（cyanophycin）或藻胆蛋白（phycobiliprotein）中以供白天使用。而空间隔离则通过形成特化细胞——异形胞（heterocyst）或形成较大群体，创造隔绝氧气的厌氧环境。异形胞通常在固氮的丝状蓝藻中分化，它与普通营养细胞互相依赖：营养细胞进行光合作用为异形胞提供还原剂和碳源，异形胞进行固氮作用为营养细胞提供固定氮（图 3-13）。成熟的异形胞不具有光系统Ⅱ（PSⅡ）也没有 Rubisco，不进行光合作用和卡尔文循环并保持高呼吸率来消耗氧气。

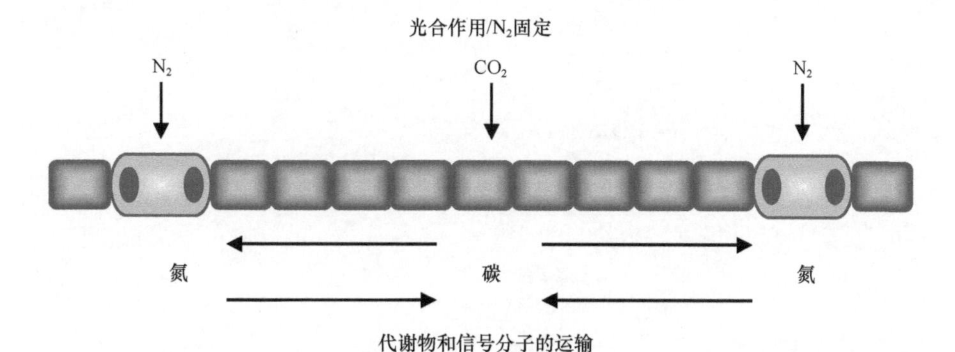


图 3-13　丝状蓝藻异形胞和营养细胞间的功能关系（改自 Muro-Pastor and Hess，2012）
（彩图请扫封底二维码）

固氮作用是高耗能的过程，同时需要高呼吸速率维持低氧气水平，低温会导致固氮成本较高，因此固氮蓝藻的地理分布主要是热带与亚热带地区，在未来它们的生物地理范围或许会因全球变暖而扩大，在氮源有限的水体中固氮蓝藻的优势或许也将会更加明显。

## 3.5 食物链过程与生态调控

在水域生态系统中，主要存在牧食食物链和碎屑食物链两个相互耦合的食物链过程。牧食食物链以藻类为主要初级生产者，藻类通过光合作用，将水体中无机营养盐转化为有机物质，为植食性浮游动物提供了丰富的饵料；大型浮游动物特别是枝角类以滤食藻类为生，同时又成为位于更高营养级的食浮游生物鱼类的优质饵料；食浮游生物鱼类则最终被顶级消费者凶猛鱼类所捕食。在营养物质随着牧食食物链被逐级利用的同时，产生大量的死亡生物残体、粪便等有机碎屑物质，一部分累积在底泥表面，在厌氧状态下缓慢分解并释放营养物质，另一部分则进入碎屑食物链，其中较大颗粒碎屑先为腐食性动物或碎屑食性动物所利用，它们在取食过程中将大块的碎屑分裂成小的碎片，大大增加了碎屑的比表面积；较小粒径的碎屑成为细菌、真菌等异养微生物的美食，并在这些异养微生物作用下最终矿化为无机氮、无机磷等，重新成为可为藻类利用的无机营养物质，进入食物链开始下一次营养物质循环过程（图 3-14）。

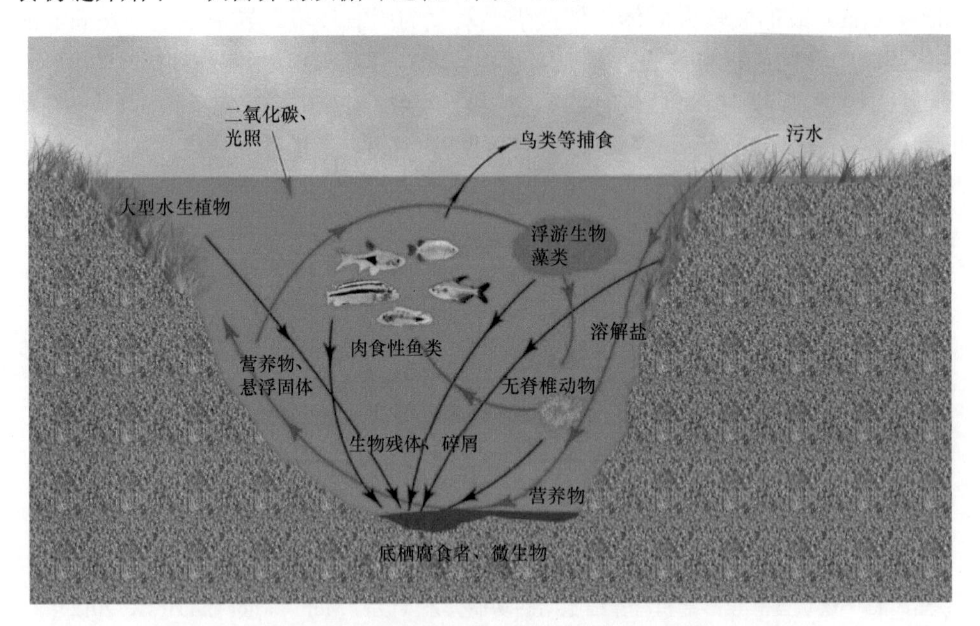


图 3-14 淡水生态系统的食物链过程（彩图请扫封底二维码）

按经济合作与发展组织（OECD）提出的营养状态划分依据，当水体总磷浓度大于 0.03mg/L，叶绿素 a 浓度大于 8μg/L，平均透明度小于 3m 时，水体即处于富营养化状态。一般来说，在富营养化水体中营养盐已不成为藻类生长的限制因素，直接影响藻类生物量动态变化的生态因素主要为浮游动物和浮游生物食性鱼类，这在生态学中被称为“下行效应”；而大型水生植物，如在开阔水域大量生长的沉水植物，也可能通过遮光、营养竞争、分泌抑藻物质等，起到间接调控藻类生物量的作用，与之相关的生态学原理为“藻-草稳态转换”理论。

### 3.5.1　下行效应与营养级联学说

对于淡水生态系统而言，下行效应（top-down effect）指的是大型浮游动物、浮游生物食性鱼类等消费者通过自身滤食，对藻类生物量和种群结构起到的调控作用。要想达成下行效应，前提为水体中大型浮游动物或浮游生物食性鱼类的数量达到足以调控藻类的水平，因此生态学家在研究下行效应时，十分关注初级消费者的种群数量动态变化及其影响因素，其中最为著名的是营养级联（trophic cascade）学说。营养级联学说由 Carpenter 等（1985）提出，其核心观点为在淡水生态系统的不同营养级生物之间存在着联动作用，消费者的逐级捕食作用，会自上而下地对藻类生物量、藻类种群结构和初级生产力产生重要影响。具体来说，如图 3-15 所示，位于营养级顶层的凶猛鱼类以捕食无脊椎动物和食浮游动物鱼类为生；当水体中存在大量食浮游动物鱼类时，凶猛鱼类将优先选择食浮游动物鱼类为主要食物；随着食浮游动物鱼类数量的下降，它们对下一个营养级——大型浮游动物的捕食压力降低，这时大型浮游动物的数量将很快增加；进一步地，由于大型浮游动物的滤食作用增强，水体中藻类生物量和初级生产力都会显著下降，同时那些个体尺寸较大的藻类被优先利用，藻类种群趋于微型化。

Carpenter 等（1985）的成功之处在于通过现场试验验证了他提出的假说，使之成为生态学教科书的经典案例之一。他们在 3 个大小接近的小型湖泊中开展研究，其中两个湖泊一直发现有凶猛鱼类——大口黑鲈活动踪迹，将这两个湖泊作为试验组；另外一个湖泊由于每年冬季休渔期渔民的猎杀，大口黑鲈数量非常少，因而将其作为对照。针对其中一个试验湖泊，他们捕捞 90%的大口黑鲈，并将它们重新投放到另外一个试验湖泊中；同时将另一个试验湖泊中 90%的食浮游动物鱼类收获后投放至之前捕捞过大口黑鲈的湖泊，这样他们就通过人为操纵，获得了一个以凶猛鱼类为主要鱼类种群的湖泊，以及另一个以食浮游动物鱼类为主要鱼类种群的湖泊。此后，Carpenter 和 Brock（2004）开始定期监测各个湖泊中不同藻类、浮游动物、鱼类种群数量的变化情况，结果显示了营养级联学说的正确性：当食浮游动物鱼类很少，大口黑鲈占主导时，食浮游动物的幽蚊替代食浮游动物鱼类成为第 3 营养级的优势种；幽蚊大量摄食小型浮游动物却对大型浮游动物毫无影响，很快枝角类浮游动物成为第 2 营养级的优势种；进一步地，随着枝角类浮游动物的大量增加，藻类生物量和初级生产力都显著降低。在另一个食浮

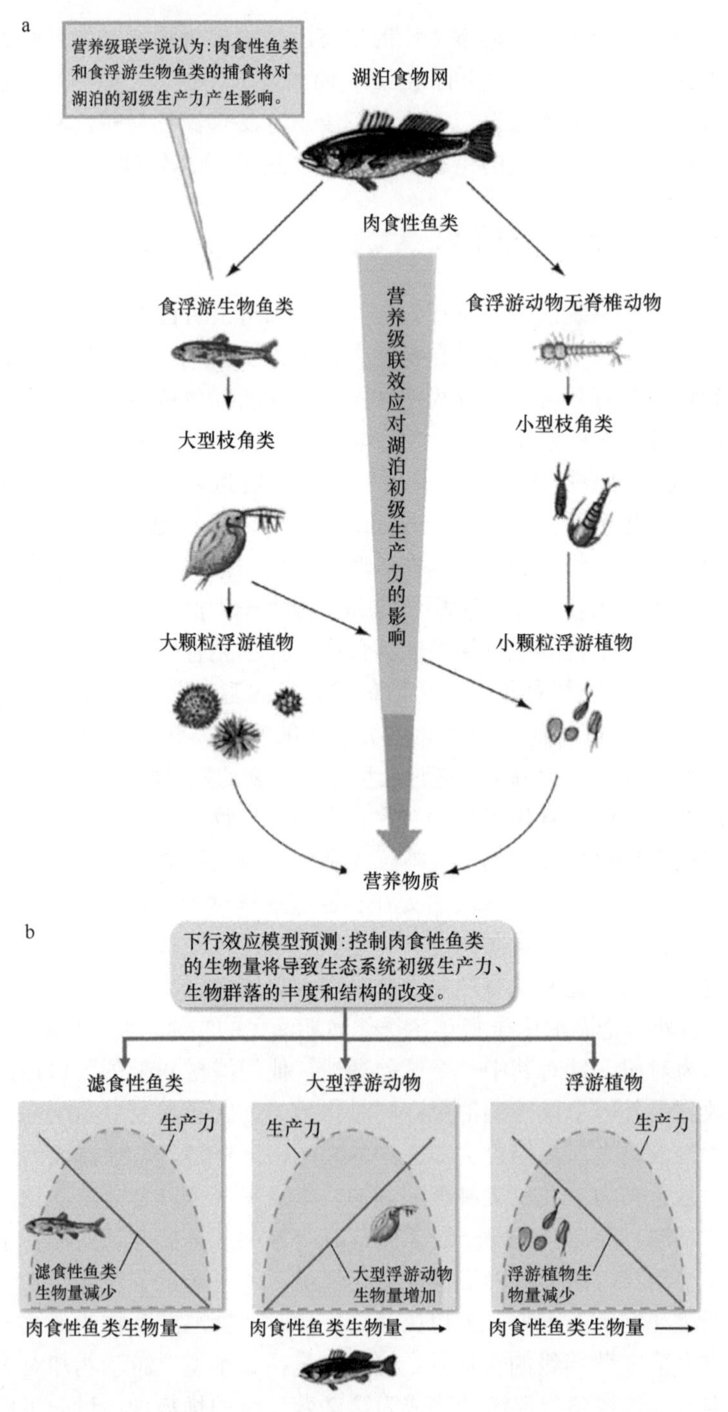


图 3-15　营养级联学说示意图（改自 Molles Jr. and Sher，2018）（彩图请扫封底二维码）

a. 淡水生态系统中的营养级联效应；b. 食浮游动物鱼类、枝角类、藻类对凶猛鱼类数量变化的响应

游动物鱼类占主导的湖泊中，总体也符合营养级联学说的预测结果，但是深入研究发现其作用机制更加复杂，由于不能完全清除凶猛鱼类，剩余的大口黑鲈在食物资源极为丰富的情况下繁殖能力大大增强，试验一段时间后出现了大量的大口黑鲈幼鱼，它们与食浮游动物鱼类一样也以枝角类为主要食物，这就更加促进了枝角类浮游动物的消失，进而造成藻类大量增殖。

Carpenter 等（1985）最初提出营养级联学说时，主要想从基础生态学角度说明某些顶级动物的出现会产生超乎寻常的下行效应，通过食物链传递下去，对生态系统初级生产力产生重要影响，并可能改变整个生物群落的丰度和结构，他们的研究成果提供了一个解释水生生物群落演化机制的新理论。然而不久，科学家们就发现，将这个新理论与之前关于浮游动物下行效应的实验研究联系起来时，一种通过调节食物链来调控藻类生物量的技术思路就越来越清晰，在此基础上，具有工程实用价值的生物操纵技术产生了。

### 3.5.2　稳态转换理论

生态学家在富营养化浅水湖泊开展调查时，时常发现这样一个有趣的现象：在同一个湖泊的不同水域，尽管水体营养盐浓度十分接近，浮游动物数量变化也很小，但是水体藻类生物量的差异却非常大，有些地方水体浑浊，时常处于水华暴发的状况，而另外一些地方却始终能够清澈见底，水草茂盛生长。是什么原因导致在同一个湖泊竟然出现两种完全不同的生态状况呢？

由此，Scheffer 等（2001）提出了浅水湖泊在草型生态系统与藻型生态系统两种稳态之间的转换理论，图 3-16 以荷兰费吕沃湖（Lake Veluwe）为例说明水生植物覆盖度对水体总磷浓度变化的响应机制：中营养或富营养化程度较低的水体一般透明度较高，阳光可以穿透水层，供给沉水植物生长所需，因此处于水生植物为主导的清水稳态，此时即使营养盐浓度发生变化，或风浪等其他因素干扰，生态系统也具有“反弹”能力，保持草型生态系统稳定；随着水体中营养盐浓度的上升，藻类大量增殖，藻类生物量增加的同时也逐渐提高了水体浊度，进而削减水下光照度，这对生活在水体底层的沉水植物来说，会导致其可获得光照越来越少，当低于转换阈值时，原本繁茂的沉水植物群落就开始消亡，而这种消亡过程往往会因为某些外部环境的干扰而加剧，最终导致水体转变为以藻类为主的浊水稳态；藻型生态系统同样也具有抵抗外部干扰、维持自身稳定的能力，若想通过削减营养盐来控制藻类，恢复沉水植物群落时，即使营养盐已达到之前草型清水稳态时的水平，藻类生物量也很难在短期内发生变化，只有当营养盐下降至转换阈值以下时，藻型生态系统才会变得不稳定，此时才具备沉水植物恢复的基本条件，再经历很长一个时期之后草型生态系统才能完全取代藻型生态系统，重新转变为清水稳态。

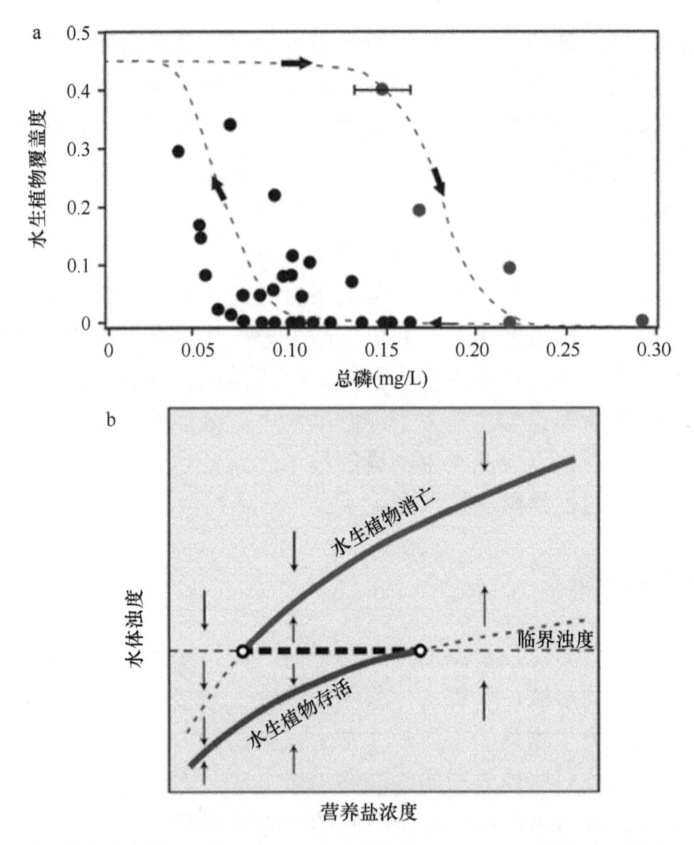


图 3-16 草-藻稳态转换理论（改自 Scheffer et al.，2001）（彩图请扫封底二维码）

a. 荷兰费吕沃湖（Lake Veluwe）水生植物覆盖度对水体总磷浓度变化的响应；b. 营养盐浓度与水体浊度的关系

对于生态控藻技术而言，稳态转换理论提供了一个重要的理论认识，即藻型生态系统和草型生态系统之间存在一个交叠区域，在此区域内藻型生态系统和草型生态系统都可能存在，且各自都处于稳定状态。也就是说，即使水体已处于藻类水华时常暴发的严重富营养化状态，若其营养盐浓度尚处于草型阈值和藻型阈值之间，则完全可以通过生态工程措施恢复以沉水植物为主的水生植物群落，并且水生植物群落一旦恢复成功，就会具有抵抗外部干扰和自我修复的潜在能力，能够长期保持草型清水的健康水质状态（金相灿，2001）。

## 3.6 碳氮磷生物地球化学循环

碳氮磷是地球上生物有机体生长繁殖与新陈代谢所必需的生源要素，它们在生物体、水域、大气之间的迁移转化即生物地球化学循环过程，直接驱动了自然界的生命活动，并对全球气候与人类的生存环境产生了重大影响。在水域生态系统中，碳氮磷的可获得性往往制约着初级生产力，碳氮磷在不同营养级之间的流动过程及其比例变化对生态系统的结构与功能产生重要影响；碳氮磷的代谢与再生则是维持生态系统稳定运转的关键所在。

**Redfield 比值：碳氮磷的黄金比例**

Redfield 比值由美国伍茨霍尔海洋研究所（WHOI）的 Alfred Redfield 于 20 世纪 50 年代提出。Redfield 加入 WHOI 前是哈佛大学生理学教授。30 年代，他研究缅因湾海水中营养盐浓度时发现一个奇特的现象：水中无机氮和无机磷的浓度变化似乎总是存在特定比例关系。更为有意思的是，他和 WHOI 的科学家们通过野外调查还发现浮游生物的 N：P 比值也是一定的，其比值和水中无机 N：P 比值很接近。经过大量实验，他最终确认浮游生物 C：N：P 比值稳定在 106：16：1。这一发现成了开启现代海洋生物地球化学循环研究的金钥匙（Redfield，1958）。

### 3.6.1　碳循环

有机碳是地球上所有生命有机体的最主要组成成分，而二氧化碳、甲烷、碳酸盐等无机碳则是大气环境和水环境的主导影响因素之一。碳循环过程是光合作用和呼吸作用两个生物过程相互作用的结果。初级生产者通过光合作用从大气中吸收 $CO_2$，而生物体的呼吸作用则将碳以 $CO_2$ 的形式输送回大气中。自然条件下，土壤、泥炭、化石燃料和碳酸盐岩中的碳通常需要很长时间才能回到大气中。工业革命以来，随着人类大量开发利用石油、煤炭等，化石燃料已成为大气中 $CO_2$ 的主要来源。

#### 3.6.1.1　水域中的无机碳和有机碳

水域中的碳组分可分为溶解无机碳（DIC）、溶解有机碳（DOC）、颗粒无机碳（PIC）和颗粒有机碳（POC）。水域中蓄积的碳主要包括：水体和底泥中的有机质在水生浮游动物、鱼类、底栖动物及微生物作用下的矿化分解及底泥矿化分解形成的 PIC/DIC，以及藻类、本地浮游植物及高等水生植物光合作用及细菌的光化学反应形成的 POC/DOC。

总有机碳（TOC）是包括 DOC 和 POC 在内的有机碳。根据研究估算，贮存在湖泊的生物体有机碳大约为 0.036Gt C/a（$1Gt=10^9t$），另以 DOC 沉积率为 30% 计，DOC 将有 0.015Gt C/a 沉积在湖泊中，全球范围内 TOC 有 0.051Gt C/a 滞留在湖泊中，其中 0.035Gt C/a 来源于大气 $CO_2$。湖泊中碳酸钙的沉积具有很大的作用，全世界范围内，碳酸盐型湖泊总面积约为 $0.18\times10^6km^2$，其对 DIC 的平均滞留率为 100g C/($m^2$·a)；而非碳酸盐型湖泊总面积约 $1.6\times10^6km^2$，其对 DIC 的滞留率仅有 5g C/($m^2$·a)；这样全世界对 DIC 的总汇估计可以达到 0.026 Gt C/a，其中至少有 70%来源于大气 $CO_2$，约为 0.0182Gt C/a。因此，TOC 和 DIC 在湖泊中的碳汇为 0.077Gt C/a，其中对大气 $CO_2$ 的汇达到 0.0532Gt C/a。

#### 3.6.1.2 水域生态系统碳循环过程

在水域生态系统中，$CO_2$ 首先溶解在水中，随后解离出碳酸氢根（$HCO_3^-$）和碳酸根（$CO_3^{2-}$），形成碳酸氢盐-碳酸盐平衡；浮游植物和水生植物的光合作用主要利用溶解态 $CO_2$，同时影响碳酸氢盐-碳酸盐平衡体系促使水体偏碱性；碳酸盐可能会以碳酸钙的形式从溶液中沉淀出来，并可能被埋藏在沉积物中。生物驱动的水域生态系统碳循环过程主要如下：初级生产者通过光合作用吸收无机碳，并将其转化为有机碳储存在生物体内；有机碳通过食物链传递，与此同时生物体生命活动代谢消耗有机碳，将其转化为 $CO_2$；有机碳以生物碎屑等形式沉降，部分有机碳再矿化分解，另一部分被长期埋藏在水体底部沉积物中。

生物固碳是将无机碳即大气中的二氧化碳转化为有机碳即碳水化合物，固定在植物体内或土壤中。在湿地，植物可以直接利用大气中的 $CO_2$，但是在湖泊等水域中，$CO_2$ 必须先溶解在水中，然后才能被藻类和沉水植物利用。一旦溶解在水中，$CO_2$ 就会与碳酸氢盐和碳酸盐形成化学平衡。光合作用是最常见的生物固碳方式，以湿地为例，植物光合固碳能力较强，通过凋落物和根系在土壤中储存大量有机碳，而湿地土壤由于水分含量高往往处于厌氧等状态，有机物分解速度相对慢，因此逐渐形成了富含有机质的湿地土壤。水域生态系统中除了光能自养型生物外，还有一些化能自养微生物能够起到生物固碳的作用，独特的代谢策略使得它们能够在缺乏光照的海洋深处、水体沉积物等黑暗条件下及酸度、温度较高的环境中生存，通过利用 $H_2$、CO、$NH_3$、$NO_2^-$、$H_2S$、S、$S_2O_3^{2-}$、$Fe^{2+}$等还原性物质作为电子供体将 $CO_2$ 转化为有机化合物，对吸收大气、海洋、湿地中的 $CO_2$ 具有重要作用。

水域生态系统中的碳分解速度受温度、湿度、基质的化学成分和环境的影响。向初级生产者提供养分的速率主要取决于养分供应从有机形式转化为无机形式的速率。这种从有机形式到无机形式的转化称为矿化。矿化主要发生在分解过程中，分解过程是伴随着 $CO_2$ 释放的有机物分解。因此，生态学家认为分解是一个关键过程，有机物的分解涉及浸出和破碎等化学及物理过程，以及以真菌和细菌为主的生物过程，真菌的细菌丝可以穿透分解物并释放加速分解的外部消化酶，无脊椎动物对分解物的破碎和摄入在分解过程中也起着关键作用。生态系统中的碳分解速度受温度、湿度及植物凋落物和环境的化学成分的显著影响，影响分解速率的植物凋落物的化学特性包括氮浓度、磷浓度、碳氮比和木质素含量。

有机碳以生物碎屑等形式沉降，部分有机碳再矿化分解，另一部分被长期埋藏在水体底部沉积物中。碳酸盐可能会以碳酸钙的形式从溶液中沉淀出来，并可能被埋在沉积物中。沉积物由于长期处于厌氧条件，有机物主要通过产甲烷过程转化；在沉积物-水界面，由于上层溶解氧输入，出现局部氧化环境，使得水体底泥和湿地在产甲烷的同时，也有甲烷微生物氧化过程的发生。因此水体中甲烷的净排放量实际上是两种过程综合作用的结果。虽然有些碳在生物体和大气之间快速循环，但有些仍以相对不可利用的形式长期隔离。土壤、泥炭、化石燃料和碳酸盐岩中的碳通常需要很长时间才能返回大气。

#### 3.6.1.3　全球气候变化与湿地生态系统碳汇

随着人类活动的加剧，大气中的二氧化碳（$CO_2$）、甲烷（$CH_4$）和氧化亚氮（$N_2O$）浓度快速上升，目前二氧化碳已经超过 410ppm[①]，较工业革命之前增长了40%以上。大气温室气体增加造成全球气候变化，对水域生态系统碳循环产生了深刻的影响。气候变化引起降水量、蒸发及植物蒸腾量的变化，影响水域生态系统的水文条件。气温变化影响水域生态系统光合作用与分解作用间的平衡过程和时间，随着气温升高和生长季节的延长，光合作用、分解作用及痕量气体的排放强度增加，这些变化同时受水文条件特别是水位变化控制。土壤或沉积物温度的升高会促进有机质的分解，但不同沉积阶段的泥炭所释放的 $CH_4$、$CO_2$ 量不同，一般情况下，沉积年代较新、沉积层位较浅的泥炭释放的 $CH_4$ 和 $CO_2$ 量相对较大，部分 $CH_4$ 在向上迁移的过程中被氧化成 $CO_2$；此外，泥炭的积累和分解作用会引起土壤层中有机质的空间分异，同时沉积泥炭也因土壤环境变化而发生一系列变化。由于新沉积的有机质受环境条件的影响较大，更易于被氧化，通常表层泥炭 $CH_4$、$CO_2$ 的产生率高于深层泥炭。有研究显示，气候变暖引起冻土区湿地水位不断降低，导致永冻层的融化，从而使土壤氧化还原环境发生变化，引起沉积有机质的氧化，从而增大 $CO_2$ 的释放量而抑制 $CH_4$ 的排放。

削减温室气体排放是减缓全球气候变化的关键所在。森林、滨海湿地等生态系统具有碳汇功能，可以通过保护并恢复碳汇生态系统来抵消二氧化碳排放。目前被科学家所关注的碳汇生态系统，主要有“绿碳”和“蓝碳”：“绿碳”集中在陆地，即森林中的高等植物通过光合作用，吸收、转化并固定二氧化碳的过程，以及其形成的碳资源库；“蓝碳”是指盐沼湿地、红树林和海草床及浮游植物、藻类和贝类生物等在自身生长与微生物共同作用下，将大气中的二氧化碳吸收、转化并长期保存到海岸带和海洋底泥中的过程，以及其形成的碳库。在我国漫长的海岸线上，滨海湿地分布广泛，面积广大，湿地植物通过光合能力将大气中的二

① $1ppm=10^{-6}$

氧化碳吸收，转化为碳水化合物，以满足植物生长的需要。在植物凋亡后，生物体中的部分碳被微生物分解，而木质素等难分解的碳则被封存在湿地土壤中，而滨海湿地自身周期性淹水条件使得土壤长期处在厌氧条件，这进一步抑制了碳的分解。研究发现，以盐沼、红树林及海草床为代表的蓝碳生态系统吸收的碳是森林“绿碳”的 10 倍以上。

过去，大多数关于湿地蓝碳的研究主要集中在二氧化碳的吸收上，忽略了湿地自身的甲烷和氧化亚氮的排放。相比于二氧化碳，甲烷和氧化亚氮具有更大的全球变暖潜势，分别是二氧化碳的 25 倍和 298 倍。如果湿地修复工程增加了湿地的甲烷或氧化亚氮排放，反而得不偿失。因此，如何监测和评估湿地的温室气体排放是了解湿地的“碳收支”的关键一环。

**新恢复湿地的碳收支监测**

鹦鹉洲湿地面积约 23.2hm$^2$，位于上海市金山区城市沙滩西侧，是由海域及海岛保护资金支持实施的海岸带生态修复项目（图 3-17）。鹦鹉洲建成之后，恢复了多样化的盐沼植被，吸引了震旦鸦雀、罗纹鸭、中华攀雀等重点保护鸟类，成为市民感知海洋、亲近湿地的滨海生态空间。从 2017 年起，华东师范大学研究团队采用便携式温室气体分析仪和气体浓度分析仪定期监测鹦鹉洲湿地的二氧化碳、甲烷和氧化亚氮的排放。在野外实验中，对温室气体主要采用静态箱法结合气体分析仪的方式实现原位监测（图 3-18），计算各类温室气体的排放通量，并根据其辐射强迫（radiative forcing）计算得到 100 年尺度上的持续通量全球暖化势以评估碳收支。盐沼湿地的持续通量全球暖化势表现为负值就意味着湿地处于碳吸收状态，反之则为碳排放状态（Yang et al.，2020）。

图 3-17　俯瞰鹦鹉洲（吴菲儿摄）（彩图请扫封底二维码）

图 3-18　静态箱法实验现场（陈雪初摄）（彩图请扫封底二维码）

研究发现，正常运行时，鹦鹉洲湿地全球暖化势绝大多数情况下为负值，即处于碳吸收状态，每公顷湿地的每年二氧化碳净吸收量最高可达到 20t 以上。一辆普通汽车每行驶 1km 约排放 185g 二氧化碳，按照每辆车每年行驶 2 万 km 计算，相当于每公顷湿地可以吸收 5～6 辆汽车一年的碳排放量。另外，研究团队发现了一个有趣的现象，当关闭了湿地的进水阀门，使湿地处于滞水状态后，甲烷排放量大大增加。进一步研究还发现，湿地内部适宜的水流使得大气中的氧更快地扩散到表层水和土壤中，这形成了不利于甲烷生成的富氧条件，从而减少了甲烷排放。同时，与附近区域的自然湿地对比，鹦鹉洲湿地全球暖化势为负值且更低，意味着它具有更强的温室气体减排能力，这表明湿地恢复工程可以通过技术手段显著提高湿地固碳速率。

## 3.6.2　氮循环

氮是生态系统中重要的营养元素，为生物生长提供必不可少的物质和能量。氮循环是生物地球化学循环的核心环节之一，大气中氮气经过固氮作用转化为氨或铵盐进入植物体内，进而在物理、化学和生物作用下转化为各种有机氮和无机氮，最终经过反硝化作用重新转变为氮气回到大气中。

### 3.6.2.1　氮循环的主要途径

氮循环的主要途径包括生物固氮、氨同化吸收、硝化与反硝化、硝酸盐异化还原成铵和厌氧氨氧化等。

**（1）生物固氮**

生物固氮是指固氮微生物在固氮酶的催化下，将大气中的 $N_2$ 转化为 $NH_3$ 的过程，其反应方程式见式（3-10）。

氮的固定必须在厌氧的条件下进行。细菌固氮是通过非共生细菌、根瘤菌属（*Rhizobium*）的共生细菌或由某些放线菌实现的。细菌固氮是盐沼土壤中固氮最重要的途径，而在北方沼泽地的低 pH 泥炭中几乎不存在固氮细菌。发生在美国路易斯安那州的淹水三角洲土壤、北方沼泽地及水稻田中的固氮，一般都是由蓝藻（Cyanobacteria）实现的（黄有馨和刘志礼，1984）。

自养固氮微生物可分为好氧、兼性和厌氧三种类型：好氧固氮微生物，如固氮菌属微生物，它们是通过较强的呼吸作用来使细胞周围处于低氧状态。另外一些微生物白天进行光合作用制造氧气，而晚上当呼吸作用降低氧气水平时则进行固氮。兼性固氮微生物，在有氧和厌氧条件下均可生长，但通常只在厌氧条件下固氮。厌氧固氮细菌的生活环境本身就缺少氧气，氧气不会成为影响它固氮的因素。这些厌氧生物可能是光合作用型的，也可能是非光合作用型的。

**（2）无机氮吸收利用**

硝态氮是植物吸收利用的主要氮源，其吸收利用是一个高度协调复杂的调控过程。植物为了在各种变化的环境中生存，进化出了适宜不同环境的硝态氮吸收利用机制。植物根系中存在不同类型的硝态氮受体，可以感受外界硝态氮浓度变化，并启用高亲和力或低亲和力硝态氮吸收系统，从而吸收硝态氮。硝态氮进入根系后，大部分被运输到地上部进行同化作用，合成大分子物质，以促进植物生长；如果地上部硝态氮含量过多，植物可把多余的硝态氮运送到液泡内储存，待需要时再从液泡转运至细胞质中利用。

**（3）氮矿化**

氮矿化是指随着有机质的分解和降解，有机态氮转化为铵态氮的一系列生物转化过程。这一过程通常被称为氨化作用，其既可以在厌氧条件下发生，又能在好氧条件下发生。简单可溶性有机氮化合物——尿素的矿化公式为

$$\begin{aligned} NH_2CONH_2 + H_2O &\longrightarrow 2NH_3 + CO_2 \\ NH_3 + H_2O &\longrightarrow NH_4 + OH^- \end{aligned} \tag{3-11}$$

**（4）氨挥发**

一旦铵根离子形成，就可以具有几个去向：被植物根系吸收或者被厌氧微生

物吸收并转化为有机物。如果水体中的藻类过多，会使水体 pH 升高，而在 pH 较高的情况下，铵根离子可以转化为 $NH_3$，然后通过挥发作用释放到大气中。土壤 $NH_3$ 挥发也是湿地氮输出的主要途径，在微碱性土壤中或土壤中含有较多的碳酸钙时，氮容易以 $NH_3$ 形态从土壤中挥发而遭受损失。

**（5）硝化作用**

铵根离子也可以通过离子交换固定在带负电荷的土壤颗粒上，土壤中的厌氧条件会限制氨的进一步氧化，而且如果不是许多湿地土壤表面上都存在一层薄薄的氧化层，就会导致氨超标。还原土壤中氨的浓度较高，氧化层中氨的浓度较低，这种浓度梯度导致氨向氧化层扩散。在好氧环境中，亚硝化单胞菌的硝化作用可以将铵态氮氧化，步骤如下：

$$2NH_4^+ + 3O_2 \longrightarrow 2NO_2^- + 2H_2O + 4H^+ + 能量 \quad (3\text{-}12)$$

进一步通过硝化细菌转化为硝酸盐：

$$2NO_2^- + O_2 \longrightarrow 2NO_3^- + 能量 \quad (3\text{-}13)$$

植物的氧化根际，通常有足够的氧气将铵态氮转化为硝态氮，所以会发生硝化作用。

**（6）反硝化作用**

由于硝酸盐是阴离子难以被带负电荷的土壤颗粒固定，因此它在水体中的流动性较铵根离子强得多。如果硝酸盐没有被植物或微生物立即吸收，也没有因高流动性而随水流走，那么就有可能发生硝酸盐异化还原作用。这一反应包含几种硝酸盐的还原途径，其中最普遍的是反硝化和硝酸盐异化还原成铵（DNRA）。

反硝化作用是在厌氧条件下由兼性细菌引起的，以硝酸盐为末端电子受体，最终导致氮流失：大部分氮被转化成气态分子氮，其中小部分转化为氧化亚氮：

$$C_6H_{12}O_6 + 4NO_3^- \longrightarrow 6CO_2 + 6H_2O + 2N_2 \quad (3\text{-}14)$$

**（7）硝酸盐异化还原成铵**

由于硝态氮转化为氨和氧化亚氮被认为是硝态氮在厌氧土壤中的主要转化过程，故往往忽略了硝态氮在厌氧条件下转化的另一个过程，即硝酸盐异化还原成铵。硝酸盐异化还原成铵的过程为

$$NO_3^- + 4H_2 + 2H^+ \longrightarrow 3H_2O + NH_4^+ \quad (3\text{-}15)$$

该过程为许多微生物提供能量。细菌可以是厌氧的、好氧的或兼性的。相比反硝化来说，有机碳的高可用性或高 C/N 比值更有利于硝酸盐异化还原为铵。

**（8）厌氧氨氧化**

厌氧氨氧化在湖泊、湿地中也较为常见，但占比相对较低，其化学方程式为

$$NO_2^- + NH_4^+ \longrightarrow 2H_2O + N_2 \tag{3-16}$$

厌氧氨氧化将氨转化为氮气，可以补偿这些湿地中相对较低的反硝化速率。厌氧氨氧化为表面流湿地（surface flow wetland）贡献了高达24%的氮去除。虽然已有文献很少明确地指出厌氧氨氧化对自然湿地或人工湿地中氮循环的重要性，但当湿地中的反硝化作用受限于有机碳时厌氧氨氧化对于湿地来说就显得重要了。

3.6.2.2 *湖泊氮循环*

湖泊中的氮素主要通过地下水补给、大气干湿沉降、河流汇入、生物固氮等方式输入，富营养化湖泊中来自底泥的内源氮释放的贡献也不可忽视；湖泊氮的输出包括水生动物捕捞、藻类打捞、水生植物收割等，而微生物驱动的反硝化过程促使氮素以氮气的形式释放到空气中，是湖泊氮汇功能的主要来源。氮素进入湖泊生态系统后，通过生物捕食作用在不同营养级中自下而上进行传递；微生物和浮游植物对氮循环起到关键的生物介导作用，促使氮素在不同大气、水体、底泥等不同介质中迁移转化。

当湖泊水质较为清洁，处于草型清水状态时，湖泊生态系统具有完整的食物链结构。大型水生植物通过光合作用吸收 $NO_3^-$并转化为可溶性有机氮（DON），在贫瘠的沉积物中，反硝化速率较低，这可能使得 $NO_3^-$保留在水体中，从而有利于大型水生植物的吸收。大型水生植物的矿化过程需要很长的时间，植物死亡后湖泊水体温度很低的情况下矿化过程所需的时间更长，因此草型湖泊中氮周转周期也较长。大型水生植物是反硝化、亚硝化及氨化细菌的重要载体，促进了水体氮循环过程的稳定运行。

在藻型湖泊生态系统中，浮游藻类占优势地位。浮游植物优先利用铵态氮，但蓝藻水华暴发时铵态氮往往不能满足需求，因此会利用其他形态氮如尿素和硝态氮，甚至会通过生物固氮作用利用大气中的分子态氮（图 3-19）。死亡的浮游植物被细菌和浮游动物矿化，再被细菌降解为无机氮，进而很快被浮游植物吸收再利用，这可能是藻型湖泊中无机氮浓度相对较低的原因。

氮素在底泥-水界面的氮素迁移转化过程是氮循环的关键步骤，对湖泊的营养状态和水质都有重要影响。进入沉积物的氮素主要是DON，它在沉积物中的浓度主要依赖于初级生产力。底泥中释放的氮素首先进入间隙水中，再进一步扩散到水土界面和上覆水体中，扩散速度受限于浓度梯度。氮素主要以 $NH_4^+$形式释放（来源于含氮有机物的降解），释放的 $NH_4^+$在有氧情况下被迅速氧化成为 $NO_2^-$和

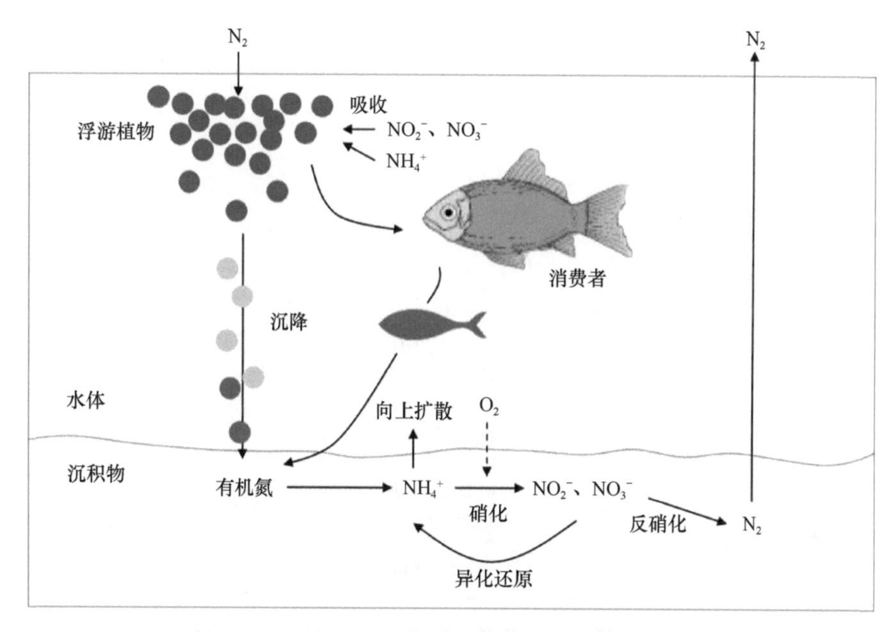


图 3-19　湖泊氮循环示意图（彩图请扫封底二维码）

$NO_3^-$。$NO_2^-$和 $NO_3^-$在底泥间隙水中的含量很低，它们大多数通过反硝化作用转化为 $N_2$ 或者通过异化还原为 $NH_4^+$返回上覆水体（图 3-19）。

#### 3.6.2.3　湿地氮循环

湿地生态系统的氮素输入过程主要包括大气氮沉降、生物固氮和径流氮输入等途径。自然状态下，氮的干湿沉降是湿地生态系统中氮素的一个重要输入源，它显著影响着湿地生物群落的组成和生态系统的演化过程；流域人类活动剧烈的区域，径流氮输入往往是湿地氮素的主要来源，主要包括农业非点源化肥氮、点源工业废水和生活污水排放等。

湿地生态系统中氮循环是水、土壤和生物共同作用的结果。湿地生态系统中氮循环过程主要包括：外源和内源氮输入；含氮有机化合物在微生物矿化作用下分解为可溶性无机氮；植物吸收可溶性无机氮并同化为有机氮；植物体内的有机氮被动物摄取并转移；动植物残体沉积到湿地中，有机氮可被微生物分解为无机氮并继续循环下去。图 3-20 给出了湿地中氮循环的主要路径，其中固氮作用、矿化作用、硝化作用、反硝化作用是重要环节。

除微生物之外，植物也是湿地系统中氮循环必不可少的部分。湿地植物不仅可以通过网络状的根系直接吸收水中的 $NO_3^-$、$NH_4^+$，更重要的是通过通气组织将氧气从上部输送至根系，经释放和扩散，使根系周围呈现好氧环境，为硝化细菌的生存、繁殖提供了条件。因此，$NH_4^+$在根系区域可发生硝化反应转变为 $NO_3^-$。

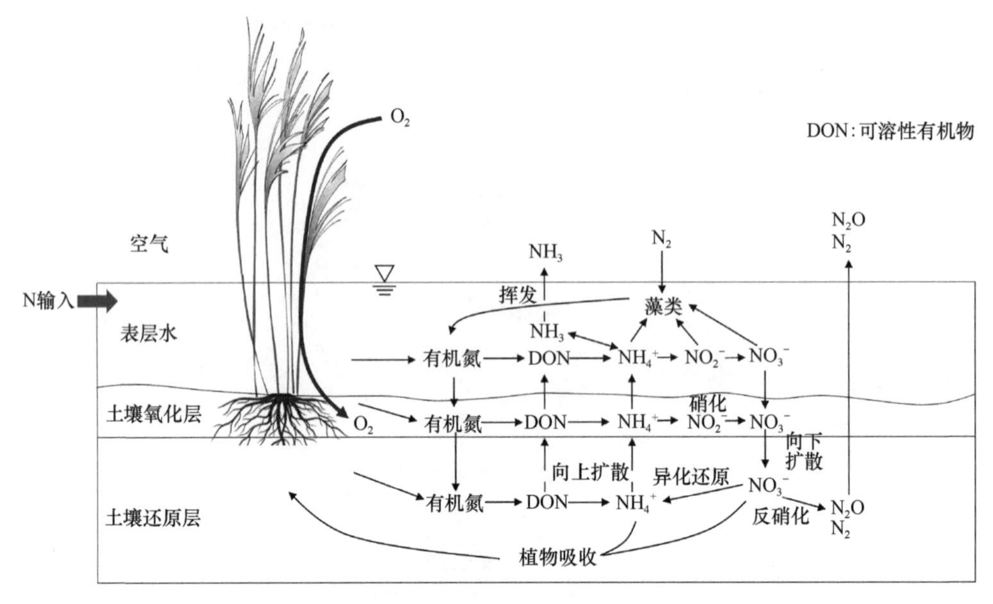


图 3-20　湿地氮循环示意图（改自米施和戈斯林克，2021）

根系区以外土壤处于淹水条件，水中溶解氧含量很低，当水流经根系以外的其他区域时，厌氧环境促使硝化产物 $NO_3^-$发生反硝化作用，转化成气态的 $N_2$ 和 $N_2O$。湿地生态系统这种好氧和厌氧交替的环境变化，使硝化和反硝化作用可交替进行，为有机氮化合物转化成气态的氮而脱离系统创造了条件。氮素是植物从土壤中吸收量最大的矿质元素，通过收割植物可以彻底从湿地中去除一部分被植物所吸收的氮素。

### 3.6.3　磷循环

磷是生物不可缺少的重要元素，生物的代谢过程都需要磷的参与，磷是核酸、细胞膜和骨骼的主要成分，高能磷酸键在腺苷二磷酸（ADP）和腺苷三磷酸（ATP）之间可逆地转移，它是细胞内一切生化作用的能量。作为重要的常量营养元素，磷在维持全球粮食生产方面也发挥着不可替代的作用。

磷的地球化学循环是一个单向迁移的过程，即由陆地岩石风化释放的磷从陆地向湖泊和海洋底泥迁移的过程（图 3-21）。气体形式的磷化合物在生态系统中极少出现，所以磷是典型的沉积型循环物质。沉积型循环物质主要有两种存在相：岩石相和溶解盐相。循环的起点为岩石的风化，终于水中的沉积。由于风化侵蚀作用和人类的开采，磷被释放出来，又因降水成为可溶性磷酸盐，经由植物、草食动物和肉食动物而在生物之间流动，待生物死亡后被分解，又使其回到环境中。

溶解性磷酸盐也可随着水流进入江河湖海，并沉积在海底。相对于陆地，海洋是磷汇，除了鸟粪和对海鱼的捕捞，磷没有再次回到陆地的有效途径；在海洋中，大部分的磷沉积是永久性的，少部分沉积磷会随着上升流被带到光合作用带，并被植物所吸收，在深海处的磷沉积，只有在发生海陆变迁，由海底变为陆地后，才有可能因风化而再次释放出磷，否则就将永远封存在海底，因此磷循环为不完全循环（李小平等，2013）。

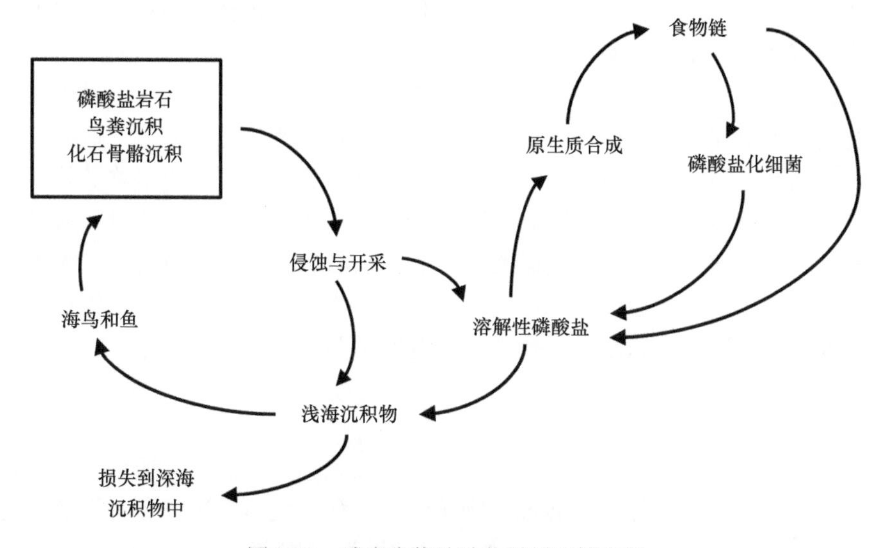


图 3-21 磷素生物地球化学循环概念图

### 3.6.3.1 水域中的磷形态

磷元素在淡水和海洋中的存在形态主要为颗粒态磷、有机磷及溶解态无机磷酸盐等。颗粒态磷的数量比溶解态磷要多很多，包括细菌、植物、动物残体中的磷，也包括吸附或结合在黏土及其他矿物质上的悬浮颗粒物中的磷；有机磷主要是磷酸酯类物质，大部分是容易水解的（如 ATP），不易水解的组分（如核酸）较少；溶解态无机磷酸盐有三种离子形态：$PO_4^{3-}$（正磷酸根）、$HPO_4^{2-}$（磷酸氢根）和 $H_2PO_4^-$（磷酸氢二根），其形态会随 pH 变化而快速转化。

磷酸盐容易被一些无定形颗粒所吸附，且对钙、铁、铝等金属离子具有较强的亲和力，容易与这些元素形成复合物。悬浮无机颗粒物与磷酸盐发生作用主要分为两阶段：第一阶段，通过物理作用磷酸盐被快速吸附至颗粒物表面，此时可逆性强，极易脱附；第二阶段，磷酸盐向颗粒物内部分子空间扩散，该阶段进行得非常缓慢，且几乎是不可逆的。颗粒物对磷酸盐的吸附处于平衡后，若外部条件发生变化，则发生解吸作用而释放出磷酸盐，磷酸盐离子与悬浮无机颗粒物之间存在的吸附或解吸作用，会形成磷酸盐缓冲体系，使得水体中磷酸盐浓度相对稳定（朱广伟等，2005）。

一般认为，在生物体内磷有两种贮存库。一种是结构比较不稳定的磷化合物，它又可分为两类物质：一类是像 ATP 这样容易水解的物质，在代谢中不断地释放出无机磷，在细胞死亡后，它们又很快地水解成无机磷酸盐；另一类是磷脂和多（聚）磷酸，是组成细胞的结构和贮能的组分，它们在自溶过程中由于酶的作用也比较快地分解。另一种贮存库包含结构较稳定的磷化合物，如核酸物质，它占细胞总磷量的 25%左右，活体时其排出率很低，死亡后在机体自溶过程中也很难水解（沈国英和施并章，2002）。

沉积物中的黏土含量可能是决定沉积物贮磷能力的最重要因素。黏土是由铝和铁及它们的氧化物生成的复杂的硅酸盐，是一种可变化的矿物质。例如，最纯的黏土（高岭土等）可用分子式 $Al_2O_3 \cdot 2SiO_2 \cdot 2H_2O$ 来表示，黏土晶格边缘的 $Al^{3+}$ 与间隙水中的 $PO_4^{3-}$ 以一种特殊的物理化学作用方式吸附。磷酸盐还可直接被水合铁或氧化铝、方解石颗粒（非纯碳酸钙）和磷灰石颗粒（非纯磷酸钙）吸附。在某些情况下，磷酸盐可以被铁氧化物和一些沉积物所包裹，这些沉积物对磷的内部吸收或阻隔是湖泊生态系统内磷缓冲系统的重要来源（李小平等，2013）。

#### 3.6.3.2 水域中的磷循环

无机磷能够迅速地被浮游植物和水生植物吸收利用，而后又通过食物链转移到浮游动物和其他动物体内，通过生物排泄物和死亡残体以溶解性有机磷和无机磷的形式回到水中，再生的正磷酸盐可以被浮游植物直接利用；颗粒态有机磷（POP）和溶解态有机磷（DOP）必须先经过水解生成正磷酸盐才能够被生物体直接利用，细菌和浮游植物是水体中 POP 与 DOP 向 DIP 转化的主要驱动者，细菌和浮游植物产生的水解酶如磷酸酯酶可以催化 POP 与 DOP 水解为磷酸盐，进而返回生态系统再循环。

除生物碎屑外，水域中还容易形成磷灰石矿物等钙盐磷化合物及含磷的铁铝等金属絮凝物。生物碎屑以生物难利用的含磷物质沉淀至水域底层，积累在底泥中。沉淀磷酸盐受环境 pH 和氧化还原电位的影响，并随着磷酸盐浓度和 pH 的变化，形成不同类型的磷金属化合物。如果底泥-水界面呈好氧状态，磷酸盐离子会持续向底泥中沉积，而不会自由迁入水体中；当沉积物处于厌氧状态时，与铁盐、铝盐结合的无机磷会解离出来，导致水体无机磷升高，风浪扰动也会导致大量磷从沉积物中释放至水体。缺氧底泥释放磷酸盐的速率是好氧底泥的 1000 倍，这主要是由典型化学键连接和物理化学吸附机制共同决定的。以铁与磷的反应为例，若沉积物表面形成一个厌氧层，则沉积物中的三价铁离子被还原成亚铁离子，可导致两种化学反应。第一种反应是原本与三价铁离子结合的磷酸根成为自由离子而进入水相，因为亚铁离子与磷的结合能力不如三价铁离子与磷的结合能力：

$$FePO_4\text{(非溶解态)} \rightleftharpoons Fe^{3+} + PO_4^{3-}\text{(自由离子)}$$

$$Fe^{3+} + e^- \longrightarrow Fe^{2+} \quad (3\text{-}17)$$

$$3Fe^{2+} + 2PO_4^{3-}\text{(自由离子)} \rightleftharpoons Fe_3(PO_4)_2\text{(溶解态)}$$

第二种反应是氢氧化铁絮凝体被还原成氢氧化亚铁，而前者吸附磷酸根的能力大于后者，导致氢氧化亚铁或羟基氧化物对磷酸根的吸附位置被黏土等其他物质所替代：

$$Fe(OH)_3 + PO_4^{3-}\text{(被吸附)} + e^- \rightleftharpoons Fe(OH)_2 + PO_4^{3-}\text{(自由离子)} + OH^- \quad (3\text{-}18)$$

湖泊生态系统中的磷大多来自河流，主要由人类活动产生，大气的干沉降和灰尘也造成一部分磷输入（图 3-22）。湖泊中磷的最大流失途径是生物沉积或化学沉淀，其大部分磷将永久沉积在底泥中。底泥-水界面是磷在底泥与湖水之间进行自由交换的屏障，夏季湖泊底泥-水界面常常处于厌氧状态，解离出来的磷酸根离子先从底泥向间隙水转移，进而向上覆水体释放。浅水湖泊中底泥无机磷释放与水体中的无机磷浓度存在动态平衡，磷酸根离子从间隙水向上覆水迁移的速率主要取决于两者之间的磷浓度梯度。底泥表面食碎屑动物（如水生昆虫幼虫、环节动物和甲壳类动物）通过生物扰动作用或生物代谢作用，影响间隙水中的磷酸盐浓度，进而促进磷释放。

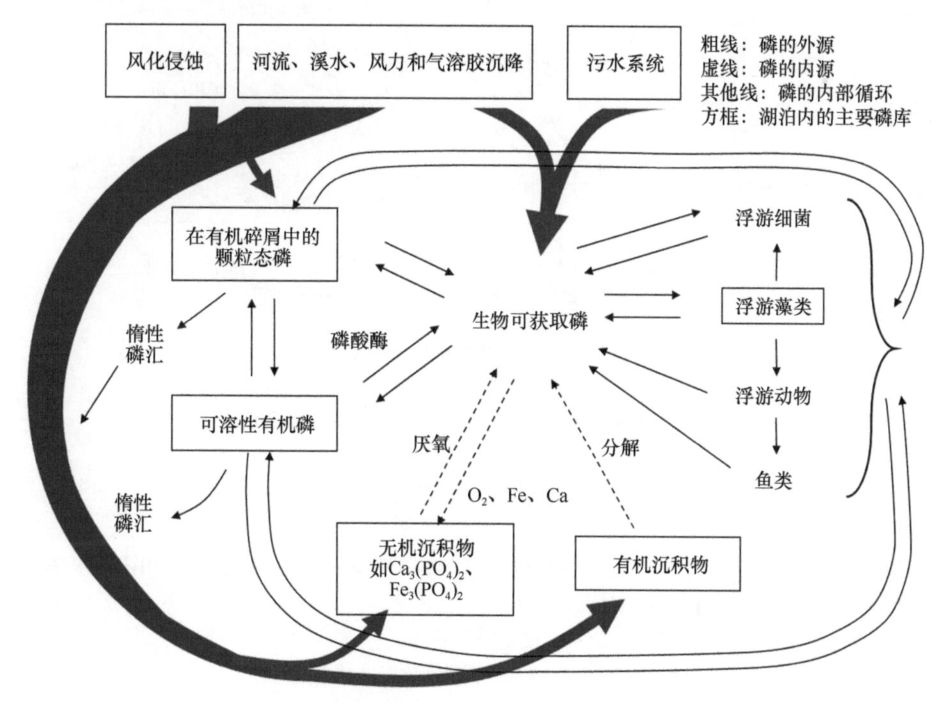


图 3-22 湖泊磷循环（引自李小平等，2013）

湿地磷循环的主要途径为吸附/沉淀、植物/微生物吸收、矿化、沉积和厌氧释放（图 3-23）。吸附过程中既包括带负电荷的磷酸盐的化学结合，又包括磷酸盐附着在带正电荷的黏土颗粒表面，以及在黏土基质中磷酸盐对硅酸盐的置换。大部分由洪水和潮汐带入湿地的磷都首先吸附/沉淀到黏土颗粒上，然后再由湿地大型植物从土壤中获取磷，植物将无机磷转化为有机形式，然后储存在有机泥炭中，通过微生物进行矿化，或者从湿地中输出。当土壤被淹没处于厌氧状态时，磷的有效性会发生一些变化。此时，$Fe^{3+}$被还原成更易溶解的亚铁离子（$Fe^{2+}$）化合物，一部分磷酸铁（还原可溶性磷）中的磷会被释放到溶液中。当洪水泛滥时，可能会促进湿地磷释放，机制主要为磷酸铁和磷酸铝的水解，以及通过阴离子交换作用将黏土和含水氧化物中的无机磷解吸出来；当微生物活动使得土壤 pH 下降时，磷也可以从不溶性盐中释放出来。

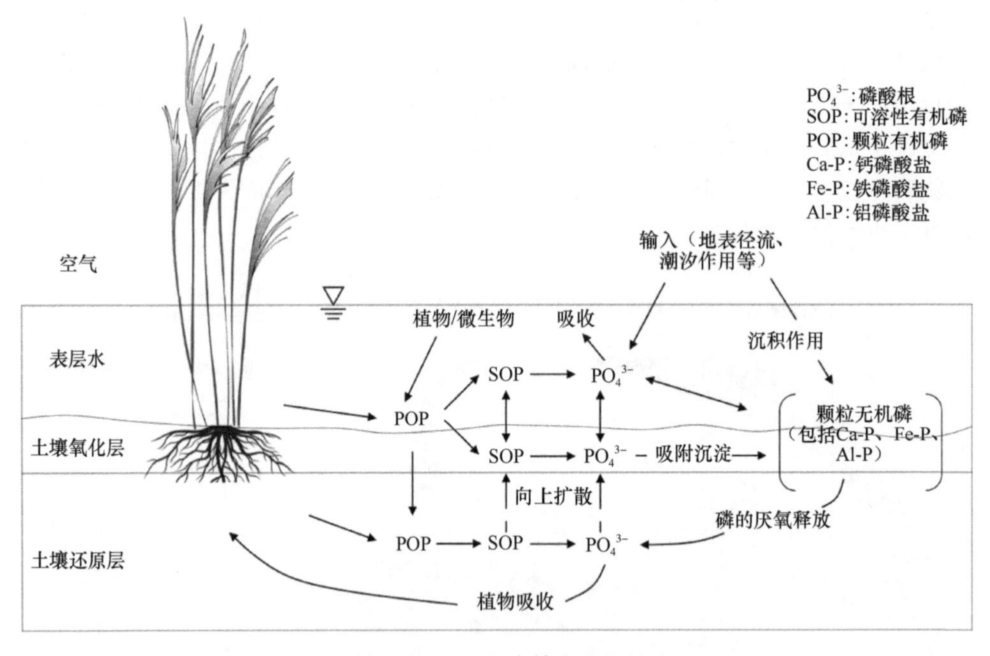


图 3-23 湿地磷循环（改自米施和戈斯林克，2021）

## 主要参考文献


陈宇炜, 秦伯强, 高锡云. 2001. 太湖梅梁湾藻类及相关环境因子逐步回归统计和蓝藻水华的初步预测. 湖泊科学, 13(1): 63-71.

黄有馨, 刘志礼. 1984. 固氮蓝藻. 北京: 农业出版社.

金相灿. 2001. 湖泊富营养化控制和管理技术. 北京: 化学工业出版社.

李小平, 等. 2013. 湖泊学. 北京: 科学出版社.

刘建康.1999. 高级水生生物学. 北京: 科学出版社.
米施 W J, 戈斯林克 J G. 2021. 湿地(原书第五版). 吕铭志译. 北京: 科学出版社.
沈国英, 施并章. 2002. 海洋生态学. 北京: 科学出版社.
唐汇娟. 2002. 武汉东湖浮游植物生态学研究. 中国科学院水生生物研究所博士学位论文.
许海, 朱广伟, 秦伯强, 等. 2011. 氮磷比对水华蓝藻优势形成的影响. 中国环境科学, 31: 1676-1683.
尹澄清, 兰智文. 1993. 富营养化水体中藻类生长限制因素的确定及其应用. 环境化学, 12(5): 380-386.
张钰. 2007. 太湖枝角类的摄食及其生态学影响研究. 中国科学院南京地理与湖泊研究所硕士学位论文.
郑维发, 曾昭琪. 1994. 淡水蓝藻的高温适应. 湖泊科学, (4): 356-363.
朱广伟, 秦伯强, 张路, 等. 2005. 太湖底泥悬浮中营养盐释放的波浪水槽试验. 湖泊科学, 17(1): 61-68.
An K G, Jones J. 2000. Factors regulating bluegreen dominance in a reservoir directly influenced by the Asian monsoon. Hydrobiologia, 432: 37-48.
Burkert U, Hyenstrand P, Drakare S, et al. 2001. Effects of the mixotrophic flagellate *Ochromonas* sp. on colony formation in *Microcystis aeruginosa*. Aquatic Ecology, 35: 11-17.
Carpenter S R, Brock W A. 2004. Spatial complexity, resilience, and policy diversity: fishing on lake-rich landscapes. Ecology and Society, 9(1): 8.
Carpenter S R, Kitchell J F, Hodgson J R. 1985. Cascading trophic interactions and lake productivity: fish predation and herbivory can regulate lake ecosystems. BioScience, 35: 634-639.
Chen X, Wang X, Wu D, et al. 2009. Seasonal variation of mixing depth and its influence on phytoplankton dynamics in the Zeya reservoir, China. Limnology, 10: 159-165.
Hélène C, Curtis J M. 1999. Zooplankton community size structure and taxonomic composition affects size-selective grazing in natural communities. Oecologia, 118(3): 306-315.
Huang Y, Liu S, Shen Y, et al. 2020. Nitrogen availability affects the dynamics of *Microcystis* blooms by regulating the downward transport of biomass. Harmful Algae, 93: 101796.
Huisman J, Codd G A, Paerl H W, et al. 2018. Cyanobacterial blooms. Nature Reviews Microbiology, 16: 471-483.
Huisman J, Weissing F. 1995. Competition for nutrients and light in a mixed water column: a theoretical analysis. The American Naturalist, 146(4): 536-564.
Huisman J. 1999. Population dynamics of light-limited phytoplankton: microcosm experiments. Ecology, 80: 202-210.
Kalff J. 2011. 湖沼学: 内陆水生态系统. 古滨河, 刘正文, 李宽意, 等译. 北京: 高等教育出版社.
Kromkamp J, Walsby A. 1990. A computer model of buoyancy and vertical migration in cyanobacteria. Journal of Plankton Research, 12: 161-183.
Molles Jr. M C, Sher A A. 2018. Ecology: Concepts and Applications, 8th Edition. New York: McGraw-Hill Education.
Muro-Pastor A M, Hess W R. 2012. Heterocyst differentiation: from single mutants to global approaches. Trends in Microbiology, 20: 548-557.
Padisák J, Soróczki-Pintér É, Rezner Z. 2003. Sinking properties of some phytoplankton shapes and the relation of form resistance to morphological diversity of plankton: an experimental study. Hydrobiologia, 500: 243-257.
Pannard A, Bormans M, Lagadeuc Y. 2007. Short-term variability in physical forcing in temperate

reservoirs: effects on phytoplankton dynamics and sedimentary fluxes. Freshwater Biology, 52: 12-27.

Petersen J, Chen C-C, Kemp W. 1997. Scaling aquatic primary productivity: experiments under nutrient- and light-limited conditions. Ecology, 78: 2326-2338.

Platt T, Gallegos C L, Harrison W G. 1980. Photoinhibition of photosynthesis in natural assemblages of marine phytoplankton. Journal of Marine Research, 38: 687-701.

Redfield A C. 1958. The biological control of chemical factors in the environment. American Scientist, 46(3): 230A, 205-221.

Reynolds C S. 2006. The Ecology of Phytoplankton. Cambridge: Cambridge University Press.

Scheffer M, Carpenter S, Foley J, et al. 2001. Catastrophic shifts in ecosystems. Nature, 413: 591-596.

Van Le V, Srivastava A, Ko S-R, et al. 2022. *Microcystis* colony formation: extracellular polymeric substance, associated microorganisms, and its application. Bioresource Technology, 360: 127610.

Visser P, Passarge J, Mur L. 1997. Modelling vertical migration of the cyanobacterium *Microcystis*. Hydrobiologia, 349: 99-109.

Yang H, Tang J, Zhang C, et al. 2020. Enhanced carbon uptake and reduced methane emissions in a newly restored wetland. Journal of Geophysical Research: Biogeosciences, 125: e2019JG005222.

# 第 4 章　水域生态修复基本方法

## 4.1　生态修复的基本理念

生态修复是通过符合生态学原理的人工干预手段，消除外部胁迫条件，修复受损结构，以减缓甚至逆转生态系统退化趋势，并在此基础上通过适应性管理逐步促进生态系统恢复正常的结构与功能的过程。从理论方面来看，生态修复是涉及生态学、环境学、工程学等诸多领域的学科交叉问题。最近 20 年来，大规模生态修复工程的实施为水域生态修复理论提供了实践与验证的场所，在该领域正在逐渐形成基本观点与技术方法体系。

水域生态系统修复过程具有时序性，不同生态恢复阶段所采取的技术方法有所不同。水域生态系统之所以受损退化，往往与人为干扰造成的外部胁迫有关，如农业面源污染输入造成湖泊富营养化。这类外部胁迫如果持续存在，会对生态恢复工程成效造成负面影响，因此生态修复初始阶段的主要目标应该为消除外部胁迫。当胁迫消除之后，可考虑通过恰当的工程措施修复结构；进一步地，可通过适度人工干预措施促进生态系统恢复功能，再经过一段较长时间自然演替发育形成稳定健康的生态系统，这将逐步提升区域生物多样性和生态服务功能（图 4-1）。

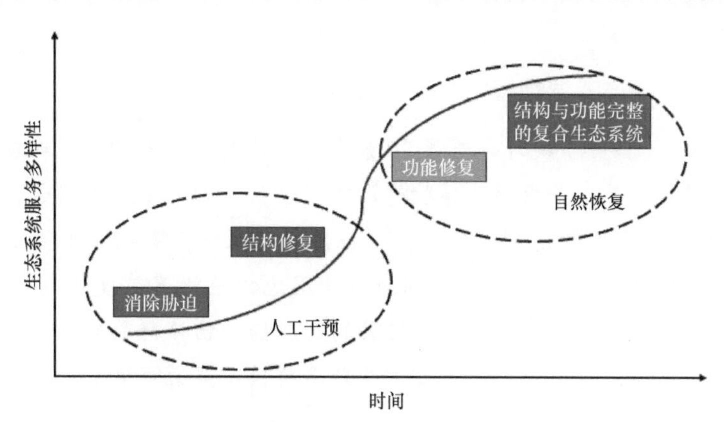


图 4-1　生态修复进程（彩图请扫封底二维码）

### 4.1.1　生态系统的状态：受损与退化

生态系统按照受干扰与破坏程度的不同，可大致分为正常、受损、退化与消亡4种状态。“受损”是指在短时间内出现的较强干扰条件，如自然侵蚀、人工围垦、海面溢油等，在其作用下湿地局部受到破坏或部分生态功能丧失，典型的情况如在北半球海湾、河口北岸，常常因为飓风或台风加强了波浪侵蚀力，从而导致植被破坏、湿地基底丧失（Gedan et al.，2011；Mariotti and Fagherazzi，2013）；“退化”是指在长期、低强度的干扰条件下，水域生态系统结构与功能发生不可逆的变化，如外源性氮磷污染的长期输入，逐渐导致湖泊浮游植物种群结构发生变化，优势种从绿藻、硅藻等转变为难以被浮游动物利用的微囊藻，大量的藻类生物量滞留在水层中，导致湖泊生态系统中水生植物衰退，原有的营养循环功能被破坏；在湿地周边构筑堤坝、内部修建道路桥梁，从而改变了湿地原有的水动力条件，进而导致湿地生物群落发生根本性变化，原有的生态系统服务功能丧失。

### 4.1.2 生态修复的目标：复原与重构

确定生态修复的目标是实施生态修复工程的必要前提。生态修复是通过人工干预措施辅助正在退化、受损或面临消亡的生态系统自我修复的过程，生态修复第一阶段的目标是消除外部胁迫，修复受损结构，而在第二阶段往往希望促使生态系统复原到接近受干扰之前的状态。因此在许多生态修复的具体工程实践中，常常将现状为受损退化的生态系统附近的无干扰自然生态系统作为对照样地（reference site），以确定需要导入的主要植物物种类型及其空间分布格局，以及相应的生态工程调控手段。然而，在工程实践中生态学家们逐渐认识到，生态修复工程很难达到100%的复原目标，这与生态系统的本底环境条件、受干扰程度、恢复时间等有关。

**湿地植被覆盖度随着恢复时间变化**

Mitsch（1993）统计分析了20余个湿地恢复工程案例，发现在湿地恢复工程完工后，多数湿地植物得以重新生长，但恢复周期较长，一般需要10年左右才能达到稳定状态；在恢复工程中，不到40%可以达到接近自然湿地植物覆盖度，大部分恢复湿地的植物覆盖度在80%以下（图4-2）；湿地恢复前后变化最显著的是底栖动物类群和生物量，其次是虾类和鱼类，总体而言生物量和生物多样性都显著提升。

对以“复原”为主要目标的生态修复工程，在实施前必须对“对照样地”的水文水质现状、基底条件、植物分布格局、生物群落状况等开展系统的生态学、环境学调查，辨识植物与本地自然环境长期相互作用下形成的生态系统的结构特点与功能特征；另外，同样要对修复目标的受损和退化状况进行调查评估，识别

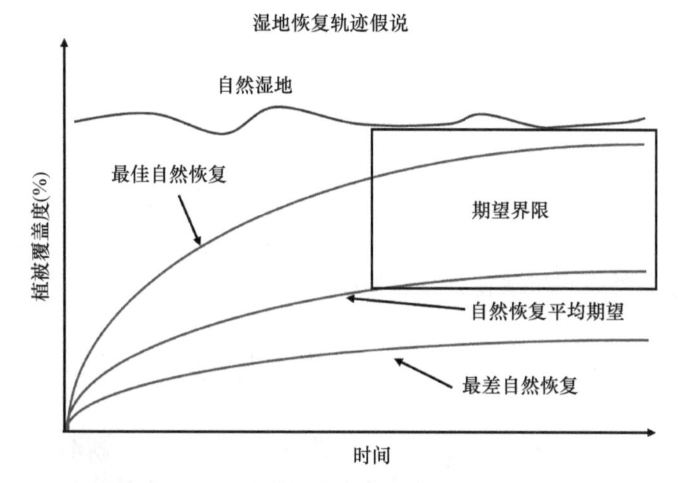


图 4-2　湿地植被覆盖度随着恢复时间变化的情况（改自 Mitsch，1993）（彩图请扫封底二维码）

主要干扰因子、生态系统结构与功能受损害的具体症状；在此基础上，以生态学的基本原理为指导，结合工程可实施性的要求，最终确定合适的修复目标。

著名生态工程学家 Mitsch 针对生态修复目标提出了新的观点，他认为并不应仅仅将其定位为“复原”，而是应当与“生态工程目标定位”一致，实现更进一步的“重构”，即通过人工辅助，重新构建一种具有可持续性的，同时有利于人类与自然的生态系统，以使得这种生态系统能够为人类提供更好的生态服务功能（Mitsch，1993）。例如，湿地既然介于人类社会系统与自然生态系统的缓冲区域，那么它就应当同时具有自然属性和人类社会属性，结合生态修复，重构湿地发挥生态系统服务，削减陆源污染，保护近岸免受台风、海啸灾害的影响等。虽然目前生态修复领域的工程实践较少明确以“重构说”为指导思想，但是很多具体工程都不自觉地朝着“重构”的方向实施，这为未来“重构说”观点的深化提供了实践基础。

### 4.1.3　生态修复的驱动力：人工干预与自然演替

生态修复的主要驱动力是“人工干预”、还是“自然演替”是生态修复理论研究与工程实践中最受争议的一点。对于主导生态修复工程方案设计的咨询公司而言，从工程可实施性角度出发，生态修复显然应当是可预测的，具体到工程手段与工程量、工程恢复周期、最终规模、关键考核指标等都必须可以量化；然而从生态学的角度来看，多数生态学家都认为生态修复应当是自然生态系统消除干扰之后的次生演替过程，在这个过程中物种演替的先后次序虽然可以预测，但却无法准确到何时何地发生，另外由于在恢复工程实施之前，无法完全掌握工程区域的水文、基质、植被等关键因子的长期变化数据，这也增加了预测生态修复效果的难度。关于“生态修复效果是否可以预测”的争议，实际上是从“生态学”与“工程学”两个不同角度看待同一个问题而得出相左观点的必然结果。中国古人有“参赞天地，化育万物”的观点，与之类似，Mitsch（1993）提出“以自然为母，以时间为父”，其核心是以“人工干预”为辅、以“自然演替”为主，具体而言，生态修复应在尽量少的人工干预条件下实施，主要依靠生态系统自设计、自组织，在长时间尺度条件下自然演替到接近原初的状态。

## 4.2 外源污染控制

流域产生的污染物大都随着河川、溪流的输移过程进入湖泊、水库、湿地等水域，因此外源污染控制对于水域水质保护至关重要。针对外源污染控制问题，按技术实施区域，可将现有技术分为三类，即农业面源污染源头控制、汇流区生态阻控、径流输移过程生态净化。

### 4.2.1 农业面源污染源头控制

农业面源（非点源）污染主要是指在农业生产活动中，农田中的土粒、氮、磷、农药及其他有机或者无机污染物质，在降水或灌溉过程中，通过农田地表径流、农田排水和地下渗漏，大量污染物进入水体，从而造成的污染。在美国，自从20世纪60年代以来，虽然点源污染逐步得到了控制，但是水体的质量并未因此而有所改善，人们逐渐意识到农业非点源污染在水体富营养化中所起的作用。由于农业非点源污染同点源污染相比，具有随机性、广泛性、滞后性、模糊性和潜伏性的特点，故对农业非点源污染的监测和治理都相对困难。最佳管理措施（best management practice，BMP）是防治或减少农业非点源污染最有效和最实际的措施，主要用来控制农业活动中污染物的产生，尽量避免农业非点源污染的形成。BMP通过技术、规章和立法等手段能有效地减少农业非点源污染，其着重于源的管理而不是污染物的处理。一般从“耕种”与“管理”两方面采取措施来减少污染物产生量。

#### 4.2.1.1 耕种措施

耕种措施主要是通过保护土壤的表面来减轻土壤侵蚀，提高作物对营养元素和农业化学物质的利用率，减少了它们向环境的输入，可以有效地防止农业非点源污染的形成。不过耕种措施不一定能通过增加渗透来减少地表径流，其主要取决于土壤的导水率情况。

**（1）保护性耕作**

免耕-少耕法是一种替代传统翻耕的新型耕作方式，不翻耕或最低限度地扰动土壤，主要通过农药控制杂草和病虫害。免耕-少耕法可以保护土壤结构，增加土壤的渗水性，提高土壤抗水蚀能力，减少地表径流，从而控制水土流失和非点源污染。免耕-少耕法在美洲的加拿大、美国、巴西和智利等国家得到了广泛的应用。耕作管理还包括其他诸多措施，如等高线种植、作物残茬覆盖、合理轮作种植。秸秆覆盖的突出特点是增强土壤蓄水能力，可以减少地表径流 60%左右，减少侵蚀使得除草剂等化学物质进入水体的量减少，减轻了非点源污染负荷（林超文等，2010）。

**（2）合理轮作种植**

合理轮作在农业活动中有两个作用：一是提高农作物对土壤中营养元素的利用率，避免养分的流失；二是能够充分利用有限的水资源，降低地表径流形成的机会。尼日利亚西部不同轮作体系研究发现，合理的轮作种植制度可减少 30%以上的土壤侵蚀和 20%以上的土壤氮素流失。对冬小麦/夏玉米轮作的研究表明，在连续 3 个轮作周期的 6 季作物中较大幅度地降低了氮肥施用量，保持了较低的土壤无机氮残留量，说明合理轮作既增加了作物的经济效益，又保持了良好的生态效益，对控制农业非点源污染有着重要的意义。

**（3）等高线种植**

等高线种植是实现可持续土地管理所推荐的一种耕种方法，主要思想是沿着等高线种植，结合秸秆覆盖、免耕覆盖等保护性措施，能够使更多的降水渗入土壤，减轻水土流失，同时覆盖抑制了土壤水分蒸发，耕层储水较多，保水效应比较明显，减少了表土水分流失，有利于作物的高产。沿等高线种植与顺坡种植相比，可以减少约 30%的土壤流失量，一定程度上降低了农田土壤养分的流失，能够实现对农业非点源污染的控制。

#### 4.2.1.2　管理措施

管理措施主要是通过增加作物对化肥、农药和牲畜废弃物的利用率，降低污染物流向地表和地下水体的程度，从而降低污染环境的风险。管理措施也能促使生产者在生产过程中同时考虑环境与经济因素的影响，从源头上遏制农业非点源污染。

**（1）景观管理**

生物篱和水边林带都是景观管理的有效措施。生物篱又称等高植物篱，主要形式是在坡地上沿等高线布设密植灌木或灌化乔木及灌草结合的植物篱带，带间布置作物，通过对植物篱周期性刈割避免对作物的遮光。植物篱在国外的研究主要与植被缓冲带联系在一起。植物篱能减缓径流、阻挡水土流失、控制非点源污染。选择合适的植物篱的带间距是其能否发挥水土保持效益的关键，需要在试验的基础上确定。水边林带实际上是受纳水体边上的植被缓冲带，它的处理机制和植被缓冲带类似。

**（2）有害生物综合治理**

有害生物综合治理是可持续农业的重要组成部分，也是一种经济有效且能保护环境的有害生物防治方法，被广泛应用于农业、林业等领域。其着重于生态学原则，强调在获得经济效益的生产过程中，所采取的防治措施不要影响社会安全和破坏生态平衡，尽可能地减少对作物、人类健康和环境所造成的危害。有害生物综合治理技术主要包括农业防治、物理防治、生物防治和基因工程防治，通过综合运用有害生物综合治理策略，准确合理使用农药，可以减少农药的使用量和使用频度，降低农药的流失，避免农业非点源污染的形成。

**（3）合理的灌溉制度与灌溉系统**

合理的灌溉制度与灌溉系统既能满足作物获得高产量所需水分要求，同时又能减少流入水体的养分和农药数量，使得农业非点源污染对水体的影响程度降到最小。农田中的养分和农药的流失在很大程度上取决于地表径流的强度和径流量。农田灌溉制度中的灌溉方式与养分、农药流失密切相关，在灌溉相同水量的情况下，农田养分、农药流失量以下列顺序递增：喷灌＜淹灌＜沟灌，沟灌方式将会导致大量的农田养分与农药流失。同时灌溉水的来源也是灌溉制度中的一个重要部分，利用含有较高硝酸盐含量的地表/地下水作为灌溉水容易造成氮的流失。

**（4）养分管理**

主要有两方面：测土施肥和变量施肥。测土施肥的目的是针对土壤的养分供给能力和水平来推荐合理的养分补给措施。变量施肥是利用全球定位系统（GPS）、地理信息系统（GIS）技术，在数字化土壤养分分布图和产量图的基础上，根据区域内土壤养分的变化自动调整肥料用量，实质是自动的高密度的测土施肥技术。养分管理还包括其他诸多措施，如肥料深施、平衡施肥和使用缓释肥料等。

**（5）水土流失防控**

在一些山地、坡地区域开展农业活动时，会造成土壤侵蚀与水土流失，必须采取相应的防控手段，较为典型的是梯田和山边沟工程。梯田工程是一种水土保持坡面治理工程措施，是控制坡耕地水土流失、保持水土和实现农业高产与稳产的根本措施之一。梯田工程可以拦蓄天然降水及上部来的径流和泥沙，能够使得土壤水分和肥力有所增加，改变了土壤的理化性状、微生物状况、土壤水分状况、减蚀蓄水作用及微地形小气候等，具有良好的水土保持效益和生态效益。同时由于梯田工程造成表面积增加，也使得地表蒸发量较坡耕地高出许多，如能增加植被覆盖，防止雨滴溅蚀，并增加地表入渗能力，减少径流冲刷，可以达到更好的水土保持功效。

山边沟是横跨坡向，每隔适当间距所构筑的一系列横沟，用来缩短坡长、分段拦截径流、控制冲蚀、防止小蚀沟的形成，从而达到保育土地的目的。山边沟与梯田相比，水土流失差异甚小，完全可以把土壤侵蚀控制在允许的侵蚀范围之内。同时由于其沟形断面宽而浅，可为坡地机械化提供作业道路，能够降低田间劳动消耗和工本（史德明，1997）。山边沟配合植物覆盖，可以增强水土保持效果，提高坡地农业的生产效率，发挥综合效益。

### 4.2.2　汇流区生态阻控

#### 4.2.2.1　植被缓冲带

植被缓冲带是设立在潜在污染源区与受纳水体之间由林、草或湿地植物覆盖的区域，通常为带状。植被缓冲带的净化污染物机理如下：降低地表径流速度并对其中的颗粒态污染物起过滤和拦截作用；缓冲区的植物吸收溶解态的污染物；缓冲区的土壤吸附溶解态的污染物；促进氮的反硝化。植被缓冲带的效果取决于其规模、位置、植被、水文条件和土壤类型等因素。通常缓冲带呈带状沿水体分布，其具体形状根据地形、地表和地下径流的运移途径而定。水质保护目的不同，所要求的植被缓冲带的宽度也不同。一般来说，5m 宽的缓冲区即可拦截大部分粗颗粒泥沙，当带宽大于 10m 时，其对泥沙的总体拦截率可达 80%以上，对总磷的拦截率达到 50%。Patty 等（1997）在法国的试验表明，缓冲带能有效降低悬浮物（SS）87%～100%、农药莠去津及其代谢产物 44%～100%、可溶性磷 22%～89%、氮 47%～100%。研究发现在植被过滤带的覆盖度 0、50%和 100%处理下，农药二嗪农流失量分别为 8.6%、5.8%和 2.3%，具有明显的去除效果（Watanabe and Grismer，2001）。而我国南方的人工多水塘系统作为一种独特的缓冲带，也具有很强的截留来自于农田的径流和非点源污染物的生态功能，在巢湖两年研究发现多水塘系统对地表径流截留平均比例达到 85.5%，总氮和总磷截留平均比例分别是 98.0%和 96.0%（Yin et al.，1993）。意大利东北部为期 3 年的缓冲带工程研究表明，缓冲带总氮（TN）去除率达到 73.9%，总磷（TP）去除率为 80%（Borin et al.，2005）。

#### 4.2.2.2 人工湿地

人工湿地一词来源于英语“constructed wetland”，依照英文字面可理解为“人工构筑的湿地”。该概念最早由德国学者 Seildel 等在 20 世纪 50 年代提出。Seildel 最初的灵感来自于自然湿地，他认为既然介于陆地和水域之间的天然湿地具有如此之高的生产力和去污能力，那么人类也可以师法自然，构建具有更好的水质净化效能的污水生态处理系统。于是，Seidel（1976）以含钙、铝添加剂的土壤为湿地基质、以芦苇为湿地植物，将污水按一定流量投配，水平流过芦苇根区，在此过程中发现有机物被降解、氮通过硝化反硝化脱出、磷被土壤基质吸附，从此人工湿地技术便产生并发展起来。国内在 20 世纪 70 年代起，由哈尔滨工业大学王宝贞等（2005）提出与人工湿地类似的“塘”技术，并于 80 年代开始逐渐出现一系列“厌氧塘”“好氧塘”“生态塘”等的工程示范案例；进入 90 年代，人工湿地的概念逐渐自国外引入，一些科研单位开始启动相关研究，主要有华南环境科学研究所、中国科学院水生生物研究所、深圳市环境科学研究院、中国科学院沈阳应用生态研究所等。其中较早的是华南环境科学研究所设计的深圳白泥坑人工湿地。该人工湿地建成于 1990 年，处理对象为当地村落的生活污水，处理规模为 4500$m^3$/d，采用多级潜流人工湿地为主体工艺，采用碎石为湿地基质，采用芦苇为主要湿地植物，总停留时间为 23h；随后在成都活水公园、深圳市洪湖公园、昆明滇池等地出现了潜流、复合垂直流、表面流等各种类型的人工湿地的示范工程。

一般认为，人工湿地是从生态学和环境学的原理出发，模仿天然湿地系统，人为地将土壤、砾石等填充料按一定配比组成基质铺设于底部，并栽植耐污植物，培育微生物，从而有机组合形成的具有显著水质净化功能的人工生态系统。通常人工湿地由一个或多个单元组成，一个人工湿地单元中主要有配水管路、集水管路、基质、防渗层及人工湿地植物等，通过调控来水在人工湿地中停留一定时间达到水质净化效果。

人工湿地技术与传统的污水生物处理技术的最主要区别，即它的最突出特征在于处理系统各要素构成的特殊性。传统污水生物处理系统的要素包括污水处理构筑物、曝气装置、微生物及生物填料等，系统要达成处理功能，最关键要素为微生物，即主要通过微生物的生化作用去除污水中化学需氧量（COD）、氮、磷等污染物；而人工湿地系统则不同，其关键要素包括基质、植物和微生物三个部分，主要通过基质-植物-微生物复合体系的联合作用达成水质净化过程。基质是构筑人工湿地的基础，在人工湿地中占有最大体积，为植物根系提供良好的生长场所，为微生物提供适宜的附着生境，人工湿地中大部分污染物的去除过程就发生在基质部位，在现有人工湿地中，常用基质主要为泥炭土、砾石、卵石、沸石、炉渣等；水生、湿生植物是人工湿地中功能性生物群落得以形成的关键，它们往往生物量大，根系发达，氮磷吸收能力强，并可通过泌氧作用在根区形成好氧-厌氧交错的生物活性区，实践中多选择芦苇、香蒲、美人蕉等挺水植物为建群种；当人工湿地建成并运行一段时间后，各种微生物在基质和植物根系表面生长繁殖，逐渐出现包括细菌、原生动物、微小动物等在内的生物膜及微型食物链，最终形成具有污染物净化效能且结构稳定的成熟微生物群落。

在人工湿地中，基质、植物、微生物各自都具有污染物净化功能，如采用炉渣为湿地基质可具有较强的除磷效果，选择芦苇为湿地植物可在植物速生期吸收大量氮磷，而湿地基质和植物根系表面则可能富集反硝化菌，实现反硝化脱氮。然而在实际运行中，人工湿地系统的水质净化功能并不仅仅是基质、植物、微生物各自净化功能简单加和的结果。人工湿地的本质之一就是将基质、植物、微生物以合适的构型和配比组合在一起并形成人工生态系统，从而发挥出“1+1+1＞3”的系统效应，达成高效持续的净化效果。

作为典型的水生态处理技术，人工湿地技术最为显著的优点在于其建造、运行成本低廉并具有良好的景观效果与生态效应；然而也存在明显缺点，主要有占地面积较大、植物养护要求高、冬季效果不理想、容易堵塞等。因此在任何人工湿地工程的设计过程中，都必须紧密结合当地实际情况进行深入细致的可行性分析，在综合考虑处理水量、原水水质、建设投资、运行成本、排放标准及稳定性等因素的基础上，合理选择人工湿地构型；在人工湿地的施工和运行过程中，对于事关净化效能优劣的具体细节问题也必须密切关注和严格控制，以确保人工湿地的运行效果，延长人工湿地的运行寿命。

按构型及过流特点来区分，人工湿地主要有表面流人工湿地（surface flow wetland）、潜流人工湿地（subsurface flow wetland）两大类。

表面流人工湿地底部充填泥炭、砂土等较细密的基质，基质上种植芦苇等湿生植物；来水在基质表层以上和植物茎下部流动，水质净化过程主要发生在基质表层和植物茎下部过水区域，主要依靠植物根茎与表层基质的物理拦截作用及根茎上附着生物膜的生物降解作用净化来水（图 4-3）。表面流人工湿地的设计水深一般较浅，大多低于 40cm，在此条件下有利于悬浮物质沉淀和自然复氧，因此运行良好的表面流人工湿地具有较好的悬浮物和 COD 去除效果。此外，由于表面流人工湿地的来水主要在基质表层以上流过，一般不会出现堵塞现象；但另一方面，如果来水悬浮物含量高，后期维护措施不到位，则容易出现泥沙淤积现象而过早报废。

潜流人工湿地底部充填砾石、沸石、陶粒等大粒径基质，基质上种植植物，来水在基质床之间流过，水质净化过程主要发生在基质床内部，特别是基质床上部植物根区附近，主要通过基质的物理拦截作用，根区和基质附着生物膜的生物

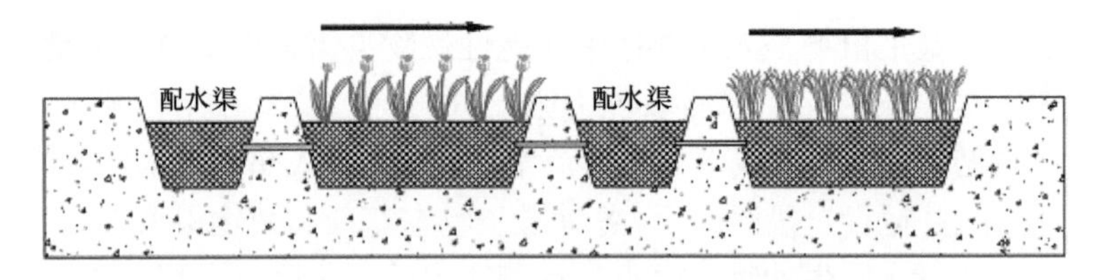


图 4-3　表面流人工湿地的结构示意图（彩图请扫封底二维码）

降解作用净化来水。潜流人工湿地又分为水平流人工湿地（图 4-4）和垂直流人工湿地（图 4-5），两者的区别在于水体流向不同，水平流人工湿地中来水以水平流动方式经过湿地中的基质孔隙，垂直流人工湿地中来水以垂直流动方式自下而上或自上而下经过湿地中的基质孔隙。实际运行经验显示，水平流人工湿地布水均匀，水流可呈推流状态，悬浮物质、有机污染物去除效果较好，但系统复氧能力较差，对氮、磷去除能力不佳，出水容易厌氧化；垂直流人工湿地中充氧性能较水平流湿地好，但更容易出现短流现象。

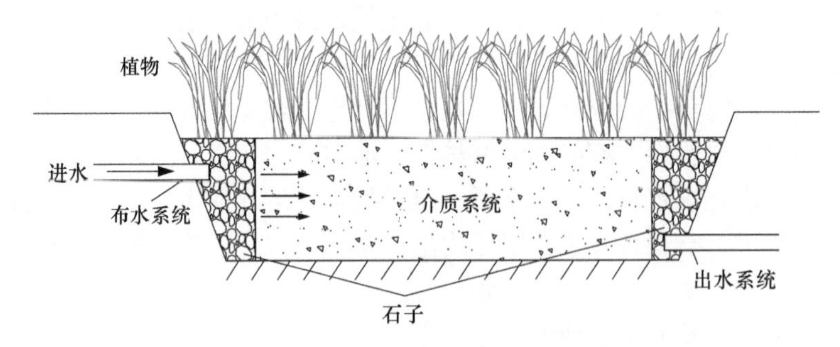


图 4-4　水平流人工湿地的结构示意图（彩图请扫封底二维码）

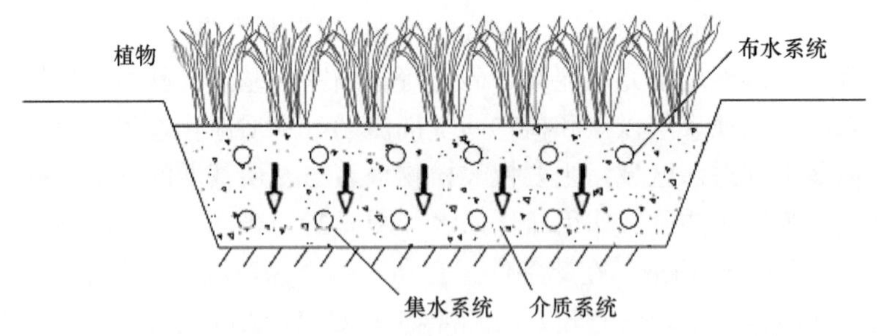


图 4-5　垂直流人工湿地的结构示意图（彩图请扫封底二维码）

近 20 年来又逐渐发展出表面流-潜流复合人工湿地、复合垂直流人工湿地、水耕人工湿地、生态砾石床等构型及相关技术。从本质上看，尽管人工湿地构型变化多样，但都是表面流和潜流两类基本构型的变种或二次组合形式，主要在上述两类构型的基础上，针对来水的水质特点和净化要求，调整基质、植物、微生物三要素的种类、配比和空间布局，从而形成具有特定净化功能的复合净化体系。例如，要求人工湿地具有强化脱氮功能时，往往采用表面流-水平潜流复合人工湿地，达成表面流段好氧，潜流前段缺氧、后段厌氧，形成利于硝化-反硝化的氧化还原条件。

### 4.2.3 径流输移过程中的生态净化

从现有国内外的技术研究和工程实践的进展状况来看，尚无单项技术可完全解决入湖、入库径流污染问题，目前形成的基本共识是应针对污染物在径流输移过程中的具体路径选择针对性的技术，通过技术集成实施综合治理，以达成污染物削减、水质改善、水生态恢复的目标。

#### 4.2.3.1 *旁路生态砾石床*

生态砾石床技术也称砾间接触氧化法，是潜流人工湿地的特殊形式。如图 4-6 所示，其原理是在反应槽内按照适当的级配填充砾石或人工滤材等基质，上部覆盖通透性土壤并种植生态草坪，控制污染水体以水平推流方式流过砾石间隙，通过接触沉淀、生物接触氧化、微小动物捕食等多重作用实现水质净化。生态砾石床的特点如下：适合在较高的水力负荷条件下运行，最高可达 $10m^3/(m^2·d)$；采用建材为土壤碎石、聚氯乙烯（PVC）管、PVC 薄膜及尼龙网等，造价低廉，建设费用不到污水处理厂的十分之一；可利用进水位与放流水位的水位差，以重力流方式运行，以达到节省动力的效益，或采用简单的水泵提升，而维持管理简单，运行成本极低；整个处理装置采用地埋式，表面种植草坪，受季节更替带来的温度变化影响较小，且与周围环境和谐一致，无环境卫生上的障碍。

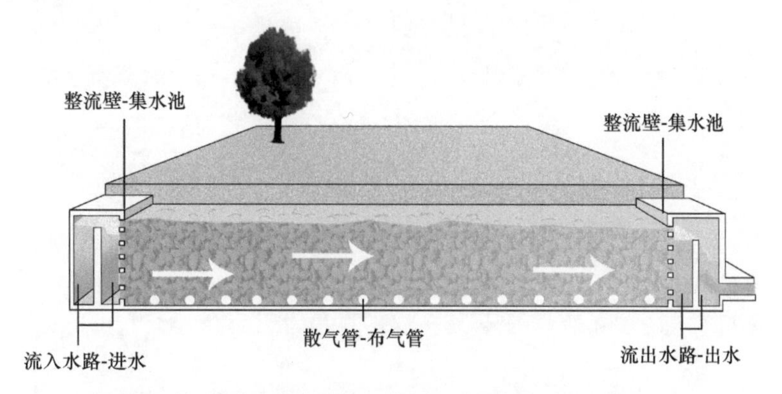


图 4-6 生态砾石床的结构示意图（彩图请扫封底二维码）

日本从 20 世纪 70 年代开始进行了利用生态法治理城市河流的研究，生态砾石床技术作为主流技术之一在日本河流生态治理中得到了较为广泛的应用。日本 7 处采用生态砾石床进行水体净化处理的统计资料显示，平均处理水量为 10 300m$^3$/d，原水的平均生化需氧量(BOD)为 22mg/L，经处理设施处理后的平均 BOD 在 6mg/L 以下，BOD 的平均去除率达到 73%。根据长期工程实践积累的经验，日本研究人员总结出了生态砾石床的基本设计原则：增设曝气设备与否：水体水质 BOD 高于 30mg/L，或溶解性 BOD 高于 6～8mg/L，则需要增设曝气设备；停留时间：无曝气时停留时间 1h～2h，一般为 1.2h，有曝气时停留时间为 2h～4h；流过长度：依照水利条件拟定流过长度，一般为 15～20m；孔隙率：25%～50%，一般为 35%～40%。

生态砾石床（图 4-7）技术常常用来处理低污染河水，以去除来水中的 SS、COD 等为主要目标，可以与其他工艺相互组合形成复合湿地。例如，位于我国台湾高屏地区的武洛溪复合湿地强化净化工程。该工程处理水量达到 50 000m$^3$/d，主要工程分为两期完成：一期主要建成了 6 级砾间接触氧化池和大小莲花池；二期在大小莲花池之后增加了三级表面流人工湿地。其工艺原理为：通过水泵提升武洛溪上游来水，进入前置塘，在前置塘中去除大颗粒悬浮物质，出水进入 6 级砾间接触氧化系统，通过砾间接触沉淀与接触氧化作用去除大部分悬浮物质，以及部分有机物和氨氮，通过自然跌水补充消耗的溶解氧；砾石床出水在小莲花池与大莲花池短暂停留后，进入 3 级表面流湿地，主要种植香蒲与芦苇及浮水植物，通过植物-微生物的复合作用改善水质；出水汇入放流池并最终返回武洛溪。系统建成运行后监测结果显示水质达到设计要求，BOD 降至 5mg/L 以下，SS 降至 20mg/L 以下，BOD 去除率达到 80%以上（Hsieh et al.，2015）。

图 4-7　生态砾石床现场（陈雪初摄于杭州玉皇山沉淀池）（彩图请扫封底二维码）

#### 4.2.3.2　旁路水耕湿地

水耕湿地是表面流人工湿地的特殊形式，其基本原理为构建以土壤为基底的浅水植生池，维持水深在 5～30cm 范围内，种植水芹、空心菜等经济植物和观赏植物，通过植物茎秆和根系滤除来水中的悬浮物质和藻类，并通过微小动物捕食、自然沉降等作用进一步去除藻类；生长成熟的植物由当地居民自由采收，沉积的底泥则通过堆肥回收利用。水耕湿地实质上是一种种植水生维管束植物，强化漫流型的表面流人工湿地，其特点是水力负荷较高，最高可达 $3m^3/(m^2·d)$，国内开展水耕法研究结果显示，在水力负荷为 $2m^3/(m^2·d)$以上时，平均 SS 去除率达 90%以上，叶绿素 a 去除率达 60%以上，对总氮和总磷的平均去除率分别在 15%和 30%以上，总氮平均去除速率为 $1.0g/(m^2·d)$，总磷平均去除率为 $0.1g/(m^2·d)$（李先宁等，2007）；水耕法的另一个特点是可以生产出具有很高经济价值的水耕蔬菜，并通过生物堆肥发酵技术处理将高有机物含量积泥转化成高效有机肥，以达到资源的可循环利用，通过适当选择适合不同季节生长的水生蔬菜还可以在一定程度上弥补传统人工湿地冬季处理效果不佳的问题。

日本土浦生态公园是最早实践水耕法处理入湖富营养化河流水体的地方，为日本第二大规模的富营养化湖水生植物处理设施。土浦生态公园内共有水生植物池面积 $3.6hm^2$，平均水深为 5cm。运行基本参数为：进水流量 10 000$m^3$/d，水力负荷 0.28$m^3$/d，停留时间 4h，水面种植植物有空心菜、水田芥、水芹、慈姑、菰、里芋及黄菖蒲等（金相灿等，2007a）。系统进出水水质和净化效果情况见表 4-1。长期运行之后，当底泥累积量达到 5cm 时，即停水放干，清除底泥和腐烂的植物根茎。土浦生态公园平均每年积累约 12cm 底泥，需清除两次，每平方米水面产生堆肥量为 22kg（以干重计），由当地居民自由认领（Nishihiro et al.，2006）。

**表 4-1　水耕人工湿地的净化效果表**

| 污染物指标 | 原水浓度（mg/L） | 处理水浓度（mg/L） | 去除率（%） | 净化速度 $[g/(m^2·d)]$ |
|---|---|---|---|---|
| SS | 16 | 3.2 | 80 | 38.4 |
| TP | 0.13 | 0.1 | 23 | 0.18 |
| TN | 1.7 | 1.1 | 35 | 1.89 |
| $BOD_5$ | 9.0 | 6.8 | 24 | 6.74 |
| COD | 8.2 | 5.6 | 32 | 7.95 |

#### 4.2.3.3　生态前置库

生态前置库的技术原理为利用湖泊、水库等原位或周边可利用的区域构建前置库，将上游来水滞留在前置库区内，通过减缓入库水流速度使来水中的泥沙及营养物质沉淀，同时通过人工引种、自然演替形成以水生植物为主体的生态净化系统，吸收去除污染物，净化出水排入湖泊或水库水源水体。德国学者 Benndorf 和 Pütz（1987）通过 10 年对前置库技术的系统研究，提出了一系列的设计参数，以及在水深和光照相互作用下的营养盐类的去除机理的控制过程。据德国萨克森州 11 个前置库的研究结果，前置库在滞水时间为 2～12d 的情况下，对正酸盐的去除率可达 34%～61%，对总磷的去除率可达 22%～64%；对德国艾本施托克地区的 5 个前置库的研究表明，11 月至第二年 4 月期间磷的去除率约为 60%，5～10 月期间为 40%。前置库的设计、建造和运行是影响磷去除率的关键因素。在设计过程中要考虑光照、温度、水力参数、水深、滞水时间、前置库库容、贮存能力、污染负荷大小等因子。对氮的去除率是滞水时间和氮磷比的函数，一般氮磷比越小，去除率越大。

位于匈牙利 Zala 河口的 Balanton 水库是较早构建前置库的水库。该水库面积 $100km^2$，1988 年建了 $20km^2$ 的前置库，主要由 3 个部分组成，即沉降带、强化净化系统、导流与回用系统。强化净化系统又分为浅水生态净化区、深水强化净化区。沉降带利用现有的沟渠，加以适当改造，并种植芦苇等大型水生植物，对引入处理系统的地表径流中的颗粒物、泥沙等进行拦截、沉淀处理。强化净化系统类似于人工湿地生态处理系统。Balanton 水库前置库的工作原理可见图 4-8，首先沉降带出水以潜流方式进入砾石和植物根系组成的具有渗水能力的基质层，污染物质在过滤、沉淀、吸附等物理作用、微生物的生物降解作用、硝化反硝化作用及植物吸收等多种形式的净化作用下被高效降解；再进入挺水植物区域，进一步吸收氮磷等营养物质，对入库径流进行深度处理；在深水强化净化区利用具有高效净化作用的沉水植物、具有固定化脱氮除磷微生物的漂浮床及其他高效人工强化净化技术进一步去除氮、磷、有机污染物等；在降暴雨时，为防止前置库系统暴溢，把初期雨水引入前置库后，后期雨水通过导流系统流出，处理出水根据需要，经回用系统进行综合利用（Benndorf and Pütz，1987）。

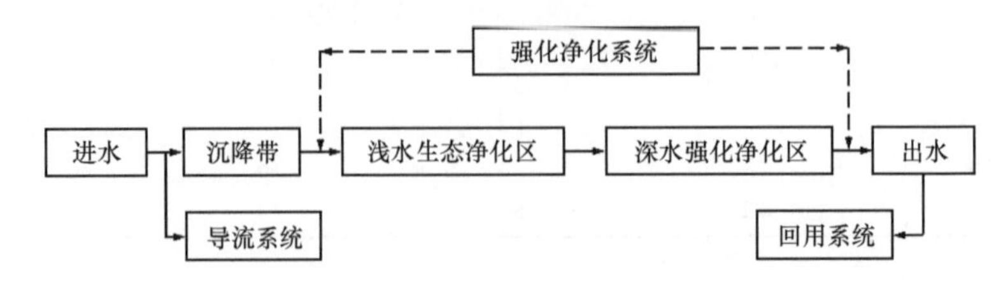


图 4-8　Balanton 水库前置库工作原理（改自 Benndorf and Pütz，1987）

日本霞浦湖湖内湖植生净化工程是生态前置库的又一案例（图 4-9）。该工程的主要目标为控制由入湖河流携带大量泥沙及营养盐而造成的水质问题。其工艺原理如下：通过橡皮坝在利尻川河口圈围 $3hm^2$ 水域形成湖内湖，在湖内湖近河口处挖深至 2m 形成滞留沉砂区；将所挖土方转移至河口右侧，堆置形成 $0.7hm^2$ 面积植生区；剩余区域为自然水面，局部构建人工浮岛，可起到自然沉淀与生物-生态净化作用；将利尻川河水引入湖内湖，首先经过滞留沉砂区，去除大粒径悬浮物质；随后流经植生区和沉降区，去除较小粒径悬浮物质及一部分营养盐。工程实施后运行结果显示，在暴雨期总降雨量达到 23mm、最大降雨强度达到 5.5m/h、洪峰流量达到 $2005m^3/h$、总停留时间仅为 1.5h 时，湖内湖仍可去除来水中 62%的悬浮物、28%的总氮和 43%的总磷。按年削减总量占年来水污染负荷总量的比例计，湖内湖可削减 44.3%的高锰酸盐指数、19.3%的总氮和 46.5%的总磷（中村圭吾等，2000）。

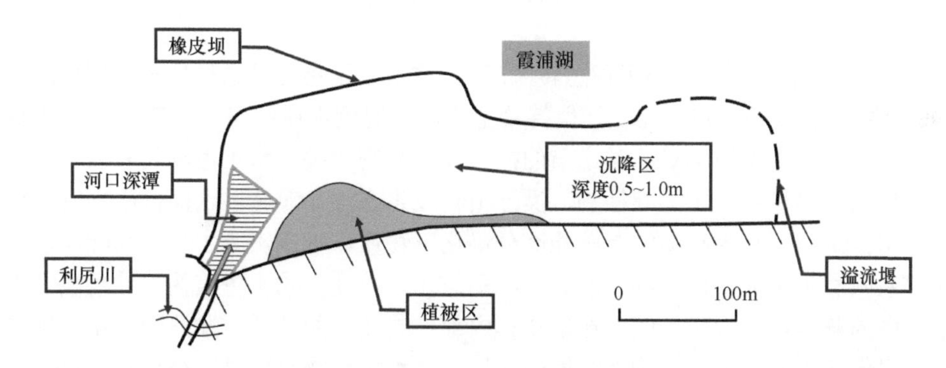


图 4-9　霞浦湖湖内湖植生净化工程（改自中村圭吾等，2000）（彩图请扫封底二维码）

#### 4.2.3.4　径流原位生态净化

径流原位生态净化技术一般针对溪流、河道原位开展，构建水生植物带、生态浮岛、原位接触氧化装置等，形成生态净化系统，强化水体自净功能，去除来水中的营养盐。例如，上海滴水湖主引水河道开展了 300m 河段原位生态净化技术示范，主要包括生态浮床净化区、沉水植物区、圈植漂浮植物区、水生蔬菜净水区等。其中生态浮床净化区离河岸 3m，由 450 只生态浮床沿程组合而成，浮床框架为 PVC 管材，基质采用粗尼龙绳，浮床植物种类以黄菖蒲和千屈菜为主；沉水植物区处于河岸中心区域之间，主要种植睡莲和狐尾藻，采用抛种法种植；水生蔬菜净水区内采用由细 PVC 管做成的单层网格浮床种植水生蔬菜，主要蔬菜种为水芹、西洋菜、竹叶菜，实施后监测结果显示对水质起到了一定的净化效果，在为期 9 个月的试验期，将出水断面与进水断面相比较，高锰酸盐指数、总氮、总磷等水质指标都有不同程度的提高。

天津市纪庄子河生态净化工程集成构建了河底强化立体生物床、可升降双定位复合植物床和河道膜曝气系统。河底强化立体生物床安放在河道底部，选用 3

种具有较高比表面积的柔性填料，不会对河道行洪和航运功能造成影响。可升降双定位复合植物床由浮床和沉床两模块组合而成，浮床固定于两侧岸边，上部种植千屈菜、黄菖蒲和美人蕉三种挺水植物，下部悬挂人工水草，沉床位于浮床之间，可借助浮床浮力在光补偿深度垂直调节沉水植物在水中的位置，沉床和浮床的合理组合可充分利用水体垂直空间，并强化有机物和氨氮的去除。河道膜曝气系统可提高水体中的溶解氧（DO）含量，在氧化污染物的同时，促进好氧微生物生命活动。运行结果表明，该组合工艺具有较好的净化和保持水质的效果，水质基本维持在地表水Ⅳ类标准。

## 4.3 水生植被恢复

在 3.5.2 节中我们介绍了稳态转换理论，这一理论指出了通过生态工程措施恢复水生植物群落后，将可能长期保持草型清水的健康水质状态。事实上，“清水稳态”的达成与水生植物对藻类增殖的控制作用紧密相关。水生植物具有以下直接和间接的控藻机制：①浮叶植物、漂浮植物或生态浮岛等覆盖水面，起到遮光控藻作用；②部分水生植物如芦苇能够分泌化感物质，抑制藻类生长；③叶子表面和根系附着生长大量微生物，能够吸收和矿化营养盐；④水生植物能够直接吸收水体中的营养盐，并长期固持在植物体内部；⑤茂密的叶片、发达的根系为浮游动物提供避难所，提升生物操纵控藻效果；⑥水生植物还可以减少风浪和鱼类活动引起的沉积物再悬浮，抑制营养盐释放。水生植物控藻效果与其种群密度有很大关系，一般来说，无论在沿岸带还是开阔水域，如果水生植物的覆盖度能达到40%以上，那么藻类增殖就会受到明显抑制，藻类水华出现的概率就会大大降低。因此如何在较短时间内，大面积地恢复水生植物群落，并维持较高的覆盖度，是利用大型水生植物控藻的成败关键。

### 4.3.1 实施水生植物群落恢复工程的基本原则

#### 4.3.1.1 在工程实施前应深入开展本地水生植物生境条件调研

为达到水域生态系统功能恢复的最终目的，水生植被的恢复应该是一个循序渐进的过程。应在综合研究水深、透明度、悬浮物、光、底质和波浪等因素对大型水生植物的生长和分布的影响之后，结合湖泊的景观因素，再决定不同类型的湖泊适合种植的水生植物类型，以及解决湖内应如何组建水生植物群落等具体问题。

#### 4.3.1.2 根据水体生境区域功能的不同，设定不同的水生植被恢复目标

富营养化湖泊不同生境区域环境状况差别很大，沿岸带水位变化明显，应按

不同水深状况，配置不同的水生植物，一般以挺水植物为主；在景观要求比较高的近岸区域可在湖底放置花盆或构建一定形状的花盆架等种植水生植物；在风浪较大的开阔水域，应建立人工消浪带，种植速生型的漂浮植物或耐阴的沉水植物；而在以水质净化为主要功能的区域，则应进行水生植物高密度种植。

#### 4.3.1.3　从不同水生植物的生理生态特性出发，合理配置设计水生植物群落

用水生植物净化富营养化水体，其净化效果受许多因素的影响，如水生植物的用量、组合，水生植物中间如何搭配，群落之间相互影响，以及一些物理措施对底泥的影响。同时，不同的植物群落对水体的影响也存在差异，在考虑植物之间搭配时，尽量从自然群落的角度着手。例如，太湖梅梁湾沉水植物及浮叶植物主要有苦草、菹草、马来眼子菜、微齿眼子菜、狐尾藻、菱、荇菜等，一般都是以优势种与伴生种相结合的群丛方式分布，可能存在各个种类间互生、共生的现象，根据太湖常见水生植物群丛及各种水生植物之间的生长关系，可设计三种水生植物复合群落模式，分别为：伊乐藻+苦草+狐尾藻、马来眼子菜+菹草+菱、马来眼子菜+菹草（金相灿等，2007b）。

水生植被恢复过程往往需要先引种先锋物种，如苦草、菹草、金鱼藻和黑藻等可以作为修复工程的沉水植物先锋物种；睡莲、荇菜、野菱等可作为浮叶植物先锋物种；芦苇、再力花、美人蕉等可作为挺水植物先锋物种；引种时可采取斑块化种植方式并适当采取基底稳定措施，待植被群落形成并趋于稳定之后，可根据实际需要进行定期刈割。

### 4.3.2　影响水生植物恢复的关键生境因子及其调控方法

要达成水生植物恢复的目标，必须满足一定的生境条件，包括适宜的基底、较高的水体透明度等。高浓度的藻类漂浮在水面上形成的遮光效应及光照随水体深度的衰减状况，都会对水底光照产生一定的影响，干扰水生植物的恢复；在水生植物恢复工程初期，风浪也可能对工程产生一定的干扰。

#### 4.3.2.1　水下光环境的影响及其调控方法

水下光照，特别是光合作用有效辐射是沉水植物生长的必需生境因子。随着水深增加，水下光照强度会呈指数衰减，而水体中的悬浮物质、藻类等则会增大水体光衰减系数，降低水体透明度，导致水下光照成为沉水植物生长的限制性因子。一般来说，光照对水生高等植物繁殖体的萌发无显著影响，但对水生高等植物的存活率和生长有重要影响。

在藻型富营养湖泊中，较低的透明度是制约沉水植被恢复的关键因子。沉水

植物种群数量受到水深及透明度的影响，一般认为水深大于透明度 2 倍以上时，沉水植物就难以定居；而对于透明度只有 0.5m 的高藻水体来说，沉水植物几乎是无法生长的（刘建康，1999）。沉水植物生长所需的最低光照度称为光补偿点，在光补偿点沉水植物的光合作用和呼吸作用恰好平衡，生物量不增加。表 4-2 为典型沉水植物的光补偿点，因为不同温度下的光补偿点不同，故用区间的形式表示沉水植物在生长期内的光补偿点范围。

**表 4-2　沉水植物光补偿点范围（lx）**

| 种类 | 光补偿点 |
|---|---|
| 马来眼子菜 | 100～610 |
| 苦草 | 110～400 |
| 狐尾藻 | 220～610 |
| 菹草 | 160～580 |
| 黑藻 | 150～230 |
| 金鱼藻 | 280～850 |
| 伊乐藻 | 220～570 |

要想在富营养化严重、藻类水华时常暴发的水体中恢复沉水植物，就必须考虑藻类增殖对水下光照的影响。特别地，在藻类水华发生频率较高的水域，需要先采用一些工程措施削减藻类生物量，改善水体透明度，否则沉水植物恢复不可能成功。比较常用的方法为利用柔性围隔将沉水植物恢复区与周边大水体独立开来，同时采取一些强化工程措施将沉水植物恢复区的藻类生物量控制在较低水平，确保水下光照满足沉水植物生长所需。这些可快速改善沉水植物光环境的强化工程措施有原位絮凝除藻技术、异位气浮除藻技术等；也有一些研究者先在人工环境下培养高密度枝角类浮游动物种群，在种植沉水植物之前大量投加枝角类，并清除食浮游动物鱼类，利用枝角类的滤食作用快速去除藻类，提高水体透明度，之后再开展沉水植物恢复工程。

#### 4.3.2.2　风浪侵蚀及其调控方法

在大型湖泊或水库中，风浪是具有一定破坏性的水动力作用。从沿岸带生态系统的角度来讲，强风浪的作用会引起湖岸的侵蚀和破坏，对沿岸带水生植物的扎根和生存产生很大影响，由于风浪的扰动，底泥悬浮和内源污染被释放。例如，美国的阿波普卡湖（Lake Apopka）在 1947 年之前，曾是一个沉水植物茂盛的浅水湖泊，一次强烈的风暴过程，破坏了原有的水生植物群落，使得该湖逐步转向高浊度、蓝藻水华频繁发生的藻型湖泊（Lowe et al.，2001）。

开展风浪侵蚀作用研究可为水生植物种植提供参考数据，表 4-3 是在太湖梅梁湾开展的风浪侵蚀试验，以麻袋为沉载试验体，分别在浅水区与深水区设置不同重量的试验组。经过为期 6 个月的观测，结果显示，在 2.0m 的水位中，5kg 组别移动 1.5m，其他组别移动距离较短；在 1.4m 的水位中，5kg 与 25kg 组别有明显的移动，相对 2.0m 水位的移动距离要大。因此，在 2.0m 水位中如果进行沉载技术种植，载体重 10kg 左右，如在更浅的水域中种植，则需采用更重的载体。

**表 4-3　不同水位下的风浪侵蚀力的影响（m）**

| 水位 | 分组 | | | |
|---|---|---|---|---|
| | 5kg | 10kg | 25kg | 50kg |
| 2.0m | 1.5 | 0.4 | 0.3 | 0.1 |
| 1.4m | 1.7 | 0.4 | 2.0 | 0.1 |

若确定风浪是导致水生植物消亡的关键因子，那么就需要在水生植物恢复工程区引入消浪设施。消浪工程的目标主要包括以下方面：

1）在开阔水域沿岸带，通过沿岸带外围的消浪技术，削弱强风浪对沿岸带的作用，避免强烈的风浪使水生高等植物的根茎折断甚至连根拔起的现象。

2）通过沿岸带外围的消浪技术，改变沿岸带湖流的原有水动力学条件，造成利于泥沙在沿岸带沉积的条件，为沿岸带水生高等植物生长发育提供一个良好的基础环境条件。

3）通过消浪和基底修复措施，一方面改善底泥的理化性状，另一方面减少对水体底部的扰动，降低水体悬浮物浓度，以提高透明度，为水生高等植物生长创造有利的光照条件。

消浪技术是湖泊沿岸带水生植物恢复的基础技术之一，在国外许多湖泊沿岸带生态恢复过程中，消浪技术甚至在全湖性沿岸带实施，消浪技术设计是否合理，往往是沿岸带生态恢复成败的关键。较为典型的水体消浪技术有如下：

1）透水坝消浪堤技术：透水坝是霞浦湖消浪设施中的一类技术。它由一定大小的石块垒堆成坝，坝体可起到较好的挡浪和消浪作用，石块间具空隙可使坝内外水相互渗透，石块上附着的微生物还能起到一定的水质净化作用。在霞浦湖湖内湖工程、多数沿岸带恢复工程中，透水坝被较多地应用（图 4-10）。由于在低水位季节，沿岸带露出滩地，便于透水坝技术的施工。

2）圆木排-石笼消浪技术：圆木排-石笼消浪技术是霞浦湖中应用较多的一项消浪技术。设置两排圆木排，两排圆木排间距为 0.5～1m，在两排圆木排间放置石笼，从而起到挡浪、消浪的作用。石笼由铁丝网内填充石块或木块组成（图 4-11）。该结构的设置在小湖湾处可以是一个整体，在开阔湖湾处多设计成迷宫式。

图 4-10　透水坝消浪设施（陈雪初摄于日本霞浦湖）（彩图请扫封底二维码）

图 4-11　圆木排-石笼消浪设施图（戴雅奇摄）（彩图请扫封底二维码）

a. 圆木排单元照片；c. 石笼铺设现场施工图；b、d. 为两种不同圆木排-石笼消浪设施现场照片

3）混凝土桩+竹排消浪技术：在“十五”太湖 863 项目梅梁湾沿岸带生态修复工程中，结合混凝土桩工程造价较高但可抵御特大风浪的袭击、使用生命长的特点，以及竹排投资少、抵御特大风浪的能力低、使用寿命相对较短、管理成本较大的特点，提出了混凝土桩+竹排消浪技术（秦伯强等，2007）。

在沿岸带外围交错布设的混凝土桩（图 4-12a），通过混凝土桩的挡、反射、破浪及水、桩的摩擦，削减工程区内波浪。混凝土桩的尺寸为30cm×30cm×5m。内圈混凝土桩的间隔为50cm，外圈混凝土桩的间隔52cm。

图4-12　双排交错布设水泥混凝土桩式消浪工程（a）和竹排浮床式消浪工程（b）照片（戴雅奇摄）（彩图请扫封底二维码）

在混凝土桩内侧，布设宽10m的竹排浮床，利用竹排浮床与水体之间相对运动消除波浪（图4-12b）。因竹排可以具有一定的活动范围，可透过一定波浪进而可抵御强浪的袭击。竹排浮床结构主要由80～90根7.5寸[①]毛竹捆扎而成。整个消浪带由1000个竹排浮床连接而成。竹排通过锚绳及锚固定于实验示范区内。锚桩为压入或打入底泥1.5～2m的25cm×25cm×5m混凝土桩，锚绳为可承受1t拉力的塑料绳。

#### 4.3.2.3　底质的影响

底质在水生植物恢复过程中可以为沉水植物提供支撑和营养，底质的种类和厚度对沉水植物的扎根和生长具有很大的影响力。具底质的水体，沉水植物所需矿物元素可以从底质中获取；一般情况下氮、磷可完全满足生长的需要，与磷相比，底质中的可利用氮量相对较少，有时会成为限制因素。底质的营养物质含量可在实验室内通过标准方法测定，但是迄今还没有出现底质营养物质含量与水生植物生长状况相关关系的系统资料。在实际工程中要想了解工程区水生植物生长是否受限于底质，可采取以下间接方法：在周边寻找与工程区底质状况类似，但是自然发育有水生植物的区域，采集底质样本回实验室分析营养物质含量；将监测结果与工程区底质情况比较，如果关键营养元素指标差别很大，那说明很可能工程区底质存在营养限制；如果两者差别不大，那很可能是其他因子导致工程区水生植物群落衰退。

底质对沉水植物的另外一个影响是与开阔水域大风浪共同起作用的，即大风浪扰动底质，使得大量颗粒物质从水体底部再悬浮，这会进一步导致沉水植物生

① 1寸≈0.03m

长的光环境恶化。这种情况往往发生在浅水湖泊开阔水域，且底质为泥底时，如秦伯强等（2003）发现，风速达 4m/s 时，太湖底部悬浮物质就大量向上释放，水体透明度在短期内急剧下降。在实际工程中，可在现场监测不同风速情况下水体悬浮物质含量、透明度和水下光照度，如果发现在较低的风速时水体就会变混浊，那就需要引入工程措施控制这种现象，这类工程措施主要有投加碎石等基质覆盖底泥表面、通过疏浚去除底泥表层细颗粒物质等。

#### 4.3.2.4 鱼类的影响

养鱼是我国内陆水体中重要的人类经济活动之一，在大多数的中小型湖泊和水库，都放养着各种经济鱼类，以尽可能地利用水中的各类饵料生物资源。但是鱼类放养对沉水植物的生长和群落结构产生强烈的影响，渔业强度较大时对植被产生直接牧食和间接的破坏效应，特别是大量放养草食性鱼类会大大加速水生植物群落的衰退，水生植物种类大量减少，使湖泊迅速由草型转为藻型。

我国湖泊放养的草食性鱼类的代表种为草鱼。草鱼食量很大，有“斤鱼斤草”的说法。在天然水域中，草鱼摄食大型水生植物具有一定的选择性，比较喜食的种类有苦草、黑藻、马来眼子菜、黄丝草等，但当喜食的大型水生植物匮乏时，不喜食的种类也将被摄食。以武汉东湖为例，20 世纪 60 年代水草极为丰富，之后由于大量放养草鱼，草鱼先是择食喜欢吃的苦草、菹草、黄丝草、小茨藻，当喜食水草匮乏时，不喜食的植物也被吃光，甚至摄食昆虫及其幼虫，到 1979 年时，植物带已基本不存在了；内蒙古的岱海，1954 年开始人工放流，由于过量放流草鱼，湖内丰富的水草资源在数年内被破坏殆尽。

另一些底栖性鱼类如鲤鱼则会间接地影响水生植物的生长。它们喜欢在水草间觅食，其觅食过程对水生植物根茎造成损害，甚至会使水草连根拔起。鲤鱼觅食的主要场所为水生植物丛生区域，以及无水生植物但底栖动物丰富的泥沙质区域。当鲤鱼种群密度较低、食物资源相对丰富时，它们在上述两个区域内都进行觅食活动；而当种群密度较高、食物资源稀缺时，鲤鱼将优先觅食水生植物丛生区域，直至所有水生植物丛生区域都被搜刮一空之后，才转移至无水生植物泥沙质区域。有研究显示，鲤鱼生物量超过每公顷 45kg 时，沉水植物就很难生长了。

### 4.3.3 水生植物种植技术

#### 4.3.3.1 利用成熟植株整体移植

由于种子繁殖往往受到季节的严格约束，而且很难大量采集，因此部分有大量种源的水生植物如伊乐藻、马来眼子菜、荇菜等宜采用整体移植技术进行人工大面积的恢复。

**（1）竹签扦插法**

竹签扦插法种植技术（图 4-13a）是将植株与竹签捆绑在一起，将竹签插入底质 50cm 左右，竹签尽可能地没入泥中。以往的种植经验表明，该方法种植的水生植物生根较快，存活率较高，且具有一定的抗风浪能力，但是此法目前只能人工操作，而且要求有一定厚度的底质，因此适用于有淤泥的浅水水域。

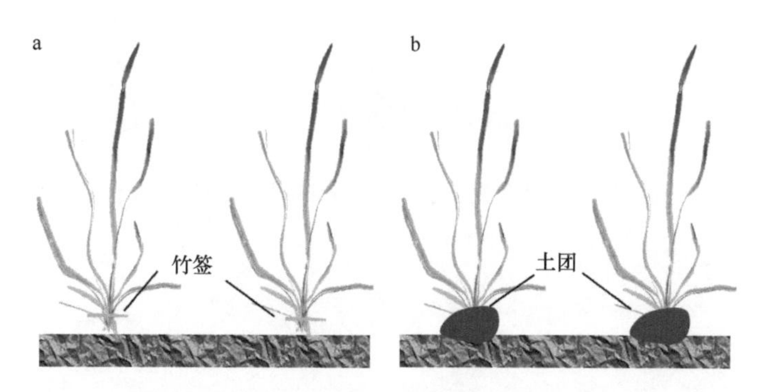


图 4-13　竹签扦插法和带土抛撒法示意图（彩图请扫封底二维码）
a. 竹签扦插法种植技术；b. 带土抛撒法种植技术

**（2）带土抛撒法**

带土抛撒法种植技术（图 4-13b）是将植株根部包于团状湿土内，土团尺寸可以根据植株种类及种植水域条件进行调整，然后将包裹土团的植株垂直抛入水中。以往经验表明，该方法种植的水生植物生根较快，而且对底质要求低，尤其适用于硬底的水域中。

**（3）包裹沉载法**

包裹沉载法种植技术（图 4-14）是先将植株根部包于团状湿土内，土团尺寸可以根据植株种类及种植水域条件进行调整，然后用纱布将土团包裹起来，将植株垂直抛入水中。该方法种植的水生植物生根较快，而且对底质要求低，尤其适用于硬底的水域中，与带土抛撒法相比，土团不易被风浪冲刷走，更利于水生植物的生长。

**（4）包裹填石沉载法**

包裹填石沉载法（图 4-15）是在原来包裹沉载法的基础上，外面包裹一层石块，一方面增加承重，将植株固定在湖底，不易被风浪打跑，有助于植株的扎根；另一方面保护根部土球中的泥土不受风浪的侵蚀，而提高植株的成活率。该技术主要运用于深水区的水生植物种植。

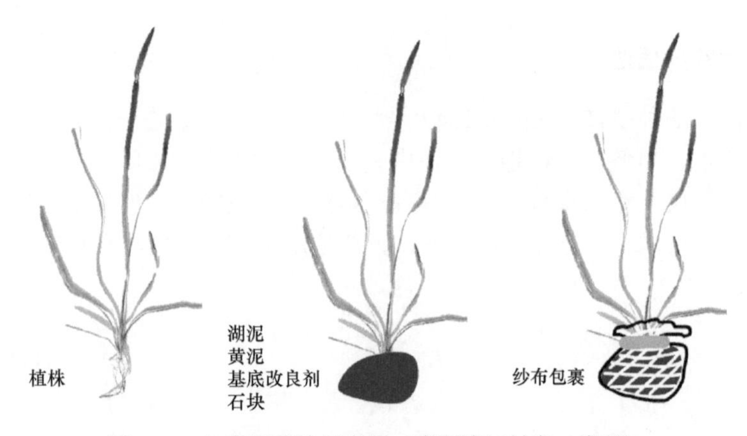


图 4-14　包裹沉载法示意图（彩图请扫封底二维码）

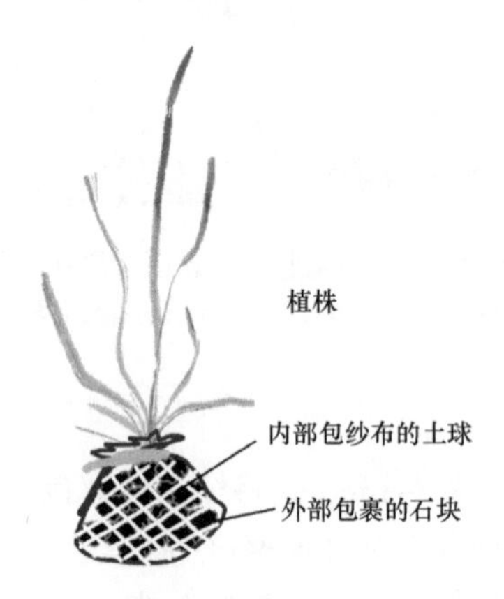


图 4-15　包裹填石沉载法示意图（彩图请扫封底二维码）

**（5）编织袋抛土法**

编织袋抛土法（图 4-16）主要以柔性编织袋作为缓冲吸收风浪，保护袋内的植株免遭风浪冲击。在装袋过程中，将沉水植物与配重石块混合装入袋中，最上面为泡沫浮标，然后水平抛入水中，保持袋内物体入水前后状态一致。本研究认为该方法种植的水生植物生根较快，而且抗风浪能力强，但是需要有一定的底质基础。因此该法适用于风浪较大的水域，如果配合带土抛撒法，则适用的范围将更广。

**（6）麻袋沉载法**

麻袋沉载法（图 4-17）类似于编织袋抛土法，是用易于降解的麻袋替代编织袋，以降低工程增加的载体对太湖水域的影响，另外麻袋本身能有效固持土团。

4.3.3.2　利用种子和营养体繁殖

苦草采用种子繁殖技术进行培育，其繁殖效率要高于整体移植（图 4-18）。一般来说，苦草种子萌发率较高，萌发率不受水深影响，但生长受水位限制较大，在深水位苦草无法正常生长，宜在水位 80cm 以下有淤泥分布的水域种植。表 4-4 为 3～4 月在太湖梅梁湾开展的种子萌发、生长试验。苦草种子先进行预处理，其后于各试验点进行同步生长实验，主要测定参数为平均株高，各试验点底质均为淤泥。从表 4-4 的数据可以看出，苦草种子萌发率较高，各样点出芽率均超过 50%，

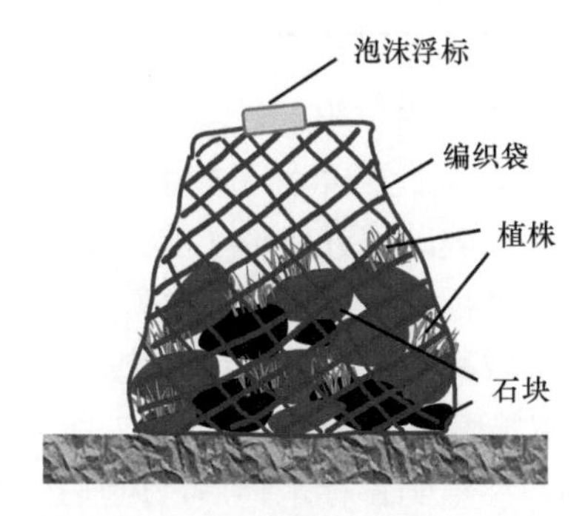


图 4-16　编织袋抛土法示意图（彩图请扫封底二维码）

图 4-17　麻袋沉载法施工现场（戴雅奇摄）（彩图请扫封底二维码）

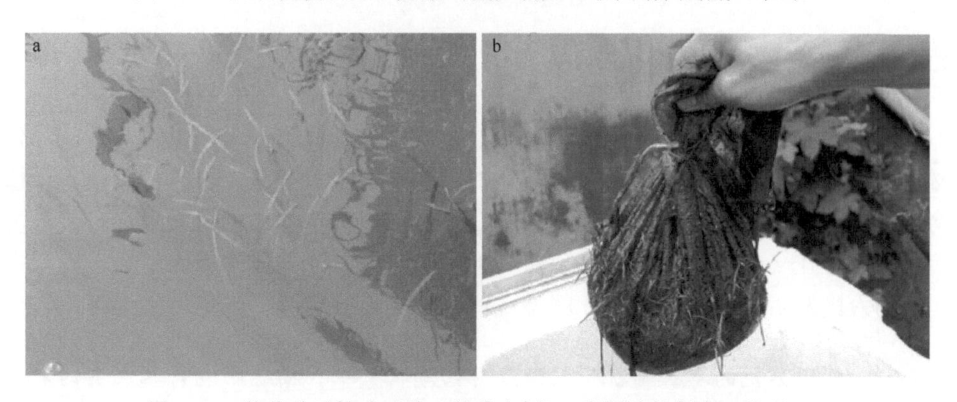


图 4-18　苦草种子繁殖试验（戴雅奇摄）（彩图请扫封底二维码）

表 4-4　苦草种子出芽率（%）

| 编号 | 7天 | 15天 | 30天 | 45天 | 60天 | 70天 | 备注 |
|---|---|---|---|---|---|---|---|
| 1 | 0.7 | 5.6 | 9.5 | 21.4 | 34.6 | 42.3 | 室外容器，水位 40cm |
| 2 | 0.6 | 5.1 | 8.7 | 21.6 | 36.9 | 54.7 | 鱼塘，水位 80cm |
| 3 | 0.8 | 4.7 | 8.3 | 18.1 | 37.2 | 51.4 | 梅梁湾影城附近水域，水位 60cm |
| 4 | 0.5 | 1.4 | 1.6 | 1.6 | 1.3 | 0.4 | 梅梁湾水域，水位 200cm |

萌发与水位关系不大，但生长受水位限制较大，在深水位（200cm）苦草无法正常生长，30 天以后逐渐死亡。因此苦草种子繁殖宜在水位 80cm 以下有淤泥分布的水域实施，如梅梁湾工程水域湖湾近岸带（雷泽湘等，2006）。

菹草可采用营养体芽孢进行繁殖，其繁殖效率要高于整体移植（图 4-19）。可先在相对生境条件较好的水域种植菹草营养体芽孢，然后再将发芽的幼苗移植至目标水体。菹草营养体芽孢繁殖期适宜时间为 6～7 月，发芽率可高于 90%，过冬幼苗高度一般为 5～30cm。移植到目标水体后，风浪扰动可能会对菹草成活造成致命的影响，若能结合一些风浪调控措施将大大提高菹草成活率。

图 4-19　菹草营养体芽孢（石芽）繁殖试验及幼苗移植（戴雅奇摄）（彩图请扫封底二维码）

### 4.3.4　生态浮岛

浮岛技术，也称生态浮床技术、植物浮床技术、植物浮岛技术等，即在浮体材料上种植植物，通过植物自身的同化作用吸收水源水中氮、磷，依靠附着于植物根系上的微生物去除一部分氨态氮、COD；同时由于浮岛的遮光效应、接触沉淀作用等可在一定程度上控制有害藻类的增殖。生态浮岛技术历史悠久，我国古代劳动人民发明的葑田及架田，就是现代生态浮岛的雏形。

北宋苏轼的奏折《杭州乞度牒开西湖状》中，描绘西湖葑草成灾的情状时说："自国初以来，(西湖) 稍废不治，水涸草生，渐成葑田"。葑草是一类促成湖泊沼泽化的水生植物的统称，而为害古代西湖的优势植物种群则主要是现在人们俗称的茭草（菰）。茭草具有发达的地下根茎，入秋后茭草逐渐凋亡，但它的中空茎秆及根部难以自然降解，泥沙淤积于根部，日久浮泛水面，春季茭草重新茂盛生长，便形成了一种奇特的自然景观——水上浮岛，古人将天然浮岛上面的葑叶割去，经耕治之后便成为葑田。在利用天然菰葑的基础上，古人得到启发，设计出了能漂浮于水面上的"架田"。架田之名始于元代，它是将木材加工成框架，在木架里填满带泥的菰根以提供浮力，让水草生长纠结填满框架而成为人造耕地，为了防止架田随水流失或人为的偷盗，人们用绳子将其拴在河岸边，在风浪较大时，还可以将其移入避风之处。《南方草木状》还记载了一种类似的水面耕作方式，即以芦苇为筏，筏上作小孔，把蔬菜种子种于小孔中，种子发芽后，茎叶便从芦苇的孔中长出来，随水上下。

近代以来，葑田及架田逐渐失传，直到 20 世纪 80 年代中期，国内一些科研单位开始试验利用聚乙烯泡沫板为浮体材料，在自然水域种植水稻，称为生态浮岛技术，这与古人的架田竟不谋而合。从原理上看，生态浮岛似乎是自然水域常见的漂浮植物、浮叶植物的"人工强化版本"；但值得注意的是，经过人工强化之后，生态浮岛具有更高的承载力和更强的抗风浪能力，这让生态浮岛可以负载一些能够顺利越冬、具有景观效果的陆生植物，并且可以在风浪较大的开阔水域种植，这些优点使得生态浮岛成为最常用的富营养化水体控藻工程措施之一。生态浮岛净化富营养化水体的基本原理见图 4-20。

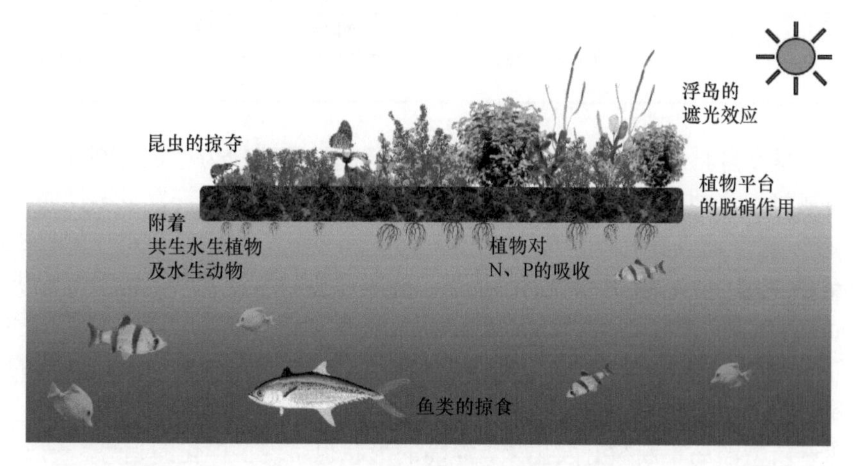


图 4-20　生态浮岛净化富营养化水体的基本原理（彩图请扫封底二维码）

#### 4.3.4.1　生态浮岛结构与形状设计

生态浮岛可分为干式和湿式两种（表 4-5）。水和植物接触的为湿式，不接触的为干式。干式浮岛因植物与水不接触，可以栽培大型的木本、园艺植物等陆生植物，通过不同木本的组合，构成良好的鸟类生息场所同时也美化了景观。但这种浮岛对水质净化作用微弱。湿式浮岛又有有框架和无框架之分，有框架的湿式浮岛，其浮岛基材一般可以用纤维强化塑料、不锈钢加发泡聚苯乙烯、特殊发泡聚苯乙烯加特殊合成树脂、盐化乙烯合成树脂、混凝土等材料制作；无框架湿式浮岛一般是用椰子纤维编织而成，对景观来说较为柔和，又不怕相互间的撞击，耐久性也较好，也有用合成纤维作植物的基材，然后用合成树脂包起来的做法。在日本实例中以湿式有框架应用最多，占 70%，干式占 20%，湿式无框架占 10%（丁则平，2007）。

**表 4-5　生态浮岛结构与形状设计的特点**

| 形式 | | 特点 |
|---|---|---|
| 湿式：<br>植物可直接与水接触，具有较佳的净化效果 | 湿式有框架 | 植物生长平台水文条件：经常性被水淹没<br>优势植物：挺水植物，包括芦苇、香蒲等<br>优点：水质净化等 |
| | 湿式无框架 | 植物生长平台水文条件：上半部通常位于水面上<br>优势植物：水生植物<br>优点：景观协调 |
| | 浮动筏 | 植物生长平台水文条件：与水直接接触<br>优势植物：挺水植物，包括芦苇、香蒲等<br>优点：景观佳，具有消浪功能 |
| | 轮胎 | 成本低，施工容易 |
| 干式：<br>植物无法直接与水接触，水质净化效果不好，不过可种植陆生植物，景观效果较佳 | 盒装式 | 植物生长平台水文条件：与水不接触<br>优势植物：陆生植物<br>优点：景观佳，具有消浪功能 |
| | 浮体与植生平台分离式 | 植物生长平台水文条件：与水不接触<br>优势植物：陆生植物，以及芦苇、香蒲等<br>优点：水鸟等动物可以停歇 |

国内早期多将塑料泡沫板和竹料结合在一起，形成较为稳定的刚性结构，作为浮岛基材，这种做法成本很低，但抗风浪能力不足；日本开发了多样的浮岛基材，如在霞浦湖建成了由 40 个边长为 4.5m×4.5m 的正方形浮体所组成的长 100m、宽 10m 的大型浮岛，采用不锈钢制框架，利用填充的泡沫聚苯乙烯塑料提供浮力（Nakamura et al.，1998）；在我国台湾地区则出现了用聚乙烯直接注塑而成的“福田板”，虽然抗风浪性能较好，但制作成本相对较高，可用于湖库及风景点的局部净化和绿化。

随着新型浮岛不断被开发出来，浮岛的形状也呈现多样化的趋势。一般来说，单块浮岛若近似为方形计，边长为1～5m，考虑到搬运性、施工性和耐久性，边长2～3m居多，形状上四边形的居多。组合式浮岛由许多单元组合起来，每个单元均为一定形状、一定材料所构建的小浮岛，各单元之间留一定的间隔，相互间用绳索连接，不同人工浮岛的制造厂家的连接形式也有所不同。组合式浮岛相对单块浮岛的构建方式具有以下3个优势：①有防浪功能；②降低造价；③增加浮岛系统的透光和复氧性能，各单元间会长出浮叶植物、沉水植物，丝状藻类等也生长茂盛，成为鱼类良好的产卵场所、生物的移动路径。图4-21为一些工程上已得到应用的成品浮岛样式。

图4-21 几种已在工程上得到应用的成品浮岛（彩图请扫封底二维码）

a. 柔性近自然浮岛（PVC框架结构，张秋卓提供）；b. 木质框架浮岛（张秋卓提供）；c. 花飞碟（吴奇提供）；d. 福田板（吴奇提供）

#### 4.3.4.2 浮岛植物的选择

浮岛植物选种需要考虑下列因素：

1）适宜在当地水系水质条件下生长的水生或陆生植物品种，对污染物、营养盐的去除率高，能较快改善水质；

2）植物生长快、生长量大、成活率高，根系发达；

3）植株优美，具有一定的观赏性或者经济性。

在实际工程应用中，常将陆生植物美人蕉、空心菜、水芹、黑麦草、香蒲、芦苇等作为备选植物之一，研究表明陆生美人蕉景观效果较好，适应富营养化水体的环境条件，且具有比陆地种植时更好的个体和群体生长优势，水栽时单位面积生物产量可比陆栽增加 50%左右，开花量增加近 1 倍，花期比同期陆栽延长 20 天以上；空心菜、水芹是具有经济价值的浮岛植物，其根系十分发达，根系长度可达 1m 以上，根系重量往往会超过根上部；黑麦草也具有发达的根系，且生物量较高，它还具有其他水生植物不具备的优势，即在我国部分地区可以顺利越冬；香蒲、芦苇是典型的挺水植物，适应富营养化水体的环境条件，一般来说，在浮岛植物中它们的生物量是最大的，在生长季节植株高度上升很快，但植株过高时容易导致浮岛结构不稳，甚至倾覆。

#### 4.3.4.3 生态浮岛的布设

生态浮岛的布设规模因目的的不同而不同，到目前还没有固定的公式可套。研究表明，提供鸟类生息环境至少需要 1000m$^2$ 的面积，若是以净化水质为目的，覆盖水面的 30%是很必要的，若是以景观为主要目的，至少应在视角 10°～20°的范围内布设浮岛（丁则平，2007）。生态浮岛的水下固定设计是一个较为重要的设计内容，既要保证浮岛不被风浪带走，还要保证在水位剧烈变动的情况下，能够缓冲浮岛和浮岛之间的相互碰撞。生态浮岛的水下固定形式要视地基状况而定，常用的有沉坠式、锚固式、立桩式等（图 4-22）。有研究表明，在不同浪高作用下，浮岛稳定性从优到差依次为：立桩式、锚固式和沉坠式；另外，为了缓解由水位变动引起的浮岛间的相互碰撞，一般在浮岛本体和水下固定端之间设置一个小型的浮子，这样可以适当调节水位。

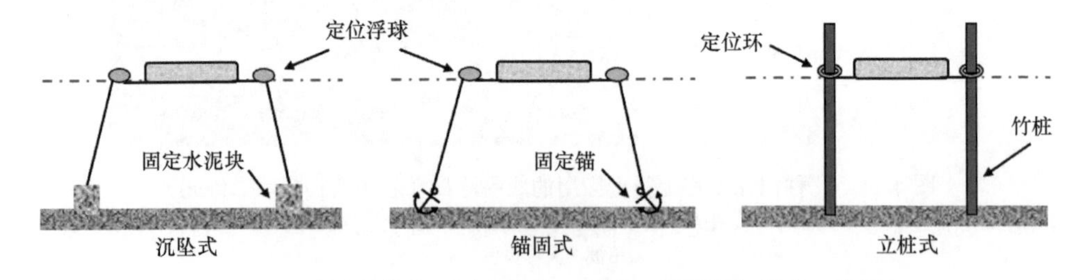


图 4-22　3 种浮岛的水下固定设计示意图（彩图请扫封底二维码）

## 4.4 生物操纵

“生物操纵”（biomanipulation）这一术语是 Shapiro 等于 1975 年首次使用的（Shapiro et al.，1975）。目前在欧美采用较多的是经典生物操纵技术，又称食物网操纵技术（food-web manipulation），它是利用食物链的传递作用，结合生境调控手段，促使藻类（尤其是蓝藻）生物量下降，并进一步改善水质的一类生态调控技术。最早的关于经典生物操纵技术的研究可以回溯至 1961 年，Hrbáček 等（1961）

系统地研究了鱼类对浮游动物种群结构的影响，并发现食蚊鱼的捕食会造成浮游动物生物量下降，藻类生物量上升，水体透明度下降，从而提出了通过控制鱼类达到控制藻类水华的设想；之后（Brooks and Dodson，1965）发现食浮游动物鱼类的捕食会促使浮游动物向小型个体和种类转变，从而提出了“体积-效率假说”；1985 年，Carpenter 等提出了“营养级联学说”，并在湖泊现场证实了通过投加凶猛鱼类间接调控藻类生物量和种群结构的可行性，此后经典生物操纵技术便在欧美逐渐流行起来。

经典生物操纵技术的特点在于通过食物链的逐级传递作用调控浮游动物和藻类，一般来说，此类技术对于中营养和富营养化程度较低的水体效果较为明显；然而我国许多湖泊、水库都处于严重富营养化状态，藻类增殖潜力很高，往往有毒蓝藻暴发，浮游动物数量稀少，同时出于渔业资源开发利用的需要，凶猛鱼类往往是被清除的对象，因此经典生物操纵技术在我国实施案例较少。针对我国水体富营养化的实际情况，我国学者提出了非经典生物操纵技术，其原理为大量投加鲢、鳙等经济鱼类，不经过食物链逐级调控，而直接滤食藻类特别是有害蓝藻等，在控藻保水同时，又能保持较高的鱼产量（刘建康和谢平，2003；谢平，2003）。刘建康和谢平（2003）、谢平（2003）在武汉东湖、无锡太湖及北京什刹海等的围隔实验表明，滤食性鱼类鲢、鳙对微囊藻水华有强烈的控制作用，同时也滤食了不少的如桡足类、枝角类等大型浮游甲壳动物，他们认为鲢、鳙遏制水华的有效放养密度为 46～50g/m$^3$。非经典生物操纵技术存在不确定性的问题，如放养的鲢鳙并不专门滤食蓝绿藻，还包括其他浮游动物，可能会导致水域生态系统的巨变；另外食藻鱼类可能导致形态较大的藻类为形态微小者所逐渐替代，而总的藻类生物量几乎不变。

经典生物操纵技术的核心为维持具有食藻作用的枝角类浮游动物种群密度，从而充分发挥枝角类浮游动物对藻类的滤食作用，因此如何有效保护枝角类种群，特别是使枝角类种群不受食浮游动物鱼类的捕食影响而消亡，是经典生物操纵技术得以成功的关键。

### 4.4.1　减少捕食者

在没有捕食者且藻类生物量较高的水体中，浮游动物增殖速度较快，种群密度最高时可以达到 1000ind./L 以上。然而在实际湖库中，枝角类浮游动物的种群密度很少超过 100ind./L，这与鱼类的捕食作用密切相关。在湖泊、水库等淡水生态系统中，枝角类浮游动物的天敌主要为鲢、鳙等滤食性鱼类，以及银鱼、鲤、鲱等杂食性鱼类。大量的食浮游动物鱼类的存在，使得许多湖库水体中枝角类浮游动物的种群密度处于很低水平，甚至有可能消失殆尽。因此要想通过枝角类浮游动物控藻，就首先要设法降低枝角类浮游动物被鱼类捕食的可能性，以维持枝角类浮游动物种群密度。经典生物操纵技术即通过投放凶猛鱼类的方法，控制食浮游动物鱼类的种群密度；食浮游动物鱼类的种群密度越低，枝角类浮游动物的存活率就越高；进一步地，就可能维持较高的浮游动物种群密度，压制水体中藻类的总生物量。

### 4.4.2 提供生态避难所

枝角类浮游动物能够主动地逃避捕食者。白天，它们常常躲避于水生植物丛中，直到夜间才出来觅食，因此大面积恢复水生植物群落，可为枝角类提供“生态避难所”，有利于维持枝角类的生物种群密度；人为引入浮游动物保育工程结构也可能提高浮游动物种群密度，较为典型的采用水处理工程常用的弹性填料，枝角类浮游动物可在弹性填料的“毛刷”间觅食与躲藏。值得注意的是，“生态避难所”对浮游动物种群密度和种群结构具体影响程度还不确切，有反面的研究显示，当水生植物生物量过大时，又会有利于食浮游动物鱼类躲避凶猛鱼类捕食，进而限制枝角类浮游动物种群增长。因此，在实际控藻工程中生态避难所还大多作为一种辅助手段而实施。

### 4.4.3 曝气

夏季自然水体常出现热成层现象，这会导致水体中下层趋于厌氧化，从而将枝角类浮游动物活动区域限制于溶解氧较高的水体表层。而在水体表层，水下光照充分，缺少掩蔽物，这使得食浮游动物鱼类可以毫不费力地发现浮游动物，因而浮游动物种群会因为鱼类大量捕食而很快消亡。通过实施人工曝气，可以提高中下层水体的溶解氧浓度，这样就扩展了枝角类的生存空间；而在水体中下层，由于光衰减作用水下光照强度极低，甚至处于暗光状态，这样大大增加了枝角类逃脱鱼类捕食的概率。

需要注意的是，工程实践证明，并不是所有的中营养及富营养湖泊程度较低的水体都可以通过经典生物操纵技术修复成功，采用经典生物操纵技术能否成功达成控藻目标，还受制于湖泊本底状况的影响，主要包括风浪对底泥的扰动作用强弱、工程实施前蓝藻生物量高低及是否有食浮游动物的其他动物如糠虾等。表4-6为Meijer和Hosper（1997）总结的18个不同湖泊实施经典生物操纵技术后的水体透明度状况，同时列出了相应的鱼类清除率、风浪扰动、本底蓝藻生物量、本底糠虾密度。对比可以看出只有当本底蓝藻生物量低于50 000ind./L、本底糠虾密度很低、鱼类清除率达到75%以上时，才能够基本保证经典生物操纵技术达成控藻清水目标。

**表 4-6　18 个不同湖泊实施经典生物操纵技术后各项指标**

| 湖泊<br>（调查年份） | 透明度<br>（cm） | 鱼类清除率<br>（%） | 风浪扰动 | 蓝藻生物量<br>（ind./mL） | 糠虾密度 |
|---|---|---|---|---|---|
| 兹韦姆卢斯特湖（Lake Zwemlust）（1986～1997） | 见底 | ＞75 | 小 | ＜50 000 | 未检出 |
| 瓦伊湖（Lake Waay）（1993～1996） | 见底 | ＞75 | 小 | / | 未检出 |
| 诺迪普湖（Lake Noorddiep）（1988～1992） | 见底 | ＞75 | 小 | ＜50 000 | 未检出 |
| 杜尼格米尔湖（Lake Duinigermeer）（1993～1996） | 见底 | ＞75 | 大 | ＜50 000 | 未检出 |
| 铁人湖（Lake Ijzeren Man）（1991～1996） | 见底 | ＞75 | 小 | ＜50 000 | 未检出 |
| 加尔盖湖泊（Lake Galgje）（1987～1994） | 见底 | ＞75 | 小 | ＜50 000 | 未检出 |
| 须德拉德米尔湖（Lake Zuidlaardermeer）（1991，1997） | 见底 | ＞75 | 大 | / | 未检出 |
| 沃尔德韦德湖（Lake Wolderwijd）（1991，1997） | ＞70 | ＞75 | 小 | ＜50 000 | 未检出 |
| 沃尔德韦德湖（1992） | ＞70 | 65~75 | 小 | ＜50 000 | 未检出 |
| 沃尔德韦德湖（1993～1995） | ＞70 | 65~75 | 小 | 50 000～<br>100 000 | 未检出 |
| 博施克里克湖（Lake Boschkreek）（1992～1996） | ＞70 | ＜65 | 小 | ＜50 000 | 未检出 |
| Hollands Ankeveense Plas（1989～1992） | ＞70 | ＜65 | 小 | ＞100 000 | 未检出 |
| 南尼维德湖（Lake Nannewiid）（1994～1996） | ＞70 | ＞75 | 大 | 50 000～<br>100 000 | 未检出 |
| Oude Venen; 40-Med（1990～1996） | ＞70 | ＜65 | 小 | ＜50 000 | 未检出 |
| Oude Venen; Tusken Sleatten（1990～1996） | ＞70 | ＜65 | 小 | ＜50 000 | 未检出 |
| Oude Venen; Izakswiid（1990～1995） | ＞70 | ＜65 | 小 | ＜50 000 | 未检出 |
| 克莱因沃格伦赞湖（Lake Klein Vogelenzang）<br>（1989～1996） | ＞70 | ＜65 | 大 | ＞100 000 | 存在 L |
| 桑德勒莱恩（Sondelerleien）自然保护区（1991） | ＜40 | ＜65* | 小 | 50 000～<br>100 000 | 未检出 |
| 桑德勒莱恩自然保护区（1992） | ＜40 | ＞75 | 小 | 50 000～<br>100 000 | ＞<br>100ind./m$^2$ |
| 桑德勒莱恩自然保护区（1993） | ＜40 | ＞75 | 小 | 50 000～<br>100 000 | 未检出 |
| Breukeleveense Plas（1989～1992） | ＜40 | ＜65 | 小 | ＞100 000 | 检出 L |
| Deelen（1993～1996） | ＜40 | ＜65 | 小 | 50 000～<br>100 000 | 未检出 |

资料来源：Meijer and Hosper，1997

注：L 代表透明薄皮蚤代替糠虾；*代表该湖泊存在鱼类迁徙现象，清除率数据为估计值；“/” 表示缺少数据

## 4.5　底栖动物保育

底栖动物是生活史的全部或大部分时间处于水体底部的水生动物群，位于食物链的中间环节，在水域生态系统物质循环和能量流动中起着关键作用。底栖动物以藻类及藻类和残枝落叶分解成的有机物颗粒为食，促进了有机质的分解，加快了水体的净化过程，同时又是脊椎动物鱼类的天然饵料。除定居和活动生活的以外，栖息的形式多为固着于岩石等坚硬的基体上和埋没于泥沙等松软的基底中。此外，还有附着于植物或其他底栖动物体表的，以及栖息在潮间带的底栖种类。

底栖动物作为生态系统内部关键调控者，在水生态系统物质和能量循环中处于十分重要的地位。在中-富营养型湖泊内，软体动物在生物量上占主要地位，通过增加螺蛳、河蚌放养量，补充底栖动物资源数量，增加系统稳定性，促进物质循环，可达到净化水质的目的。大量研究证实，底栖软体动物如河蚌、牡蛎、螺蛳等，对污染水体中低等藻类、有机碎屑、无机颗粒物具有较好的净化效果。维护底栖动物的生物多样性和物种完整性十分必要。保育底栖动物群落的关键在于适生生境条件的维持。

## 4.5.1 底栖动物适生生境条件

### 4.5.1.1 底质条件

水域底质是底栖动物等水生生物依存的基本条件，对许多水生动物的繁殖和产卵等生命周期的重要阶段都起着关键作用，同时还可作为水生动物的避难和栖息场所。大量研究发现，底栖动物的分布和物种组成在很大程度上取决于底质类型，底质是影响底栖动物群落结构最重要的物理因素之一。

**（1）无机底质**

按主要底质颗粒的中值粒径大小可将河床底质细分为：基岩、漂石（＞200mm）、卵石（20～200mm）、砾石（2～20mm）、粗沙（0.2～2mm）、细沙（0.02～0.2mm）、浮泥（＜0.02mm），其中浮泥为粉沙和淤泥的混合物。因为此类底质均由不同的矿物质组成，故将其称为矿物底质。不同粒径大小的底质中底栖动物物种丰度和密度差异较大。有研究显示，不同底质中底栖动物密度的大小顺序依次为卵砾石＞片石＞大卵石＞粗沙＞细沙，其中大卵石、卵砾石和片石三种底质中的动物密度差别不大，粗沙中的动物密度较以上三种底质中的要低，细沙中的最低（段学花，2009）。有许多学者也研究指出，底质的空隙大小和孔隙率都是底质异质性的表现。底质的粒间空隙越大对底栖动物越有利，反之则越不利；在粒间空隙大小适宜的条件下，孔隙率越高对生活在其中的底栖动物越有利（Boyero，2003；Olyslager and Williams，1993）。当二者分别达到某个适当的值使得共同创造的底质异质性越大时，生物多样性也越高。

**（2）有机底质**

有学者将苔藓、大型水生植物、木块、树根、有机碎屑及由大量嫩叶和树枝等构成的障碍物作为特殊的底质类型，此类底质一方面可以作为底栖动物重要的食物来源，另一方面又可创造比矿物底质异质性更高的栖息地，被称为有机底质（Boyero，2003）。水生植物能够改变底质水界面的水动力状况，影响底栖动物的附着和饵料有机碎屑的沉积。同时也能为底栖动物提供食物与栖息、繁殖、避难场所，还能稳定底质、降低洪水或大流量时水流对底栖动物的冲击。此外，水生植物在营养盐的吸收净化、抑制藻类、为水生动物提供栖息地和食物来源及维持水域生态系统稳定等方面具有重要作用。良好的水生植物覆盖与底栖生物类群多样性成正相关。从多样性指数值来看，有水生植物生长的卵石底质对应的香农-维纳指数和丰富度指数均显著大于无水生植物生长的卵石底质。基岩底质表面的苔藓和附生藻类通过光合作用可为水体提供丰富的氧气来源，使得好氧性敏感动物大量出现，底栖动物密度也较高。若基岩底质中缺乏必要的附生植物，底栖动物的多样性和密度将大大降低。

此外，底栖动物不仅能通过新陈代谢增加水体营养盐含量和刮食直接影响水生植物的生长，同时还能通过分泌物质，促使水体悬浮物絮凝沉降，提高水体的透明度，改变局部水环境，间接影响挺水植物的生长。可考虑底栖动物和挺水植物结合，这不仅可以提高底栖动物的成活率，悬浮物质得到有效去除，还能使植物光合作用增强，提高植物的吸收作用，同时可以提高水域生态系统的稳定性。

底栖动物多样性随底质粒径增大而发生规律性变化，且不同类型底质中的优势类群不同。卵石河床中的生物多样性最高，沙质河床中的生物多样性最低。底质的稳定性、孔隙率和空隙大小对底栖动物群落亦影响显著，而外观形状和表面粗糙度对底栖动物结构组成和密度影响不大。河床底质中生长水生植物对底栖动物生存有利。

#### 4.5.1.2　水质条件

水质污染导致底栖动物多样性降低，敏感物种消失。随着总氮浓度的增加，撕食者、刮食者和捕食者比例不断降低，牧食收集者比例不断增加。水质污染河流中底栖动物组成单一，随着水体富营养化程度的不断加重，底栖动物敏感物种消失，物种丰度显著降低。水体富营养化改变了底栖动物的功能摄食结构，导致撕食者、刮食者和捕食者的比例降低，甚至消失；滤食收集者的比例先增加后降低，牧食收集者的比例不断增加，成为优势功能摄食类群。

底栖动物对溶解氧需求量一般不高，但过低的溶解氧水平对底栖动物有负面的影响，低氧状况下底栖动物的食物同化率很低甚至停止。溶解氧水平会影响大型底栖动物的群落组成，溶解氧浓度降低会促使大型底栖动物群落的退化。在极度缺氧环境中只有耐低氧条件的摇蚊幼虫和寡毛类的分布。只有充足的溶解氧水平才能维持其有所增长。

氮和磷含量水平是水体营养程度的一个重要指标，底栖动物的多样性与水体中总氮、总磷均成负相关。水体富营养化导致底栖动物有些种类（如毛翅目和软体动物）消失，而耐污种（如霍甫水丝蚓）的生物量增加。

水体的酸碱度、盐度和流速等其他因子对底栖动物也产生一定的影响。通常静水水体中底栖动物的生物量和物种多样性大于流水水体。清水种在江河中较为常见，在水流较急的地方多为营固着生活的种类。

悬浮物对水生生物也有一定影响，这些影响主要表现为：①直接杀死水生生物个体；②降低其生长率及其对疾病的抵抗力；③干扰其产卵、降低孵化率和后代的成活率；④改变其洄游习性，降低其饵料生物的丰度和捕食效率等。悬浮物浓度高的水域光照受到阻碍从而使水体的初级生产力降低，影响了大型动物的生长，水底层的悬浮物浓度与底栖动物生物量成负相关关系。

无机营养富集的河流中主要的底栖类群为颤蚓科、摇蚊亚科、沼梭科、水蝇科、毛蠓科、蜻科、球蚬科和膀胱螺科等耐污类群的物种。当污染严重时，蜉蝣目、毛翅目、襀翅目和广翅目之类的水生昆虫和软体动物等敏感类群几乎不能生存。富营养化河流中底栖动物组成相对单一，某种或某几种物种优势地位突出，动物密度可能极大。例如，富营养化严重的水体中，颤蚓科中的颤蚓属和水丝蚓属不仅能生存，还能大量繁殖以致河底呈一片红色。

水质对底栖动物有非常显著的影响，一般不同类的耐污程度依次为蜉蝣类＜双壳类＜螺类＜摇蚊类＜寡毛类。只有在水质无污染且物理条件适宜的条件下，才适合更多的底栖动物生存。因此，为保证生物多样性及系统稳定性，它们生活的环境需要保证相对较好的水体清洁度。

### 4.5.2 底栖生物生境条件提升方法

底栖动物对生境条件很敏感，如底质、水动力条件、水深、水质、温度、悬沙、扰动等。生物栖息地条件是物理因素和化学因素的综合，栖息地的适宜性对底栖动物的群落组成影响显著。Jowett 和 Richardson（1990）研究得出，生长了薄层水生固着植物的底质对底栖动物最适宜，表面光滑清洁、无任何植物生长的底质适宜度较差，表面明显覆盖了浓密的大型水生植物的底质适宜度为中等。一般适宜于多种底栖动物生存的栖息地应具有稳定的底质结构、异质性高的底质、充足的食物及适宜的水深和流速。湖形规整顺直和水岸硬化等会造成生物栖息地隔离且变得单一，生物多样性因而显著降低。

为了提高底栖生物栖息地的多样性，需要增加水域中的水面面积，并提高水体的连通度，增加低流速和不同水深的水域，在一些滞留区域里，细颗粒泥沙自然淤积形成浮泥层，为部分底栖动物提供适宜的栖息场所。提高栖息地的适宜性可以从建设稳定的湖床结构、营造“卵石+水生植物”复合湖床底质和调控适宜的水深、流速等方面着手。

栖息地隔离与破碎化使斑块间连接程度降低，水生生物的正常繁殖和迁移受到限制，种群间的沟通被减弱，处在隔离破碎栖息地内的小种群无法得到正常补充，从而降低了生态系统的稳定性，使得生态系统受损。生物栖息地连通程度越强，则生物多样性越高。可采取措施逐步恢复水域内外河流、湿地、湖泊等水体的连通性，实现通江湖泊与河流的水流交换和生物流通，以提高和保护河流生态系统的水生生物多样性；对于面积小的破碎栖息地，应予以高度重视，加强小面积斑块与周围大面积栖息地的连通，通过建设水道或植被廊道等必要的生物措施修复破碎化的水域生态系统。

## 4.6　有害藻类控制

我国目前湖库富营养化现象较为普遍，就诸如太湖、巢湖、滇池这类严重富营养化的湖泊而言，在短期内难以根绝内源性营养盐过量的问题，无法从根本上消除导致藻类异常繁殖的基础条件，藻类水华将在相当长一段时间内持续存在。这就迫使研究者和管理者必须重视“有害藻类控制”问题，以确保城镇生态用水和城镇生活供水的水质安全，达到减灾防灾的首要目的。

当我们从水质净化和藻类控制的视角出发，就会发现尽管以往关于藻类的科学研究已经相当全面与深入，却不足以解答一个又一个具体的技术问题。最根本的原因在于，植物分类学家和水生态学家关心的是藻类的生物属性与生态意义；而当我们探讨藻类控制技术、设计工程方案、管理富营养化水体水质时，藻类成为威胁水体水质的污染物。这意味着藻类不仅仅是生物，而且更是有待去除的固体悬浮物、COD 和氮磷，当然也可能是有毒有机物。从水质净化和藻类控制的视角出发，需要我们关注的藻类基本性状有：比重与粒径、表面电位、胞外有机物等。

1）比重与粒径：藻类的比重与水接近，一般在 0.9～1.2。对于绿藻，其比重为 1.07 左右；对于蓝藻，由于它具有充满气体的伪空胞，因此大多数蓝藻比重都是变动的，在 0.9～1.1 范围内变动，许多时候由于伪空胞的生成而可以低于水；对于硅藻，由于它具有厚重的硅质外壳，比重最大，为 1.14 左右。不同藻类，颗粒粒径差别非常大。在淡水水体中，绿藻大多以单细胞或者小群体形态存在，粒径最小，如小球藻仅有 2～5μm，斜生栅藻由 4～8 个单细胞聚集，粒径一般低于 20μm；蓝藻以群体形态存在，粒径视生长情况群体大小变化较大，但普遍都大于 100μm，最大的可达到 1mm，成为肉眼可见的绿色颗粒物；硅藻粒径则在几十微米到几百微米不等。对于水质管理人员和工程技术人员来说，考察藻类比重和粒径是十分必要的。这是因为依照常规给水处理工艺设计沉淀池时，往往认为来水中固体悬浮物是以无机态为主的，比重大于 2.0，形成的絮凝体粒径多在 0.5mm 以上；但是来水中藻类成为主要污染物时，形成的絮凝体比重仅仅略大于 1，如小环藻和铝盐形成的絮凝体比重约为 1.1，而且很多情况下絮凝体粒径小于 0.5mm，因此藻类絮凝体的沉降性能远远低于常规的无机絮凝体，这也就是常规沉淀工艺一般仅仅能去除 50%～80%藻类的主要原因。表 4-7 展示了部分典型藻类的比重。

**表 4-7 典型藻类的比重（$kg/m^3$）**

| 藻种 | 密度范围 |
|---|---|
| 蓝藻门 | |
| 水华长孢藻 | 920～1030 |
| 铜绿微囊藻 | 985～1005 |
| 阿氏浮丝藻 | 985～1085 |
| 绿藻门 | |
| 绿球藻属 | 1020～1140 |
| 小球藻 | 1088～1102 |
| 硅藻门 | |
| 冠盘藻 | 1078～1104 |
| 尖针杆藻（培养） | 1092～1138 |
| 海链藻 | 1121 |
| 绒毛平板藻 | 1128～1156 |
| 星杆藻 | 1151～1215 |
| 脆杆藻 | 1183～1209 |
| 靠近北极的直链藻 | 1237～1263 |

资料来源：Reynolds，2006

2）表面电位：藻类表面电位与絮凝作用效果有关，自然水体的 pH 为 4～10，此时几乎所有的藻类表面电位均为负值，负电位越大，藻类越难絮凝，需要投加的絮凝剂量越大。藻类颗粒表面分子基团的离子化是造成藻类携带负电的主要原因，特别是藻类颗粒表面带有羧基团或者胞外有机物时，这种现象很容易发生，因此藻类表面电位受水体中 pH 影响极大。藻类表面电位的变动范围可为–10mV（小球藻）至–35mV（斜生栅藻），当水体中 pH 在 3～4 时，所有藻类表面都会达到电中性。藻类的表面电位大小与它所处的生长周期有关，如菱形藻在生长初期表面电位为–30mV，在对数生长期为–35mV，在稳定期为–28mV；而小球藻在对数生长期表面电位为–19.8mV，稳定期为–17.4mV。

3）胞外有机物（EOM）：胞外有机物影响藻类的表面形态和表面电位，对絮凝除藻效果产生负面影响，还会与金属离子产生螯合作用。藻类的胞外有机物浓度变化很大，较低的如蓝藻门的集胞藻为 1.8mg/L，较高的如绿藻门的小球藻可达到 81mg/L。随着藻细胞生存时间的增加，藻类胞外有机物含量增加，而胞内有机物中糖羧酸含量下降。糖羧酸含量与藻类胞外有机物络合能力有关，糖羧酸含量低，胞外有机物络合能力差，容易遭受铜离子等的攻击。不同种的藻类糖羧酸含量差别很大，如小球藻属海水小球藻（*Chlorella salina*）糖羧酸含量 30%，而小球藻 *Chlorella stigmatophora* 糖羧酸含量仅仅为 6%。

除了受有害藻类自身特性影响之外，开展应急防治工作还面临以下挑战：

1）在藻类增殖期，藻类数量变化受生境条件和藻类生态特性共同影响，难以预测藻类数量变化趋势和时空分布规律；

2）一旦藻类水华暴发，受污染水域很广且受污染水量极大；

3）受污染水体总体污染程度虽然较低，但对于传统给水处理系统而言却难以承受；

4）单位建设成本和处理成本不能过高。

### 4.6.1　扬水造流控藻技术

扬水造流技术在欧美及日本等国家和地区已有 30 余年的应用历史，最早北欧诸国的海港城市将其作为冬季海港防冻技术应用；20 世纪 80 年代初期，日本将其作为海湾珍珠养殖业的赤潮防治技术引进；80 年代中期，日本又将其引入饮用水水源水库的富营养化防治，使得 90%以上饮用水源水库根绝了有毒蓝藻之害，取得了较大的成功，至今近 40 年的运行管理经验。2000 年，该技术由上海交通大学河湖环境工程技术研究中心引入国内，建立了 300 万 t 处理规模的示范工程；随后国内西安建筑科技大学等单位也对该技术进行了较为深入的研究，开展了相关工程应用。总体来说，虽然国外大量的科学研究和工程实践都证实了该技术的可行性和实用价值，但在国内工程应用实例还很少，尚处于技术推广阶段。技术评价结果表明，扬水造流技术具有立竿见影的控藻效果，并可同时解决深水湖库的氨、铁、锰离子超标，藻毒素超标，以及藻腥味、厌氧腐臭味等诸多问题；同时还具有建设费用、运行费用极低的优势，如针对供水量 10 万 t/d、库容 300 万 t 的水库，包括压缩机、扬水筒及控制系统的投资总额仅为 80 万元左右，每吨自来水原水运行成本增加不到半分钱。在湖库水源地原位实施扬水造流技术，可在原水进入水厂之前将藻类污染负荷削减至传统给水工艺所能承受的范围以内，从而为富营养化湖库水源地供水水质安全提供重要保障。总体而言，扬水造流技术是较为适合我国国情的深水湖库藻类水华应急控制技术；在我国湖库水源地受到藻类水华长期威胁的社会背景下，可望作为一项主流技术，起到保障原水水质安全的重要作用。

#### 4.6.1.1　工作原理

扬水造流技术通过扬水筒等设备造成库区表层水体与底层水体的剧烈交换，

破坏夏季水华高发期水库热成层现象，使得积聚于表层的藻类被驱赶至水库底层，由于光照极低及温度骤降等原因，藻类失去活性而逐渐消亡；同时因为水体交换而带来的“均一效应”可使得原本在底层浓度较高的铁、锰得到稀释，沿水深方向上浓度逐渐趋于一致，且扬水造流所带来的复氧效应使污染物浓度得到进一步降低。

扬水造流技术的核心设备为间歇式“扬水筒”，设备构成主要包括：“上升筒”及其下部的“间歇式气弹发生筒体”组成的间歇式扬水筒（材质为不锈钢），以及配套的可连续工作的螺杆式空气压缩机（一般要求 2 个大气压以上的压力，并且采用无油润滑工作方式）。扬水造流设备的设计目的是“促使进入扬水造流设备的空气积聚在一起，尽可能形成大的气弹”，这与曝气设备“尽可能地将空气分割成微小气泡”的原则正好相反。这是因为，在上升筒中形成的气弹越大，气泡相互碰撞而发生的能量损失就越小，同时下层水体上升过程中能量损失也越小。在具体的设计中，设备下部间歇式气弹发生筒体是形成气弹的核心部件，有很多种不同的结构，但共有的部件是气室及出气狭缝。如图 4-23 所示，通过空气压缩机将气体从进气口泵入气室，将气室中的水排出并逐渐充满气室，气室内的气压也缓慢上升，当气室内气压超过出气狭缝另一边水压时，压力迫使气室中的气体从出气狭缝一次性溢出形成气弹。气弹上升过程中速度很快，随之带动上升筒中的水上升，并从上升筒底部吸入底层水随着气弹一起提升至表层。

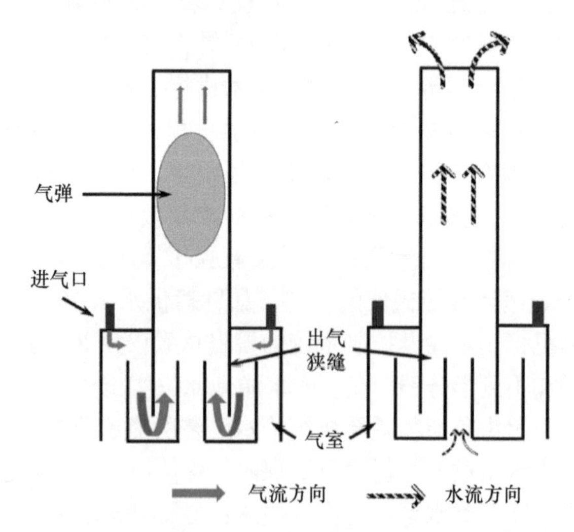


图 4-23　扬水造流设备形成气弹的原理（彩图请扫封底二维码）

间歇式扬水筒基本工作原理如图 4-24 所示。扬水筒通过其下部的“间歇式气弹发生筒体”，将高压空气压缩机提供的连续压缩空气转换成间歇式（每分钟 1～3 个）的气弹，由该气弹的上升力带动水库底部厌氧状态的水流，通过气弹发生筒体上部的上升筒筒体，迅速向上（垂直方向）提升至水库表面，气弹达到水库表面破裂后，底部水在其动能的作用下，继续以筒体为圆心向四周（水平方向）扩散，表层水在上述动能的推动之下，形成水库环流，扩散至水库岸边再次向下，流至水库底部，最后整个水库形成缓慢连续的三维水体循环。

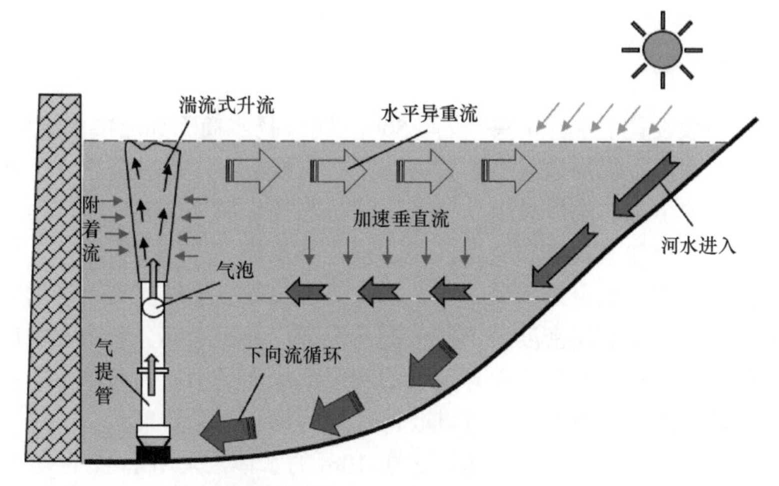


图 4-24　扬水造流技术的工作原理（彩图请扫封底二维码）

扬水筒的具体工作步骤如下：

1）空气压缩机输送压缩空气；

2）位于扬水筒底部的“间歇式气弹发生筒体”充入压缩空气；

3）经过数十秒时间，“间歇式气弹发生筒体”被充满，随后空气通过“间歇式气弹发生筒体”上部的狭缝突然溢出，并在筒体内部聚集成气团后快速上升；

4）气团上升的同时，扬水筒底部的温度较低，比重较大的水体被带动提升；

5）第 2 个气团形成，推升筒中的水体，同时下层的水被带动上升；

6）步骤 4）和 5）交替重复；

7）气弹上升并且由于水压的下降而膨胀，同时扬水筒中的水体被气弹带出形成射流；

8）射流水体以扬水筒为中心，在水体表层呈圆形扩散；

9）由于提升上来的底层水体比重较大，从而形成水平异重流，在下沉过程中推动整个水体的垂向混合。

对于扬水造流作用下的混合水体，藻类生物量动态变化规律可以采用第 3 章式（3-6）描述。

结合式（3-6），扬水造流技术的控藻作用机制就体现在：显著增加了光限制层深度，藻类处于光限制层时，上式中光合成项几乎为零，内源代谢项基本不变，持续的内源代谢造成藻类生物量的降低；显著增加了混合强度，即较自然水体而言，对流扩散系数明显上升，造成水体垂直流动项的影响作用增强，从而改变了藻类的空间分布。值得注意的是，对于蓝藻而言，由于浮力调控机制的存在，其垂直迁移项有可能抵消水体垂直流动项的作用，从而也对蓝藻空间分布产生一定影响。

#### 4.6.1.2 扬水筒布设

扬水筒一般设置于水体中央，离岸 50m 以上。扬水筒下部连接水泥墩重力锤，使之固定于库底，上部周边包围稳定浮球，正常情况下，筒体竖直立于水体中；空气压缩机设置于水体的岸坡上，空气压缩机与扬水筒体之间用专用压缩空气输送管道相连接；为便于检查和监测，还必须在扬水筒上拴联定位浮子，定位浮子飘浮于水面上，用于确定扬水筒方位。扬水筒安装得当能够提高系统的效率，其基本原则是要尽量将底层密度最大的水提升上来，并将这部分水与表水层中密度最小的水相混合，提高水平方向异重流的利用率。当扬水筒的筒体上端在温度跃层附近，下端在滞水层下部时，可以取得理想的扬水造流效果。

对于水域面积小于 0.5km$^2$、水深大于 10m 的水体，采用 1～2 台功率 22kW、直径 1.2m 的扬水筒设备即可达到较为理想的控藻效果。当水域面积较大时，可按平均每 0.4km$^2$ 布设一台扬水筒计算数量。另外，扬水筒运行后，筒体上部周边水体由于气水混流的推动，混合十分激烈，会形成“射流区”（图 4-25）。如果两台扬水筒之间间隔距离过小，就会造成射流区重叠，低温水相互混合就有可能形成密度较高的水团，并在扬水筒附近水域沉降到底层，无法形成水平的环流，这将大大降低扬水筒的工作效率。因此，扬水筒的间距必须要大于射流区的直径。一般来说，射流区的直径为 20～30m，而扬水筒的间距应大于 50m。

图 4-25　扬水筒运行后形成的射流区（陈雪初摄于温州长坑水库）（彩图请扫封底二维码）

#### 4.6.1.3　扬水筒的运转方式

由于扬水造流技术通过破坏水库的“热成层”现象来实现控藻，而“热成层”现象的形成与当地的季节、气温、照度等气象条件有直接关系，因此可根据当地常年的月平均气温设计扬水筒的运转时间。以贵阳市某水库为例，扬水筒运转时间是从水库的“热成层”现象出现的 4 月初开始，到“热成层”现象结束的 9 月末为止，大概 6 个月的时间。扬水筒的具体运转时间设计主要根据贵阳市的月平均气温来推算，盛夏的 6～7 月，平均气温在 23.5～24℃，运转时间按最大原则考虑，即 24h 满负荷运转。以此为 100%基准，其他月份根据月平均气温的变化比例来计算具体运转时间。春夏季的 4～7 月实际运行时间比计算值提高 15%～30%；秋季按正常计算结果执行。另外，现场管理人员根据实际水温或者溶解氧的垂直分布的检测结果、富营养化发生及富营养化相关水质数据的具体情况，可对运转时间进行适当调整（孔海南，2005）。

#### 4.6.1.4　扬水造流控藻技术的应用效果

扬水造流技术实施后，可以造成整个水体剧烈的垂直混合，在 24h 左右即破坏水库的“温度跃层”现象，使得积聚于水体表层的藻类被驱赶至水库底层，由于光限制等原因，藻类失去活性而逐渐消亡，从而抑制叶绿素 a 及藻毒素产生，同时水体中的藻类种群结构也会发生明显变化，一般表现为蓝藻逐渐消亡，硅藻、绿藻成为优势种；另外，水库底层的厌氧态水体，在气水混流上升筒体内被高压空气强制供氧，到水库表层后再进行自然复氧，促进水库维持在好氧水生生态状态，同时在好氧状态下，氨离子转化成硝酸盐，铁离子、锰离子形成氧化态，沉淀到底部（图 4-26）。例如，韩国 Dalbang 水库采用间歇式扬水筒控制蓝藻水华，实施之后长孢藻密度由＞50 000cells/mL 下降至＜5000cells/mL，同时脆杆藻（硅藻）、四胞藻（绿藻）成为优势种（Heo and Kim，2004）；Jungo 等（2001）在荷兰阿姆斯特丹的 Nieuwe Meer 水库中开展了为期 7 年（1993～2000 年）的扬水造

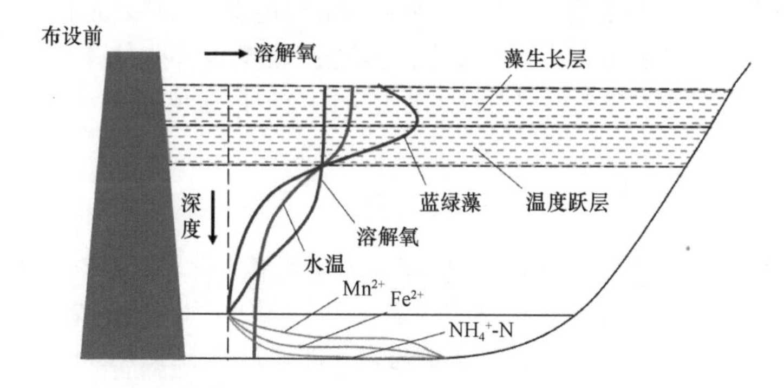

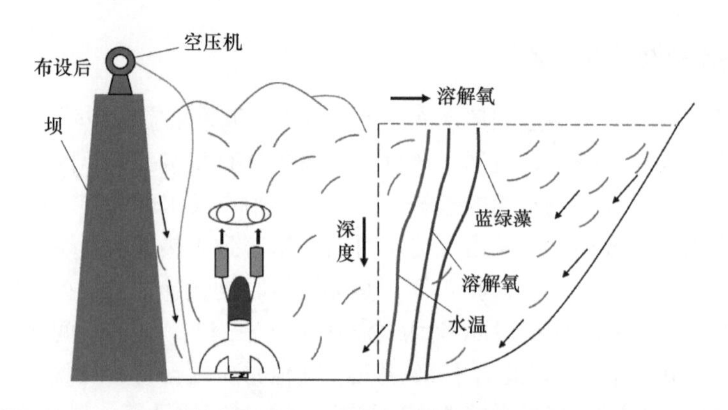


图 4-26　扬水造流技术实施前后水体水质变化（彩图请扫封底二维码）

流技术应用研究，结果表明，库内叶绿素 a 和总藻类生物量显著下降，有毒微囊藻得到了极为有效的控制，其生物量降低为处理前的 1/20，藻类种群结构也由原先的以蓝藻为主转变为以硅藻、绿藻为主；此外整个水体中的溶解氧还能够一直维持在 5mg/L 左右，从而扩充了鱼类的生存空间。

#### 4.6.1.5　扬水造流技术的局限性

虽然扬水造流技术具有立竿见影的控藻效果，但是也存在一些局限性，主要有以下三个方面：其一，扬水造流技术控藻效果与水下光照度、水深密切相关，直接受限于 $E_{mix}:E_u$，其中 $E_{mix}$ 代表混合层深度，$E_u$ 代表真光层深度，工程经验显示，该技术针对水深 10m 以上的深水水库效果较好，而不适用于浅水水体，特别需要注意的是，如果在水深低于 3m 的浅水水体进行扬水造流，很可能会出现促进藻类大量增殖的反效果。这一现象已在一些湖泊修复工程中多次出现。其二，扬水造流技术实施后，初期会驱使高营养盐浓度的底层水至表层，此时设备效能不足，对水体的垂直混合作用较弱，热成层破除效果欠佳时，反而有可能促进藻类增殖。其三，在水深较浅即 10～20m 时，实施一段时间后自然水体中适应于低光照环境的硅藻数量会增加，长期运行后总水层叶绿素 a 可能上升（Heo and Kim，2004）。因此，对于水质管理者而言，在引入扬水造流技术治理湖库水体藻类污染时，应当结合当地的实际情况对该技术可行性进行充分的分析，避免二次污染的发生。

### 4.6.2　原位遮光控藻技术

在直接影响蓝绿藻增殖的诸多环境因素中，相对于温度、营养盐、pH 等而言，光照度无疑是最容易实施人为干预的因素。20 世纪 90 年代末接触氧化法的发明人小岛贞男博士提出局部遮光法控藻的思路，即通过遮盖水源地的 1/3 左右的水面，可以抑制藻类增殖；相关研究结果证实了遮光控藻的可行性（小島貞男等，

2000）。遮光控藻技术的优点在于成本低廉且效果立竿见影，同时管理也较为简便，在今后我国富营养化湖库藻类防治和水源保护工作中，遮光控藻技术有可能成为一种具有实用价值的关键技术。

#### 4.6.2.1　原位遮光控藻技术原理

在自然湖库，光限制条件的发生是极为常见的。最典型的例子是阴晴交替导致藻类可获得光照度、光补偿深度、临界深度在短期内剧烈波动。以本研究的水下光照度监测为例，夏季太阳辐射最强的中午入射光照度大于 100 000lx，水下 1m 处光照度仍然高达 8000lx（图 4-27a），然而一旦处于阴雨天气，入射光照度甚至低于 7000lx，此时水下 1m 处光照度仅为 500lx（图 4-27b），两者相差可达一个数量级以上。

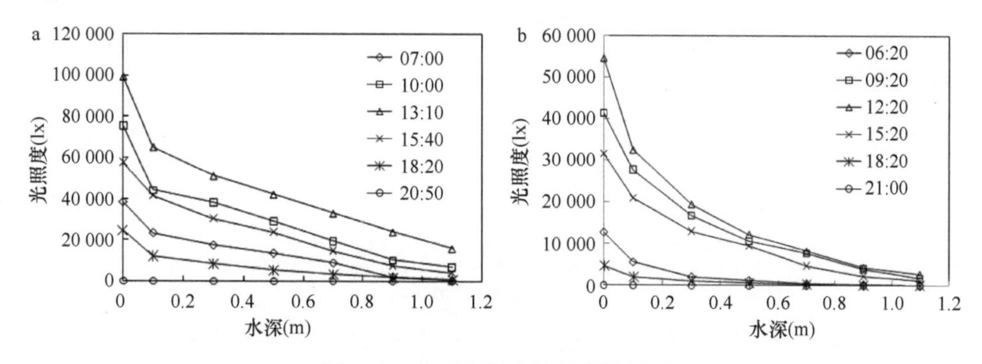


图 4-27　水下光照度的日变化情况

a. 晴天时水下光照度的日变化；b. 阴天时水下光照度的日变化

在自然水体中，由气候、水体物理状态变化所引发的光限制作用是导致藻类数量变化和藻种演替的关键因素。而遮光法的实质则是对这种自然现象的人工强化，即设计和建设大水面遮光构筑物，形成比自然状况下更为强烈的光限制环境，促使有害藻类在短期内消亡。结合第 3 章和本章扬水造流技术中关于“藻类光响应曲线”“浮力调控机制”，以及“藻类光限制生长动力学”的介绍，遮光法控藻作用机制可以采用第 3 章式（3-6）描述。

结合式（3-6），遮光条件下藻类消亡机制就体现在：整个水体处于光限制状态，光合成项几乎为零，内源代谢项基本不变，持续的内源代谢造成藻类生物量的降低；具有浮力调控机制的蓝藻消耗自身糖源，开始上浮，即垂直迁移项作用增强；水体混合程度受到抑制，对流扩散系数明显下降，造成水体垂直流动项的影响作用减弱，一方面有利于浮聚型蓝藻的垂直迁移，另一方面促进比重大于水的藻类沉降。也就是说，遮光控藻技术的作用机制，主要包括两个方面：①遮光对藻类生长消亡的影响；②遮光对藻类空间分布的影响。

#### 4.6.2.2 遮光对藻类生长消亡的影响

在遮光条件下，藻类的生长过程受到抑制，同时数量逐渐下降，具体表现为：

1）遮光条件下藻类比增殖速率 $\mu$，即式（3-6）中"$r_kK$"，显著下降，从而抑制了藻类的增殖。图 4-28 为不同光照度条件下铜绿微囊藻在 BG-11 培养基中的生长状况。随着光照度的上升，$\mu$ 先增加，当光照度为 4300lx 时达到最高值 $0.4d^{-1}$，随后下降，至 20 000lx 时降为 $0.33d^{-1}$。当光照度为 470lx 时，$\mu$ 为 $0.17d^{-1}$，是不到 4300lx 时的 50%，下降显著。当光照度为 120lx 以下时，$\mu$ 则为负值，这表明此时铜绿微囊藻已不能够在该光照度条件下增殖，反而有衰亡趋势。

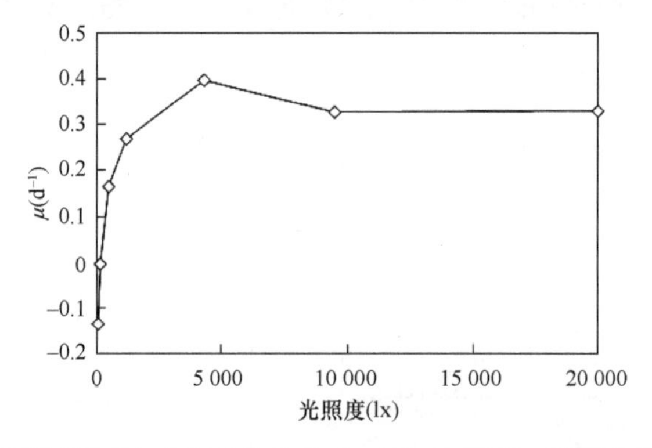


图 4-28 比增殖速率与光照度的关系（23℃，纯培养）（陈雪初等，2007）

2）遮光条件下藻类呼吸作用持续，比消亡率始终存在，迫使藻类不断消耗自身有机营养，趋于消亡。按经典的光合作用学说，在光限制条件下，光反应受到抑制，ATP、NADPH 合成量大大下降，进一步的暗反应更难以进行，导致藻类丧失新陈代谢所必需的糖源。从另一个角度看，对于特定藻类存在"光补偿点"，光照强度超过光补偿点时，光合产氧速率高于呼吸作用速率，藻类生物量表现出增加的趋势；反之，低于光补偿点时，藻类生物量表现出减少的趋势（Rubio et al., 2003）。表 4-8 展示了常见的铜绿微囊藻和斜生栅藻在不同温度下的光补偿点及呼吸速率的比较。

**表 4-8 对数生长期铜绿微囊藻和斜生栅藻光补偿点和呼吸速率比较**

| 温度 | 藻种 | 铜绿微囊藻 | 斜生栅藻 |
|---|---|---|---|
| 20℃ | 光补偿点（lx） | 900 | 140 |
| | 呼吸速率[μmol $O_2$/(mg Chla·h)] | −37 | −62 |
| 25℃ | 光补偿点（lx） | 480 | 580 |
| | 呼吸速率[μmol $O_2$/(mg Chla·h)] | −57 | −89 |

3）遮光条件下曝气促进藻类消亡。光照度低于光补偿点时，光合作用受到抑制，呼吸耗氧大于光合产氧，水体处于耗氧状态，因此在遮光条件下，水体溶解氧（DO）将不断下降。由于藻类的内源呼吸必须有 DO 供给，以起到矿化有机物质的作用，因此单纯遮光时 DO 将成为藻细胞消亡的限制性因素。此时通过人工曝气等措施使得水体 DO 保持在较高水平，DO 限制会被彻底打破，有利于呼吸作用的进行，促进内源呼吸，藻类将加速消亡。

如果水面遮光充分，藻类处于暗光环境时，藻类将难以光合成，内源呼吸占主导，其呼吸代谢速率与藻细胞物质的量成正比，藻类生物量将呈指数趋势下降，暗光条件下藻细胞内源呼吸-衰减模型（Harvey and Macko，1997）为：

$$\frac{dM_a}{dt} = -kM_a \tag{4-1}$$

积分得

$$M_a = M_{a_0} e^{-kt} \tag{4-2}$$

式中，$M_{a_0}$ 为初始藻类生物量（cells/mL）；$M_a$ 为藻类生物量（cells/mL）；$k$ 为藻类内源代谢消亡率（$d^{-1}$）；$t$ 为初暗光天数（d）。

藻类内源代谢消亡率 $k$ 能够表征藻类消亡快慢，$k$ 值越大，藻类消亡速率越快。实验结果显示，遮光曝气时 $k$ 值较单纯遮光为高。表 4-9 为通过实验室摇瓶实验和现场围隔实验取得的铜绿微囊藻（*Microcystis aeruginosa*）和斜生栅藻（*Scenedesmus obliquus*）的藻类内源代谢消亡率。0lx、25℃曝气时斜生栅藻和铜

**表 4-9　不同试验条件下藻类消亡率 $k$**

| | 不曝气 | | 曝气 | |
|---|---|---|---|---|
| | $k$（$d^{-1}$） | $R^2$ | $k$（$d^{-1}$） | $R^2$ |
| 实验室结果 | | | | |
| 25℃，500lx，斜生栅藻 | 0.03 | 0.495 | 0.1 | 0.901 |
| 25℃，200lx，斜生栅藻 | 0.07 | 0.653 | 0.16 | 0.908 |
| 25℃，0lx，斜生栅藻 | 0.08 | 0.88 | 0.29 | 0.923 |
| 30℃，500lx，斜生栅藻 | 0.03 | 0.223 | 0.22 | 0.781 |
| 30℃，200lx，斜生栅藻 | 0.09 | 0.683 | 0.16 | 0.727 |
| 30℃，0lx，斜生栅藻 | 0.13 | 0.773 | 0.29 | 0.952 |
| 25℃，0lx，铜绿微囊藻 | 0.07 | 0.944 | 0.37 | 0.907 |
| 现场围隔结果 | | | | |
| 20℃，0lx，铜绿微囊藻 | 0.11 | 0.934 | | |
| 31℃，0lx，铜绿微囊藻 | 0.28 | 0.944 | 0.31 | 0.959 |

资料来源：Chen et al.，2009a

绿微囊藻 $k$ 值分别为非曝气条件下的 3.6 倍和 5.3 倍，在遮光围隔中，31℃时在无辅加曝气条件下，$k$ 值为 $0.28d^{-1}$，曝气条件下 $k$ 值则高达 $0.31d^{-1}$。除了 DO 之外，温度也是影响藻类的内源代谢的重要因素，研究结果显示，$k$ 值随着温度升高而上升，以遮光围隔试验为例，在无辅加曝气条件下 31℃时的 $k$ 值是 20℃时的 2.5 倍，这是因为随着温度升高，藻类内源呼吸作用加强，因此就加速藻类的消亡过程。

#### 4.6.2.3 遮光对藻类空间分布的影响

当水体中微囊藻、长孢藻等蓝藻成为优势藻时，对该水体进行遮光处理，在短期内将会出现藻类上浮聚集的现象。在遮光条件下蓝藻的浮聚现象与蓝藻的浮力调控机制有关（详见本书第 3 章 3.4.1 节）。即在短期内，由于呼吸作用远大于光合作用，蓝藻处于内源代谢状态，细胞内碳水化合物将不断消耗，导致蓝藻比重下降，从而促使蓝藻浮力增加并向水面迁移，浮力提升，从而迅速上浮。

另外，对水面进行遮光处理后，风浪、湖流等自然扰动作用将大为减弱，水体垂直混合大为削弱，而处于稳定状态。此时对于比重大于水的绿藻、硅藻等藻类而言，将趋于下沉。对于比重为 $\rho_c$ 的单个藻体，在比重为 $\rho_w$（$\rho_w < \rho_c$），黏滞系数为 $\eta$ 的静止水体中下落，若所受阻力遵从斯托克斯公式，则该藻体的沉降速度见第 3 章式（3-5）。

常见的比重大于水的硅藻沉降速率一般在 1m/d 以上，沉降速率较大的如星杆藻（*Asterionella*，16 细胞），可达到 4m/d；而绿藻由于颗粒粒径较小，沉降速率较慢。

在实际工作中，也可以通过一个非常简单的实验来定性分析遮光对目标水体藻类空间分布的影响。在藻类暴发时，用瓶子采集高藻浓度的水体，混匀后在暗光条件下静置 12h，会观察到明显的水色分层现象，即瓶子中表层浮聚了一层蓝绿色的藻类，底层则为暗黄色或黄褐色，此时采集表层水样和底层水样进行鉴定，可发现表层以蓝藻为主，底层则以硅藻为主。

#### 4.6.2.4 原位遮光控藻技术的实施

在实际工程应用中，原位遮光控藻技术有两种实施方式：一种是全水域局部遮光法，针对整个水体的藻类污染问题进行遮光处理，即遮盖整个水体约 1/3 的水面面积；另一种是取水口遮光法，即保护日常取用的原水，在取水口附近水域建设遮光工程区，使水源水在该区域内停留一定时间从而促使有害藻类消亡。

全水域局部遮光法在 20 世纪 90 年代末由接触氧化法的发明人小岛贞男博士提出，工作原理如图 4-29 所示，遮盖约 1/3 的水面面积，此时由于风浪和水表面温差的共同作用，会形成水平方向的对流，促使高藻水进入遮光区停留一段时间之后逐渐消亡，从而抑制整个水源地的藻类增殖。小岛贞男博士针对日本九州某城镇的水库（水面面积为 20 000$m^2$）开展了示范研究，现场布置情况如图 4-30 所示。实际工程中采用由聚乙烯中空板材拼接而成的单块面积高达上千平方米六边形工程结构，所实施的遮光工程总面积为 6800$m^2$，即对 30%水面进行遮光。结果表明，实施之后原水中藻类的数量削减了 85%以上，自来水厂的混凝药剂投量降低 1/2，滤池反冲洗次数也明显减少，并且避免了堵塞现象，取得了很好的综合效益（小島貞男等，2000）。

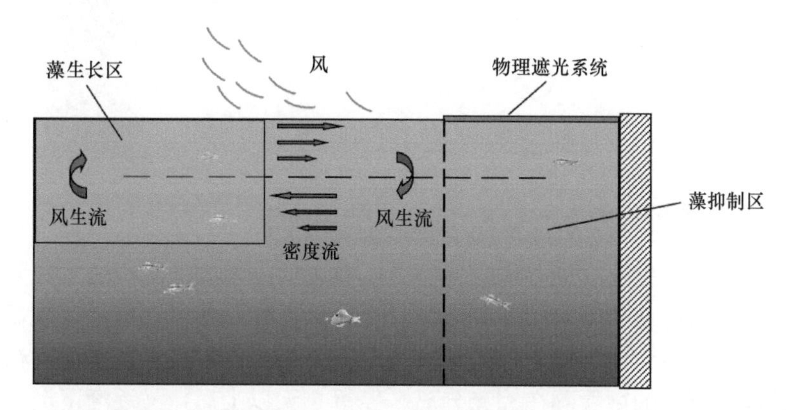


图 4-29　全水域局部遮光法工作原理（改自小島貞男等，2000）（彩图请扫封底二维码）

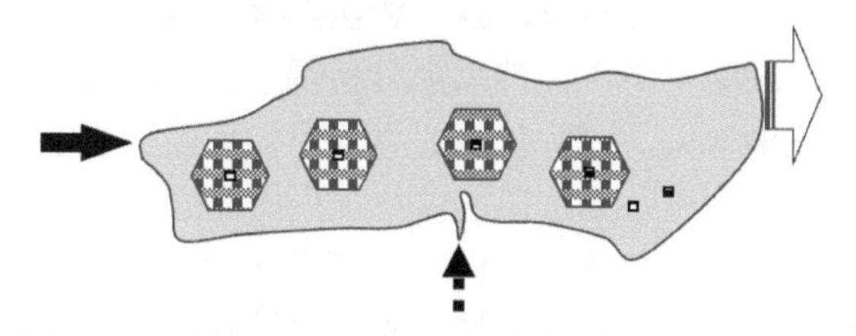

图 4-30　全水域局部遮光法现场布置（引自小島貞男等，2000）（彩图请扫封底二维码）

小岛贞男博士提出的局部遮光法虽然被实践证实有效，但该法所需要的遮光面积却必须占到整个水体的 1/3 以上，如此之高的覆盖度将有可能对水体的水域生态系统造成影响，特别是可能直接影响水体的 DO 平衡，导致遮光区出现缺氧环境，妨碍水生动物生存；另外过高的覆盖度也造成建设成本过于昂贵（小島貞男等，2000）。

取水口遮光法则是在取水口附近水域建设遮光工程区，使水库原水在该区域内停留一定时间，从而促使有害藻类消亡，由于主要目的是保护水厂日常取用的水库原水水质而不是整个水库水体，因此覆盖面积可以显著降低，只需满足控藻所要求的停留时间即可。结合 4.6.2.2 节、4.6.2.3 节中关于遮光曝气对藻类消亡的影响及遮光对蓝藻空间分布的影响，对取水口遮光法进行优化设计，其工艺流程如图 4-31 所示。

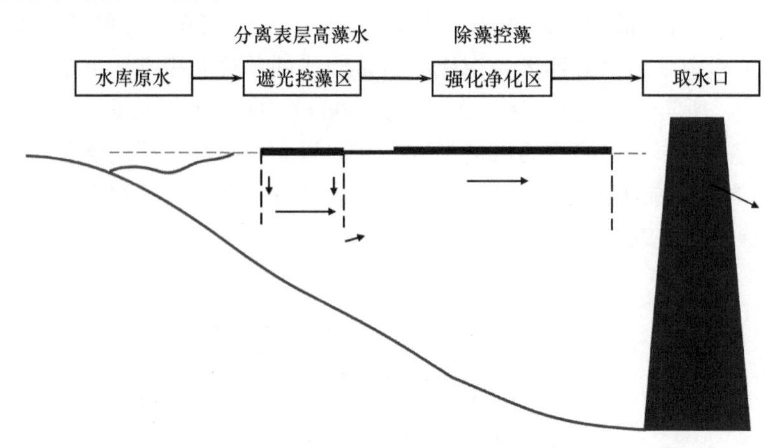


图 4-31　取水口遮光法工艺流程图（彩图请扫封底二维码）

取水口遮光法控藻功能是通过以下方式实现的：水库原水流经水流隔板时，浮聚于水表层的群体状藻类被阻隔于强化净化区之外；相对含藻浓度较低的下层水得以流入强化净化区，进入控光分离区，停留 1 天之后，采用水流隔板分离上浮的微囊藻，浮聚的微囊藻在控光分离区停留 5 天以上后，又逐渐下沉至水底，消亡殆尽；藻类浓度较低的水库原水进入强化净化区，停留 3～4 天，藻类由于内源代谢的持续进行而不断消耗自身的营养物质，逐渐消亡，与此同时由于藻类的内源呼吸水中 DO 也逐渐下降，但持续曝气使得水中 DO 得到补充，藻类内源代谢加快，藻类去除速率增大，同时强烈的搅动也促使藻类浓度下降。最后经该强化净化系统处理后的出水流入取水口，供给水厂所需。

现场中试和示范工程研究显示，取水口遮光法对水质的改善效果如下：在有毒蓝藻暴发时，在水库取水口附近实施遮光工程措施，控制入射光强低于 500lx，并使原水在遮光工程区域内停留 1～2 天，原水中藻类异常增殖现象受到抑制，藻细胞密度下降 15%左右；使原水在遮光工程区域内停留 5 天，原水中藻细胞密度将下降 70%以上，COD 下降 60%以上，藻毒素浓度由 1μg/L 降低至检测限以下。

#### 4.6.2.5　遮光结构的设计

在自然水面实施遮光结构时，必须考虑到所用材料和遮光结构的耐久性、漂浮能力、抗风浪能力及技术实施后的单位成本（控制每平方米水面所需费用）。此外该结构还必须具有一定的景观效果。根据本研究的实践结果，所确定的初步技术指标如下：

材料遮光率：90%以上；

材料耐久性：3 年以上；

漂浮能力：75%能够浮于水面，最大下沉深度不超过 30cm；

抗风浪能力：能抵抗 10 级以上大风。

根据以上要求，本研究设计了以下遮光材料及结构：遮光工程由若干单片面积为 120m$^2$ 的单元结构组成。单元结构的设计借鉴成熟的大海面养殖筏。如图 4-32 所示，采用浮筒和带浮子的聚乙烯缏绳为骨架，于其上铺设遮光材料，采用抛锚结合岸桩固定方式将其固定于水中，利用浮球自动调节遮光结构上浮下沉。在水源地内设置若干单元结构，相互组合后建成遮光工程。遮光结构施工方法如下：固定方法可采用岸桩固定或者抛锚固定，前者在水源地两岸间距小于 100m 的情况下实施，方法简单，后者则在水源地宽阔的情况下实施；待固定工作完成之后在水面铺设以浮筒、浮子和缏绳组成的支撑骨架；最后在骨架上铺设遮光材料，并固定之。图 4-33 为 120m$^2$ 遮光工程结构完工后情况。

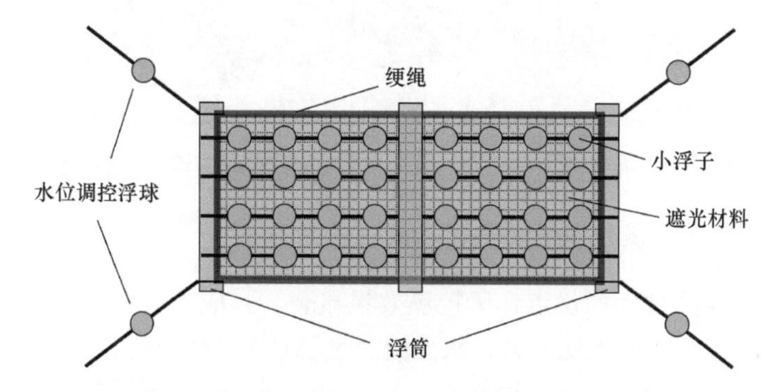


图 4-32　遮光单元结构设计（彩图请扫封底二维码）

图 4-33　现场遮光工程结构（陈雪初摄）（彩图请扫封底二维码）

还可以在遮光结构上种植空心菜（图 4-34）。在 2006 年 6 月没有发生沉降的区域撒空心菜种子，后空心菜长势良好，至当年 9 月初已经将遮光材料完全覆盖。

种植空心菜后虽然造成遮光材料的局部下沉，但是空心菜完全覆盖遮阳网后形成的生态遮光提高了遮阳网的遮光效率，形成生态的遮光景观，具有良好的经济价值，同时又可以初步去除水体中的氮磷营养物质。

图 4-34　在遮光装置上种植空心菜（陈雪初摄）（彩图请扫封底二维码）

#### 4.6.2.6　原位遮光控藻技术的局限性和适用范围

原位遮光控藻技术的优点在于控藻效果显著，且成本极低，但也存在一些缺陷。对于全水域局部遮光法而言，水面覆盖度要达到 1/3 以上，这对于大型湖泊、城市景观水体及大中型水库来说是不切实际的；同时全水域局部遮光法实施后水体溶解氧也会出现明显下降，对于水生态系统而言也是不利的，因此全水域局部遮光法的适用范围仅仅是小型的城镇水库。对于取水口遮光法而言，由于它所要处理的仅仅是流经遮光工程区的水体，因此遮光面积相对于全水域局部遮光法小得多，可将取水口遮光法作为高藻原水前处理的一种技术措施，削减高藻原水的污染负荷，使得处理出水水质达到传统水厂给水处理工艺所能承受的范围。

另外，在针对一些小型景观水体（如住宅小区水景）的藻类控制工程中，也可以参照原位遮光控藻技术的基本原理，利用生态浮岛、水生植物等覆盖景观水体主水域面积 1/3 左右，以控制藻类增殖；或者结合人工围隔构造遮光控藻区，将景观水体不断抽提进入遮光控藻区，进行内循环处理以削减藻类，修复水质。

### 4.6.3　原位超声波除藻技术

近年来，随着超声波及声化学技术的不断发展，将超声波应用到除藻抑藻方面日益引起人们的重视。超声波除藻技术是一种清洁的环境处理技术，在处理过程中不引入其他化学物质，以其清洁、高效、反应条件温和、易于操作控制、速度快等显著特点，被称为环境友好技术，在藻类控制领域有着较好的应用前景。

早在 1927 年，美国学者 Richards 和 Loomis 就发现“超声辐照下二甲基硫酸脂的水解和亚硫酸还原碘化钾的反应速度明显提升”这一现象，逐步发展到 20 世纪 80 年代，利用超声提高化学反应速度、化合物生成率或降解率的一门新兴学科——声化学（sonochemistry）得以形成，同时一些水环境工程研究者开始尝试利用超声波降解水中的化学污染物。90 年代末，日本筑波大学松村正利（Matsumura）教授等人受到前人“采用超声波技术研究蓝藻伪空胞的破坏和恢复机制”的启示，提出可利用“超声波辐照产生的空化效应，破坏蓝藻伪空胞或细胞膜等细胞结构，抑制叶绿素的合成和酶的活性，使之沉降或死亡”这一技术思路，并开展了基础研究，此后相关研究大量出现，一些工程技术人员也逐步将该技术应用到实际控藻工程中。在国内，超声波除藻技术主要应用于一些小型景观水体原位控藻，也有研究者尝试将其作为前处理技术与给水处理工艺结合，提高常规给水处理工艺的除藻效能。

超声波除藻设备成本低，效果好，无二次污染，不影响水体中水生动植物的生长，故超声波除藻设备也得到了较为广泛的应用。例如，比利时 Thomas Electronics 公司研发的 NT 型超声波除藻技术及设备在国外主要用于工业循环冷却水、水库治理、湖泊治理、公共园林水体治理等，其典型应用案例有比利时安特卫普高尔夫球场、英格兰巴科姆水库等。国内也有少数应用，如北京钓鱼台国宾馆景观水池、海南海水水产养殖基地、北京陶然亭公园工程、广州市雕塑公园云液湖工程等。江苏省某科研单位利用超声除藻技术制造了超声除藻船舶，其主要是通过船底的低功率超声辐射，每小时可以清理 $5000m^2$ 水域的蓝藻，且不会对水域生态系统产生影响。

#### 4.6.3.1　超声波除藻机理

超声波技术作为一种物理手段和工具，可以在水中产生一系列接近极端的条件。当频率在 16kHz 以上的超声波辐照液体时，会使液体发生空化效应。此时液相分子间的分子引力被打破，进而引发空化泡，在超声波负压相内不断迅速膨胀的空化泡，在紧接着到来的正压相的作用下被急剧压缩并迅速崩裂，空化泡历经的振动、生长、收缩、崩裂的整个闭合过程发生在仅仅数微秒至纳秒内，气泡快速崩溃的同时伴随着气泡内蒸汽相绝热加热，从而在正常的温度与压力的液体环境中产生了局部异常的高温（5000K 以上）和高压（400 个大气压以上）环境，即形成所谓“热点”，并产生速度约为 110m/s 的具有强烈冲击力的微射流，然后该热点迅速冷却，冷却速率可达 109K/s，在空化泡不均匀破裂处还能产生强烈的冲击波效应。

超声空化中进入空化泡的水蒸气在高温高压条件下发生分裂，产生·OH，存在于超声场中的有机物（包括重要的生命大分子，如蛋白质、核酸等）可在空化作用下迅速发生热解反应和羟基自由基的氧化反应。超声入射于两种不同声阻抗率的媒质界面时，动量发生变化，产生辐照压力，对介质粒子（如生物细胞）可产生撕裂和引起声流，可造成介质粒子的损伤。此外，超声波具有触变效应，其作用可以引起生物组织结合状态的改变，如引起黏滞性降低，造成细胞液变稀、细胞质沉淀等，当声强过高时，触变效应是不可逆的，会对组织造成损伤。较高强度的超声波作用可使酶变性，使细胞内含胶体物受强烈振荡后发生絮凝沉淀，凝胶发生液化或乳化，从而使得细胞失去生物活性。更强的超声波可以破坏细胞壁，从而使得细胞内部物质流出。由于藻类细胞内部含有伪空胞，超声波在除藻时可将藻细胞内部的伪空胞作为空化泡的空化核，在空化泡破裂时打破伪空胞从而导致藻细胞失去控制浮动的能力。

超声波除藻技术的原理是利用超声在水体中的空化效应产生高压、冲击波、声流和剪切力，造成藻类细胞表面产生坑穴状损伤，折断藻体的藻丝，破碎藻细胞的气囊结构，降低蓝藻细胞类囊体膜上藻胆蛋白和某些酶的活性，抑制叶绿素的合成等。由于藻类的形态及结构不同，藻体尺寸较大的藻类比尺寸相对小的藻类更容易受到破坏，故超声波对不同藻类的去除效果不同。总体来说，短时间（若干秒）的超声辐照会破坏藻类的伪空胞，而较长时间（若干分钟）的高功率超声辐照则可能破坏藻类细胞结构，抑制光合作用。

短时间的超声辐照对蓝藻细胞内伪空胞具有十分显著的破坏作用，但对藻类的光合作用和增殖没有明显影响。针对取自实际湖泊的群体微囊藻，在声频率为28kHz、功率为120W的工作条件下，仅仅作用3s，群体微囊藻的沉降率就可达到80%；作用30s，沉降率可达到100%。值得注意的是，蓝藻的伪空胞被破坏后，就会在短期内重新生成；但是伪空胞重新生成的前提条件是必须有光照的存在。当无超声处理，光照充足并曝气时，微囊藻细胞内完整伪空胞占总数的80%左右；在声频率为28kHz、功率为700W的工作条件下，作用30s，微囊藻细胞内完整伪空胞基本消失。随后，分别对水样进行加光曝气、加光无曝气、低光无曝气、暗光无曝气处理，结果显示对于加光曝气、加光无曝气的水样，伪空胞在8h左右就开始重新生成，到20h左右就可达到正常的水平，而且曝气对结果无明显影响；而在低光无曝气条件下，微囊藻伪空胞的生成速度较加光曝气、加光无曝气条件低得多；而对于暗光无曝气的水样，没有出现微囊藻伪空胞重新生成的现象，也就是说伪空胞生成有赖于光照。

若采用较长时间（若干分钟）的高功率超声辐照，则可能破坏藻类细胞结构，造成藻类的生长受到抑制甚至死亡。例如，在20kHz、600W的辐照条件下每隔1天对微囊藻处理2min，这时藻类的生长受到抑制，但是在6天后停止辐照，藻类生物量就开始呈指数趋势增加；而在声频率为25kHz、功率为80W的辐照条件下对微囊藻处理 5min，藻类的产氧速率由 2088μmol/(L·h)，下降至 1243μmol/(L·h)；而且在随后的 15 天内，经超声波处理的水样中藻类生物量几乎没有增长，这说明藻类的光合反应活性受到严重抑制（Zhang et al.，2006）。

#### 4.6.3.2　超声波除藻设备

完整的超声波除藻设备包括超声波功率源（含信号发射器和功率放大器）、超声波换能器和超声波反应器。

**（1）超声波功率源**

超声波功率源是一种产生并向超声波换能器提供超声电能量的装置，即超声波发生器。就激励方式而言，超声波功率源分为它激式和自激式。其中，它激式超声波发生器包括前级的超声波信号发生器和后级的放大器，一般通过输出耦合网络，把超声能量加到换能器上。图 4-35 为简单的它激式超声波功率源示意图。

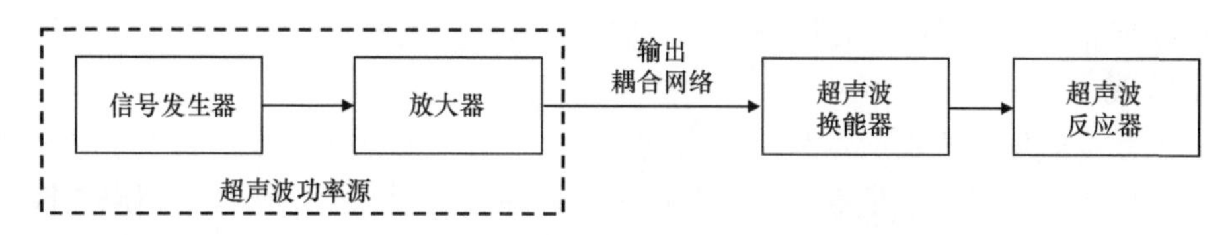


图 4-35　它激式超声波功率源原理示意图

**（2）超声波换能器**

超声波换能器是将电能转换成超声波机械能的组件。超声波换能器的换能材料主要有两种类型：磁致伸缩换能材料和压电换能材料。换能器的主要类型有两种：圆片式换能器和夹心式换能器。前者结构简单，机电转换效率高。为了获得较高的纵向振动电声效率，工程上常采用夹心式压电换能结构。这种夹心式换能器（螺栓紧固型换能器）能够在负荷变化时产生稳定的超声波，是获得功率超声波驱动源最基本的方法。图 4-36 即夹心式换能器的结构示意图。

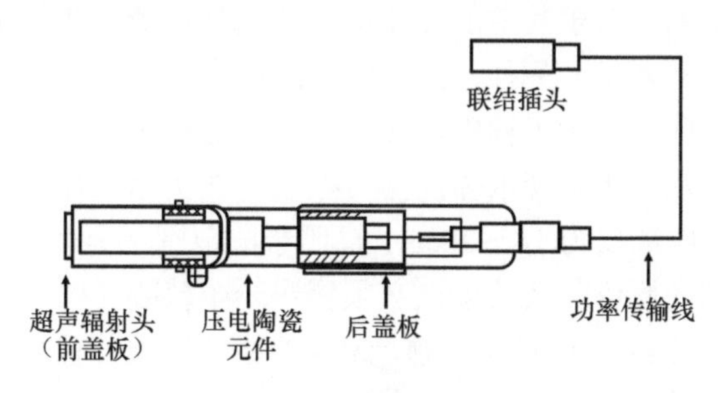


图 4-36　夹心式换能器结构图

**（3）超声波反应器**

超声波反应器是指有声波参与并在其作用下进行反应的容器或系统，是实现超声反应的场所。目前的超声波反应器的基本构型主要有：槽式反应器、声变幅杆浸入式声反应器、平行板式近场声反应器。

槽式反应器是将装有反应溶液的容器直接放入反应器中进行超声辐照，其换能器紧贴在反应器外壁或者内壁，反应器材料必须具有化学稳定性，避免与槽内处理液发生化学反应；若是换能器贴在外壁，则要求有较好的透声性，换能器透过反应器侧壁向反应器内壁辐射超声波。槽式反应器声强较小，一般不超过5W/cm$^2$，目前仅仅用于实验室内除藻小试研究。

声变幅杆浸入式声反应器的主要结构为超声波换能器驱动的声变幅杆的发射端（也称探头），可以获得较大的声强，运行时浸入水体中，使声能直接进入水体中与藻类作用，但由于在水体中声能衰减很快，一般有效作用距离（以产生明显的空化作用为标准）仅为10～20cm；在实际工程应用中，声变幅杆浸入式声反应器可制成船载式或浮标式，通过水体与反应器之间的不断相互接触而实现除藻。

平行板式近场声反应器为连续式反应器，它使用双超声频率，减少了驻波的产生，提高了声强和能量效率，主要由上下两块金属板和上方镶嵌的超声波换能系统构成，由两个超声波发射源提供频率为16kHz和20kHz的超声波，经过若干个磁致伸缩换能器作用后，其声强可达到单一金属板发射超声波的声强的两倍以上；两块金属板间距8cm，两块金属板中间为一矩形过水空间，被处理的水体从一端流入另一端流出，当水体流经上下两块金属板构成的空间时，即受到超声波的辐射而实现除藻。平行板式近场声反应器能量密度高，处理能力大，因此较为适宜用于高藻水体的原位和异位处理。

#### 4.6.3.3 原位超声波除藻技术的实施

超声波水处理技术虽然由来已久，但是将超声波技术用于除藻还是最近十几年来刚刚发展起来的，对于其中的除藻机理，也是在最近几年才取得共识，实际工程应用的案例并不多见。另外，虽然超声波技术既可用于原位除藻，亦可用于异位除藻，但是目前在实际工程中，应用较多的是超声波原位除藻技术，且多用于城市湖泊、小区水景等景观水体的藻类控制。在实际工程应用中，由于超声波反应器的有效工作距离仅为10～20cm，辐照影响范围十分有限，因此采用超声波技术要想达到理想的原位除藻效果，必须解决一个核心问题，即如何使得“反应器与实际水体充分接触”。针对该问题，超声波原位除藻装置往往要与水面造流设备相结合，或设计成船载式。

较为成功的超声波原位除藻案例是（Nakano et al.，2001）在日本千波湖（Lake Senba）开展的超声波原位除藻工程。其使用的设备主要针对控制微囊藻等有害蓝藻而设计；现场运行的原位除藻设备外观为一只漂浮于水面上的天鹅，内部包含了超声波发生装置、曝气装置、射流装置和筒状过水反应通道。运行时，通过水泵将外部水体抽吸入过水反应通道并对其进行曝气；在过水反应通道的上壁安装了两个超声波发射探头，在水体流过的同时进行超声波处理；随后一部分水体进入依据“文丘里管”原理设计的射流装置中，出水形成射流，进一步带动水体，形成水平推流，促使高藻水体不断地进出过水反应通道。

千波湖的总面积为 33hm$^2$，总共安装了 10 台原位除藻设备。对于单台原位除藻设备，其运行的总功率为 1.9kW，其中 1.5kW 能量用于驱动水流、0.2kW 用于曝气、0.2kW 用于超声波装置运行。每个超声波探头产生声频率为 200kHz、功率为 100W 的超声波，当高藻水体进入过水反应通道的前部超声波处理区时，在约 4.7s 的接触时间内，有害蓝藻的伪空胞被破坏，从而提升藻类沉降性能。射流装置由水泵驱动水流流量 $Q_1$ 为 0.55m$^3$/min，带动反应通道出口流量 $Q_d=Q_1+Q_2+Q_3$ 为 5.61m$^3$/min（$Q_2$ 为通过射流装置引入的水流量；$Q_3$ 为从周围环境中吸入的额外水流量），出口水流进一步带动整个水层的水体形成水平推流（图 4-37），其水体流量 $Q_e$ 为出口流量 $Q_d$ 的 8.2 倍，即为 46m$^3$/min。根据 Nakano 等（2001）在 1996～1999 年的研究结果，在超声波原位除藻工程实施后，水体中微囊藻浮聚现象消失，对工程实施前后藻华暴发期的水质状况进行比较显示：叶绿素 a 由处理前的 200μg/L 下降至 150μg/L，透明度由处理前低于 10cm 提升为 20cm 以上，悬浮物从 100mg/L 下降至 20mg/L。

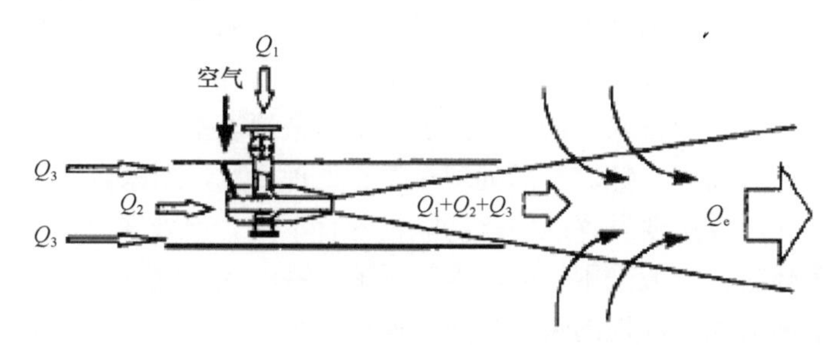


图 4-37　原位除藻设备的水平造流原理图（引自 Nakano et al.，2001）

超声波除藻技术可以直接用于原位去除水体中的藻类，也可考虑将超声除藻作为一种预处理的方式，结合已有的异位处理工艺实施，可以经济合理地达到较好的除藻效果。目前已有的工艺流程有超声-混凝联合除藻（图 4-38），超声强化混凝过程不仅不会使藻毒素浓度升高，反而由于超声本身的降解作用及能够减少混凝剂用量和搅拌强度等因素使得藻毒素浓度降低。超声强化混凝除藻技术在一定程度上提高混凝对藻类去除率的情况下，只需要增加很少的制水成本。以下是超声-混凝联合除藻的工艺流程图。

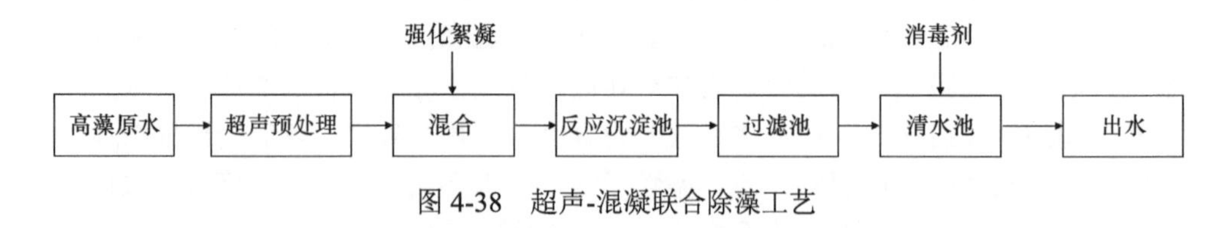


图 4-38　超声-混凝联合除藻工艺

#### 4.6.3.4　原位超声波除藻技术的局限性和适用范围

超声波除藻的局限性在于采用长时间（数分钟）的超声辐照虽然可以破坏藻细胞，抑制光合速率，但是总体能耗较大；而采用短时（数秒）的超声辐照虽然对蓝藻细胞内伪空胞具有十分显著的破坏作用，但是仅仅能促使蓝藻沉底而无法造成其死亡。特别是当水体较浅、底层光照充足时，蓝藻伪空胞在 1～2 天内就可能重新生成，从而再次浮聚形成水华；另外超声波探头的作用距离十分有限，在实施中必须配合人工造流等措施促使水体不断流经超声波辐照区域，否则将无法达到处理效果。总体来说，原位超声波除藻技术必须与其他辅助技术联合使用，虽然实施后效果立竿见影，可以在短期内消除表面水华现象，但是考虑到能耗问题，仅仅适用于面积较小的富营养化水体的藻类控制。

### 4.6.4　人工湿地控藻技术

目前，人工湿地控藻技术被广泛应用于“农业面源污染治理、城市景观水体修复、湖库水源地水质改善、增养殖水体水质保护”等水污染控制领域，处理对象包括生活污水、农田排水、低污染河水、微污染地表水与水库原水、水产养殖废水等等。实际应用中，针对不同处理对象和处理目标，所采取的人工湿地的具体构型差别很大，其所要发挥的净化功能也各有不同。当处理对象为受藻类污染的富营养化水体时，一般采用表面流人工湿地与潜流人工湿地相结合的方式构建处理系统。表面流人工湿地的主要功能为通过芦苇、水葫芦等水生植物根茎部位的物理截滤、接触沉淀和生物絮凝作用，将较大颗粒的藻类如大群体微囊藻快速去除；潜流人工湿地的主要功能为通过湿地基质的物理过滤、接触沉淀作用进一步去除各种微小藻类和生物碎屑；截留在表面流人工湿地和潜流人工湿地内部的藻类一方面被湿地内部的原生动物、浮游动物等捕食，另一方面在长期暗光条件下逐渐死亡腐解，被微生物利用矿化。

### 利用潜流人工湿地控藻

严立等（2005）等在上海交通大学闵行校区内开展潜流人工技术处理富营养化水体的示范工程研究，处理系统运行期从 2003 年 1 月开始一直持续到 2003 年末。处理系统采取潜流人工湿地与生态塘联合工艺，以连续内循环模式运行，在景观水体的东侧一端由潜水泵输送到原水井，再通过重力自流作用流经潜流人工湿地进入出水井，出水通过管道引至生态塘进行生态稳定处理，其出水再流回西段景观水体的西侧一端中，在西段景观水体中形成低流速的内循环。系统处理水量为 72～126m$^3$/d，每日循环总水量与景观水体的总水量之比在 30%～50%。

表 4-10 为 9 月份对照水体与试验水体的相关水质及藻类数量情况，其结果显示西段试验水体水质明显优于东段水体，其藻类数量不到东段对照水体的 1/9，总氮（TN）、总磷（TP）仅为东段对照水体的 1/3 左右；东段对照水体中的优势藻类仍为微囊藻，而西段试验水体中引起富营养化现象的蓝绿藻数量得到有效控制，优势藻类转变为硅藻类。实际观察发现，东段对照水体从 5 月中旬开始出现蓝绿藻异常暴发现象，到 6 月中下旬蓝绿藻在水面形成 1cm 厚的堆积层，出现少量鱼类死亡现象；与此相比西段试验景观水体整个夏季从未出现明显富营养化现象。对潜流人工湿地内部砾石表面生物膜的生物相进行连续跟踪观察，发现形成了生物种群十分丰富的微小动物群落，蓝绿藻被菌胶团形成的较大絮凝体所吸附，而原生后生动物则在絮凝体周围直接吞噬蓝绿藻。

**表 4-10　水体水质及藻类数量情况**

| | TN（mg/L） | TP（mg/L） | 藻类数量（个/L） | 优势藻类 |
|---|---|---|---|---|
| 东段对照水体 | 4.39 | 1.23 | $2.98\times10^9$ | 微囊藻类 |
| 西段试验水体 | 1.49 | 0.42 | $3.15\times10^8$ | 硅藻类 |

在以高藻水为主要处理对象的具体工程实践中，在前期设计和后期管理中需要注意以下几个方面：

1）重视高水力负荷条件下产生的后续运行问题。水力负荷关系到整个人工湿地系统的建设成本和占地面积，是十分关键的设计参数。一般来说，高藻水的来水量远大于普通的生活污水，而污染负荷相对较低，因此可以适当提高处理系统的水力负荷，甚至可高达 $1m^3/(m^2 \cdot d)$以上。然而在高水力负荷条件下运行一段时间之后，人工湿地十分容易出现短流和堵塞的现象：一方面导致来水在系统中的停留时间过短，处理效能下降；另一方面人工湿地排水不利，内部水位逐渐上升，最终丧失功能。因此，在前期设计阶段，就应针对短流和堵塞等问题提出应对措施，如在人工湿地内部增加水流调控结构、反冲洗设施等。

2）合理组合不同构型人工湿地。迄今，对于人工湿地处理高藻水而言，学术界和工程设计部门还没有达成统一的认识，远远没有达到形成设计规范的程度，因此还有待在不断的工程实践和科学研究中探索适宜的工艺和基本参数。具体落实到工程设计时，设计单位往往对于单项人工湿地技术的设计方法较有把握，当需要将不同构型人工湿地组合在一起，以达成处理目标时，就发现缺乏技术依据和设计经验。在这种情况下，应慎重考虑工艺组合方案的技术可行性，有必要时可联合科研单位开展一些前期中试研究，为除控藻目标的达成提供基础依据。

3）深入认识人工湿地的生态特性。人工湿地是介于自然生态系统与传统水处理构筑物之间的工程结构。一方面，人工湿地与传统水处理构筑物有类似之处，即来水流量、污染负荷、水流流态等基本可控；另一方面，人工湿地更是一个以特定湿地植物为主要建群种，逐渐演替形成的生物多样性极高的湿地生态系统，在其内部发生着十分复杂的物理、生物、化学反应过程，污染物去除机制较传统水处理工艺复杂得多，而且受外部环境条件变化的影响很大。从生态学角度来看，人工湿地建成之后，需要经历相当长时间的植物生长期和微小生物演替期，待整个生态系统逐渐演化与适应之后，才能达到藻类截留去除与生物利用转化之间的基本平衡。

## 4.7 湿地恢复

在我国，较大面积比例的湿地已在人为干扰与自然侵蚀的共同作用下，逐渐受损、退化并消亡。近年来，各级政府部门已逐渐意识到湿地对于生态系统保育、沿岸带城镇可持续发展的重要价值，一些地方尝试开展了针对湿地的生态恢复工作。另外，从国际上来看，退化湿地生态恢复问题已引起全球范围的关注，不少国家已率先开展了一些湿地恢复的实际工程，其中欧美湿地恢复工作开展得较为深入。早期的恢复工程主要以小尺度、零星的单个项目为主，至21世纪初重心逐渐转移至大尺度的区域性的湿地恢复，较为典型的案例有美国的特拉华湾（Delaware Bay）湿地、牙买加湾（Jamaica Bay）湿地、旧金山湾（San Francisco Bay）

湿地，加拿大的芬迪湾（Bay of Fundy）湿地，比利时的斯海尔德河（Schelde River）河口等。从生态学的角度来看，湿地生态恢复应当是自然生态系统消除干扰之后的次生演替过程。长期的基底侵蚀和外源污染等造成了湿地退化。针对上述外部干扰问题，必须通过人工干预的方法才能确保在较短时间达到生态恢复成效；在此基础上，还应给自然演替过程预留空间，依靠生态系统自设计、自组织，逐渐形成生物多样性较高、生态系统结构与功能完整、能量冗余很少、物质循环通畅高效的湿地生态系统。

### 4.7.1　基底修复与滩面养护技术

在海岸带，湿地基底在上游下泄泥沙与海洋潮汐共同作用下形成，当泥沙来量下降或风浪侵蚀力加强时，湿地基底可能在短期内大量损失，继而植物消亡，因此基底修复常常是受损湿地恢复的关键步骤之一。在实施基底修复时，可采用受损湿地附近航道疏浚、运河疏挖等产生的工程弃土为基底原料，采用原位吹填的方式直接修复基底。在人工抬升基底之前，需要预先评估基底原料的材质特性，如“黏土”和“沙土”质基底适用于不同的湿地恢复场地和先锋植物；另外，对基底的营养条件和受污染程度也必须进行先期测评，以确保基底有利于先锋植物自然生长的同时，不对周边水域产生二次污染。除了直接的基底修复之外，对于一些坡度较大、自然侵蚀较为严重的湿地边缘，也可采用土工护坡结构消减风浪与固定基底，如固沙网、松木桩、土石坝等。旧金山湾索诺玛海湾湿地修复项目利用奥克兰港口疏浚工程产生的疏浚底泥，修复了 138$hm^2$ 的滨海湿地。路易斯安那州将密西西比河的疏浚泥通过管道吹填至巴拉塔里亚湾东北部，创建了 29$hm^2$ 的盐沼（Wood et al.，2017）。目前国内主要将疏浚泥用于修复湖滨带湿地，而滨海湿地仍处于理论阶段。图 4-39 为一般滩面养护工程示意图。

滩面养护技术利用机械或水力手段将泥沙抛填至受损湿地滩面的特定位置，根据泥沙抛填位置的不同，分为剖面补沙、沙丘补沙、滩肩补沙和近岸补沙。厦门香山至长尾礁沙滩修复工程考虑到修复区域较强的水动力条件，选用滩肩补沙的方法抛沙约 $7.4\times10^5m^3$，修复了长约 1.5km 的海滩。秦皇岛金梦海湾海滩养护工程采用滩肩补沙与近岸补沙相结合的方式，修复了长约 3.39km 的海岸线。西班牙贝尼多姆基于海滩平衡剖面的理论对波尼恩特海滩补沙 $3\times10^5m^3$。根据监测，工程完成 10 年后，海滩仍处于静态平衡。荷兰海滩养护工程在海滩剖面上堆积 $2.15\times10^7m^3$ 泥沙，形成钩状沙洲和潟湖，并使得补沙周期从传统工程的 5 年提升至 20 年以上。

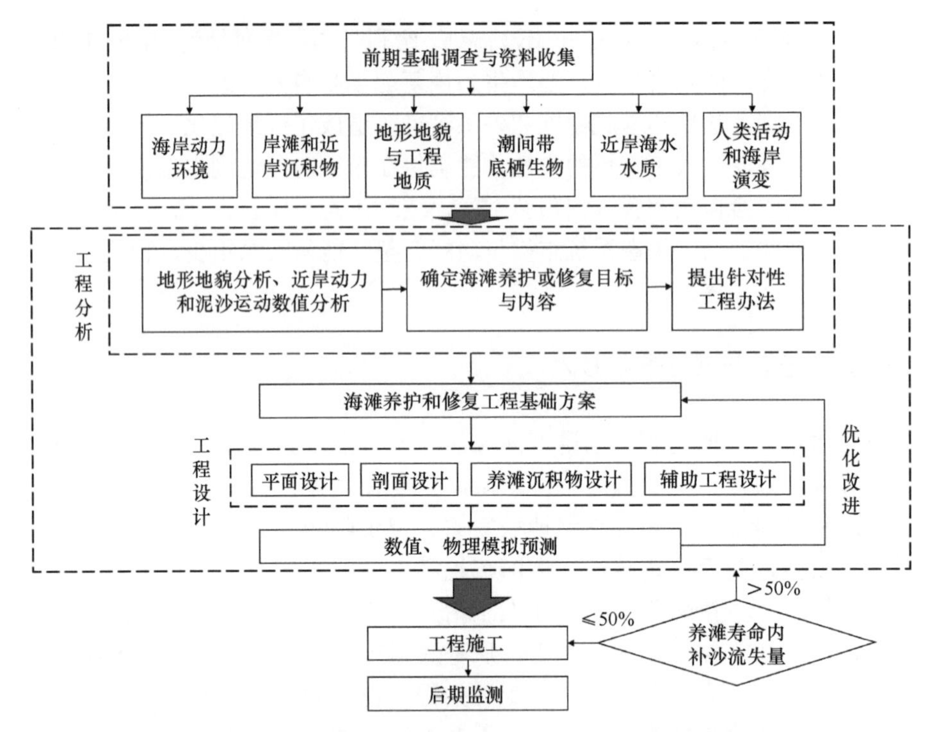


图 4-39　滩面养护工程示意图（《海滩养护与修复技术指南》HY/T 255—2018）

### 4.7.2　水动力修复技术

在海洋潮汐驱动下，潮滩湿地和近岸水体进行周期性的物质交换，达成营养物质收支的动态平衡；同时鱼类、大型底栖动物等随潮汐进出潮沟，或索饵或隐蔽，从而促成了潮滩湿地丰富的生物多样性。在欧美等地，潮滩湿地的退化问题最为常见，主要由于筑堤、建桥、修路等人为活动造成潮滩湿地与近岸水体的连接度下降，水体淡化导致潮滩植物被芦苇、香蒲等淡水种所替代，因此“水动力修复”技术是目前欧美最为常见的潮滩湿地恢复手段。“水动力修复”技术实施时一般先打开湿地外围堤坝，形成缺口，引导潮汐进出湿地，同时开挖湿地内部潮沟，以调节内部水流分配，提升湿地持水时间，促进潮滩植物自然生长。值得注意的是，在具体实施之前，必须先构建水动力模型，并严格进行水工计算，在此基础上方能确定技术方案，以确保技术实施后水动力条件的变化不会影响湿地基底的稳定。具体实施时，通过人工开挖形成潮流通道，引导潮流进入目标恢复区，同时在恢复区内部人为构设潮沟，结合水力模型进行优化结果，引导水流均匀分配，防止局部积水和过快退水，促进基底提升，同时提高湿地总体持水时间。

加拿大芬迪湾和美国特拉华湾湿地恢复工程根据水动力条件和模型计算结

果，通过破坏围堤等水文限制设施，恢复原有湿地的自然潮汐交换，同时修复主次级潮沟，增加水文流通性，经过自然演替最终达到修复目标。面对海平面上升和风暴潮等问题，部分地区在原有堤防基础上建设水文调控系统，控制进出水量，形成人工潮汐以恢复湿地。英国埃文河河口依托河口和湿地的水位差来实现闸门自动开关，但由于降雨和堵塞问题，湿地长期处在淹水状态。我国上海鹦鹉洲湿地通过调节液压坝的高低以形成人工潮汐，促进芦苇等盐沼植物的生长（图 4-40）。

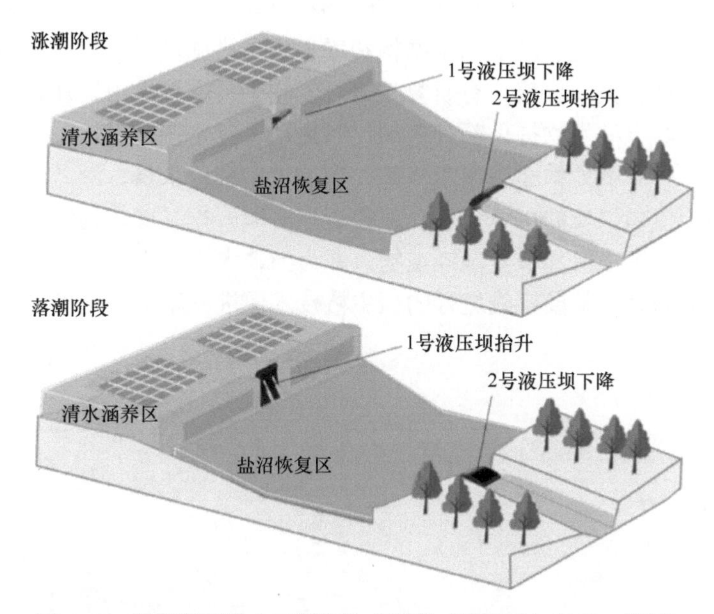


图 4-40 鹦鹉洲湿地人工潮汐技术原理（彩图请扫封底二维码）

### 4.7.3 植物引种技术

植物引种技术主要针对一些植物自然生长过缓或对植物物种有特定要求的恢复湿地实施，常见的有“种子播撒”“外来植物移栽”“原位植物移栽”三种方式。种子播撒法成本最低，但成活率也相对较低；外来植物移栽时植株密度的选择是成功与否的关键因素之一，植株密度的高低决定了技术成本，同时也影响着工程实施后植物的自然生长速度和郁闭程度；原位植物移栽多在恢复湿地外围受损严重的区域实施，即利用湿地现存的本地植物及其基底，将其搬运至目标区域，形成植物岛丘，该法的成本较高，但具有可保留本地底栖动物和基底微生物的优势。在植物引种技术实施之前，必须先确定“人工干预”和“自然演替”的主次关系，目前得到多数生态学家们认可的方式是先针对湿地局部有条件的区域斑块状引种植物，通过自然演替作用逐渐恢复形成本地植物丛群。移植密度和布局是植被恢复过程中需要考虑的关键因素。植物密集种植的方式会产生积极的种间相互作用并提高植物存活率，中等密度移植植被的恢复效果可能优于高密度。创造良好的保育条件有利于植被的快速恢复，如种植盐沼植物和红树植物时，都可以利用PVC管、松木桩、人工牡蛎礁等减少波浪对植物的影响。

### 4.7.4 生态坝和植生格技术

考虑到法律、经济和环境方面，河流、海岸堤防岸线无法舍弃硬质设施建设，国内外普遍在硬质设施基础上调整结构和增加生态措施。由于担心大型的生态工程会影响安全性和美观价值，有研究认为可以在小尺度范围内增加设施表面的复杂性，为海藻等小型生物提供额外空间。对堤坝进行生态化设计，在表面恢复植被，同时在不同高度处构建进出水闸门，调控进出湿地水量、潮差和停留时间，以营造有利于植物生长的生境条件。或在近岸海域开挖基底，构筑土坝，形成方形植生格，在植生格内部恢复湿地植物，并为当地水生动物提供庇护所。图 4-41 为上海奉贤碧海金沙某段岸线进行的植生格技术促进堤岸生态化工程完成图。

图 4-41 植生格技术促进堤岸生态化（上海奉贤碧海金沙，陈雪初摄）（彩图请扫封底二维码）

美国西雅图市在海堤改造计划中引入了不同朝向的鳍状、阶梯状和扁平状的鹅卵石海堤表面；加拿大温哥华会议中心设计的混凝土台阶构成的海堤阶梯在水平方向有效增加了浅水栖息地面积；澳大利亚在悉尼港修建海堤时通过减少砌块和封口的方式形成人工潮池，调查发现人工潮池中物种多样性高于附近的天然潮池。

布设于低潮滩的牡蛎礁是欧美地区海岸带保护的重要组成部分之一。除了直接利用混凝土制成的礁体，部分地区也会将收集来的牡蛎装入网袋，利用网袋构建礁体。成熟牡蛎产生的牡蛎幼虫到达牡蛎礁后，会永久性地黏合在礁体上，实现牡蛎礁的不断扩张。在礁体上牡蛎可以大幅度地减少浮游植物和颗粒状有机碳的沉积，起到净化水质的作用。牡蛎礁的构造会增加潮间带的空间异质性，并聚集大量的浮游生物，促进以浮游生物为食的鱼类和大型底栖无脊椎动物生长，提升海岸带生态多样性。中国水产科学研究院东海水产研究所在长江口南北导堤附近水域进行巨牡蛎的增殖放流，促进了周围底栖动物的物种、密度和生物量增长。在美国亚拉巴马州投放的牡蛎礁则实现了蓝蟹、比目鱼等经济物种的增殖。将牡蛎礁布设于中低潮滩外缘，可以充当生物防波堤，并能够伴随海平面上升生长，实现对海岸带生态系统的弹性保护。

## 4.8　小型景观水体水质修复与藻类控制

在现代住宅小区中构建包含景观水池、水泵、喷泉、湿生植物、观赏鱼类等景观生态要素的小型景观水体，既能够满足人类对于亲水的天性需求、丰富居住环境中的景观多样性，同时也对提高住宅区品质和舒适性具有重要价值。近年来出现许多以小型水景为卖点的小区，但现阶段的小型水景往往出现水质恶化、水华暴发等问题，反而影响了小区人居环境质量，如何设计并构建出既能满足景观功能需求，又具备水质自我修复能力，还可保证水域生态系统健康长存的水景系统，是人们共同关心的热点问题。小型水景出现的水质问题比较相似，主要有：①有害藻类过量繁殖；②水体发黑发臭；③蚊蝇滋生等。究其原因，一方面可能是设计不当造成的，如设计者往往只注重水景观不注重水质，不能充分发挥水生植物的水质净化能力等；另一方面若从生态学角度分析，则可以发现小型水景自身存在一些先天缺陷，必须通过人为调控加以克服。

### 4.8.1　小型水景生态过程与水体水质问题

健康的水景与任何水域生态系统一样，都存在如图 4-42 所示的营养盐内生循环过程。在此循环中，水生植物和藻类为初级生产者，利用光合作用将氮、磷等营养物质和二氧化碳转化为碳水化合物、蛋白质等；浮游动物为初级消费者，它们通过捕食作用获取藻类光合成所固定的营养物质，并进一步传递给次级消费者鱼类；而初级消费者和次级消费者所排放的碎屑物质和死亡残体，则被螺、贝等腐食者分解成微小的有机颗粒，并最终被微生物分解成无机物，返回水体中重新供给初级生产者。

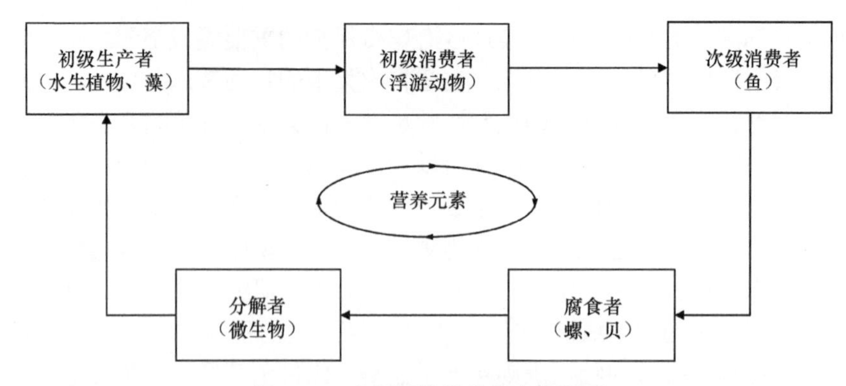


图 4-42　水景湿地营养盐内生循环

值得注意的是，与自然水体相比，小型水景中的营养盐内生循环过程既有相似之处又有明显不同。最大的区别在于小型水景受到人类活动的影响很大，地表径流、可能的生活污水排放和喂鱼时过量的饵料带入了大量的外源性营养物质。另外，人们为了追求景观效果往往会在小型水景内饲养大量的观赏鱼，即循环中次级消费者种群密度远远超过自然水体。这些问题最终导致了内生循环的破坏。具体如下：

1）上行效应加强导致藻类大量增殖。外源性营养物质不断进入水体，为藻类大量增殖提供了基础条件，而水体的静止状态和浅水的适宜光环境更加促进了藻类的增殖。当优势藻种为微囊藻等产毒藻类，释放的藻毒素还会抑制消费者的生长和繁殖，进而对微囊藻种群的增长起到正反馈作用。

2）下行效应加强导致浮游动物消失。水景湿地中的观赏鱼类为最主要次级消费者，对于水体中的初级消费者浮游动物会起到下行调控作用。在水景湿地中，观赏鱼类的种群密度远远高于自然水体，当其生物量达到控制初级消费者生长的生物量下限时（$30g/m^3$，对于一般的水景水体很容易达到），就会造成水景湿地中浮游动物种群密度急剧下降甚至消失。浮游动物的消失又进一步促进了它的主要食物藻类特别是有害蓝藻的增殖。

3）腐食者、分解者缺失。许多水景湿地在设计时往往只关注到与景观有关的植物、鱼等，却忽视了腐食者和分解者。多数水景湿地中缺少螺、贝等底栖腐食者，或者一些水景湿地采用水泥等硬质基底不利于腐食者和分解者的生长。腐食者、分解者的缺失使得生产者、消费者死亡残体和其他有机大碎屑难及时分解，从而导致水景湿地中有机质快速积累，促使水体底部厌氧化。

在上述三个破坏过程共同作用下，水景湿地中初级生产者大量增加，初级消费者几乎消失，系统中营养物质的内生循环链断裂，大量的营养物质停留在初级生产者阶段并随着藻类的死亡直接进入腐食者、分解者阶段，但由于腐食者、分解者与生产者的比例也失调，不足以降解所有的藻类残体，剩余的藻类残体在水中缓慢厌氧消化，使得水体 COD 含量增加并发黑发臭。从以上的分析可以看出，必须充分考虑小区水景湿地的特点，合理设计水景湿地中生产者、消费者、分解者比例，并保证水体的流动性，才能确保水景湿地健康稳定地运行。

### 4.8.2　小型景观水体生态要素的设计与调控

小型景观水体的生态要素主要包括基底、植物、动物、微生物分解者，可结合生态学和环境学的基本原理进行设计与调控。

1）基底。现有水景湿地的基底基质有水泥、卵石、细砂、黏土等选择。相比而言，以黏土或泥炭土为基底，并在其上覆盖一定厚度卵石或细砂是较为理想的设计方案。这是因为黏土或泥炭土可为底栖分解者的生长繁殖提供良好生境和有机营养，卵石和细砂则可以有效抑制沉底悬浮物质随风浪扰动而出现的再悬浮现象，同时这样的基底组合也有利于湿地植物的固定和生长。此外在水景湿地中可以添加一些功能性基质如水化硅酸钙、沸石等来吸附水中的营养物质，并强化湿地植物对这些营养物质的吸收能力。

2）植物。自然湿地中的植物有沉水、挺水、浮水植物之分，这些植物光补偿点不同，因此生活在水体的不同深度处，与藻类共同扮演了湿地生态系统中的生产者角色。水景湿地中常用到的植物以挺水植物和沉水植物为主：挺水植物主要有睡莲、水葱、香蒲、菖蒲、再力花、鸢尾等；沉水植物主要有狐尾藻、轮叶黑藻、苦草等；在没有任何其他水质净化措施的情况下，为了避免有害藻类的过量繁殖，可将水景湿地中水生植物的水面覆盖面积提高到 1/3 以上，以通过遮光作用抑制蓝藻。同时，为避免生态演替，可采用缸种、圈种的方式将同种植物限制在水景湿地的特定区域内，从而保证湿地植物景观的稳定性和多样性。

3）动物。水景湿地中的动物包括浮游动物、底栖生物、鱼等。除了可以投放常见的观赏鱼类外，还可以投放少量的鳙、鲢等鱼类，这些鱼类可以吞食藻类等植物，起到一定的控制有害藻类增殖的目的，鱼的密度在保证观赏性的同时也应适当限制以保证浮游动物能够不被捕食殆尽。螺等底栖生物也必不可少，可以吞食藻类、有机碎屑和生物残体，起到水底“清道夫”的作用。

4）微生物分解者。微生物是水景湿地中最主要的分解者，对于污染物质降解及营养物质循环起到主导作用，是决定水景湿地水质的关键因素。在水景湿地中，微生物主要富集于基底表层，但由于缺乏生长挂膜载体，总生物量较为有限，因此对于污染物质的降解速度较慢，如何提升微生物的生物量和降解效能是水景湿地要解决的瓶颈。较为简单的方法为进行底层曝气，提升基底好氧菌的数量，并为有机物降解过程提供充足的溶解氧，提高降解速度。然而总体而言，相对于水景湿地中不断生成的大量污染物而言，基底微生物的降解作用是极为有限的。

在常规水景中，分解者往往是缺乏的，这是导致水景水质恶化的主要原因。因此可在原位或者旁侧设计附属的净化设施，人为构筑出“分解者系统”，对水体进行循环净化，从而确保水景生态系统的稳定运行。在具体工程设计中，可以引入人工湿地作为“人工强化分解者系统”，构型上可选择表面流+潜流多级复合的方式，达成沉淀悬浮物质、降解有机物、硝化反硝化脱氮和藻类控制等目的。引入“人工强化分解者系统”是达成水质改善和藻类控制目标的核心部分，这类“人工强化分解者系统”的总体构型应当与小区的整体景观风格相统一，在具体工程实践中应考虑当地实际情况，选择环境适应性强、景观效果理想的本地植物，并依据地势、水势来布置相应的湿地植物，与周边景观协调配合，给观者以浑然天成的亲水体验。对于“人工强化分解者系统”，可以根据实际情况选择地埋式、原位式、旁侧式；一般来说，表面流人工湿地可以设计成原位式，潜流人工湿地可以设计成地埋式和旁侧式。

图 4-43 是与水景湿地相结合的原位人工湿地设计原理示意图。图 4-44 及图 4-45 分别展示了某小区小型原位生态循环净化系统现场图及上海某小区庭院生态水景示范工程。该生态循环净化系统包含 4 个原位处理单元，按照处理流程分别为生态过滤单元、生态除氨单元、接触氧化单元、反硝化过滤单元。生态过滤单元中主要种植狐尾藻、黑藻等沉水植物，水由泵经管道泵入该单元以后流速减慢，缓速流过填料和沉水植物之间的空隙，水中的固态污染物在沉淀和空隙过滤的作用下得到较好地去除。水从生态沉淀区中流出后进入生态除氨单元，该单元中填料为沸石，并种植具有景观效果的挺水植物，沸石可以很好地吸附水中的氨氮，即相当于富集水中的氨氮供给挺水植物生长，而挺水植物吸收氨氮则可以避免沸石达到吸附饱和影响长期除氨效果。第三个单元为接触氧化单元，主要种植挺水植物，以大陶粒为填料。相比于其他单元，该单元进行持续性的曝气以促进好氧微生物的生长，一方面去除水中 COD，另一方面进行硝化作用进一步降低水中氨氮。最后是反硝化过滤单元，种植挺水植物，填料为碎石，碎石表面积比较大，另外由于是系统最后一个单元，水流最为缓慢，相应停留时间最长，水

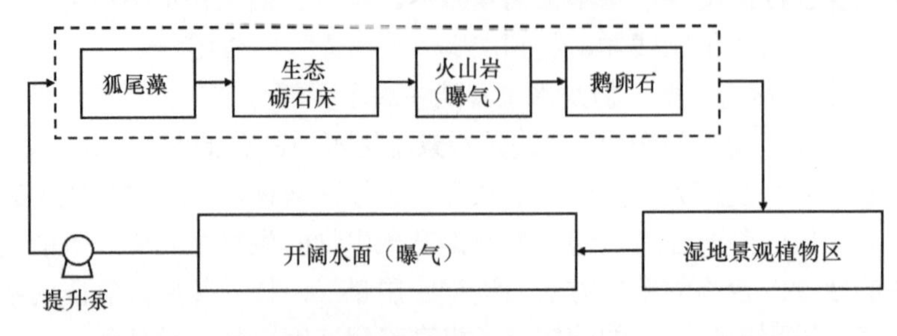


图 4-43　与水景湿地相结合的原位人工湿地设计原理示意图

图 4-44　小型生态水景湿地（陈雪初摄）（彩图请扫封底二维码）

图 4-45　上海某小区别墅 $10m^2$ 庭院水景示范工程（陈雪初摄）（彩图请扫封底二维码）

a. 实施前；b. 实施 5 天后；c. 实施 15 天后；d. 实施 40 天后

中溶解氧在上一个单元消耗以后进入该单元时形成一个缺氧环境，这些因素都创造了一个利于长世代周期反硝化细菌生长的环境，进行反硝化作用最终去除水中的氮。

住宅小区水景的工程实践在国内还处在不断发展的阶段，将环境学、生态学和景观美学的基本原理相结合开展水景湿地设计工作，既能够有效地避免水质恶化问题，又能形成优美和谐的亲水景观，具有较好的现实意义和实用价值（图 4-44、图 4-45）。对于水景湿地生态过程的具体状况、水生态系统的调控方法、人工强化分解者系统的优化设计等，是较为值得深入研究和实践的方向。

## 主要参考文献


陈雪初, 孙扬才, 曾晓文, 等. 2007. 低光照度对源水中铜绿微囊藻增殖的抑制作用. 中国环境科学, 27(3): 352-355.

丁则平. 2007. 日本湿地净化技术人工浮岛介绍. 海河水利, (2): 63-65.

段学花. 2009. 河流水沙对底栖动物的生态影响研究. 清华大学博士学位论文.

金相灿, 稻森悠平, 朴俊大. 2007a. 湖泊与湿地水环境生态修复技术与管理指南. 北京: 科学出版社.

金相灿, 颜昌宙, 许秋瑾. 2007b. 太湖北岸湖滨带观测场水生植物群落特征及其影响因素分析. 湖泊科学, 19(2): 151-157.

孔海南. 2005. 应用扬水筒技术控制饮用水源水库富营养化的工程规模实验研究//中国环境科学学会水环境分会. 2005 中国水环境污染控制与生态修复技术高级研讨会论文集. 宜昌: 中国环境科学学会水环境分会.

雷泽湘, 谢贻发, 刘正文. 2006. 太湖梅梁湾不同沉积物对 3 种沉水植物生长的影响. 华中师范大学学报(自然科学版), 40(2): 260-264.

李先宁, 宋海亮, 吕锡武, 等. 2007. 水耕植物过滤法去除氮磷的影响因素及途径. 环境科学, 28(5): 982-986.

林超文, 罗春燕, 庞良玉, 等. 2010. 不同耕作和覆盖方式对紫色丘陵区坡耕地水土及养分流失的影响. 生态学报, 30: 6091-6101.

刘建康. 1999. 高级水生生物学. 北京: 科学出版社.

刘建康, 谢平. 2003. 用鲢鳙直接控制微囊藻水华的围隔试验和湖泊实践. 生态科学, 22: 193-198.

秦伯强, 胡维平, 高光, 等. 2003. 太湖沉积物悬浮的动力机制及内源释放的概念性模式. 科学通报, 48(17): 1822-1831.

秦伯强, 胡维平, 刘正文, 等. 2007. 太湖水源地水质净化的生态工程试验研究. 环境科学学报, 27(1): 5-12.

史德明. 1997. 山坡地开发利用中的水土保持新技术: 介绍山边沟及其应用前景. 水土保持通报, (1): 35-36.

王宝贞, 王琳, 刘硕, 等. 2005. 污水处理与利用生态系统的研究与工程实践//中国环境保护产业协会水污染治理委员会, 上海三爱环境水务工程有限公司, 国际水协会. 2005 中国国际水处理技术高级专家论坛论文集. 北京: 中国环境保护产业协会, 国际水协会.

谢平. 2003. 鲢、鳙与藻类水华控制. 北京: 科学出版社.

严立, 刘志明, 陈建刚, 等. 2005. 潜流式人工湿地净化富营养化景观水体. 中国给水排水, 21: 11-13.

小島貞男, 飯田耕作, 滑川明夫. 2000. 局部遮光による藻類(アオコ)制御の実証的研究. 用水と廃水, 42: 5-12.

中村圭吾, 森川敏成, 島谷幸宏. 2000. 河口に設置した人工内湖による汚濁負荷制御. 環境システム研究論文集, 28: 115-123.

Benndorf J, Pütz K. 1987. Control of eutrophication of lakes and reservoirs by means of Pre-Dams Ⅱ. Validation of the phosphate removal model and size optimization. Water Research, 21: 839-842.

Borin M, Vianello M, Morari F, et al. 2005. Effectiveness of buffer strips in removing pollutants in runoff from a cultivated field in North-East Italy. Agriculture, Ecosystems & Environment, 105: 101-114.

Boyero L. 2003. The quantification of local substrate heterogeneity in streams and its significance for macroinvertebrate assemblages. Hydrobiologia, 499: 161-168.

Brooks J L, Dodson S I. 1965. Predation, body size, and composition of plankton: the effect of a marine planktivore on lake plankton illustrates theory of size, competition, and predation. Science, 150: 28-35.

Carpenter S R, Kitchell J F, Hodgson J R. 1985. Cascading trophic interactions and lake productivity: fish predation and herbivory can regulate lake ecosystems. BioScience, 35: 634-639.

Chen X, He S, Huang Y, et al. 2009a. Laboratory investigation of reducing two algae from eutrophic water treated with light-shading plus aeration. Chemosphere, 76: 1303-1307.

Chen X, Kong H, He S, et al. 2009b. Reducing harmful algae in raw water by light-shading. Process Biochemistry, 44: 357-360.

Gedan K B, Kirwan M L, Wolanski E, et al. 2011. The present and future role of coastal wetland vegetation in protecting shorelines: answering recent challenges to the paradigm. Climatic Change, 106: 7-29.

Harvey H R, Macko S A. 1997. Kinetics of phytoplankton decay during simulated sedimentation: changes in lipids under oxic and anoxic conditions. Organic Geochemistry, 27: 129-140.

Heo W M, Kim B. 2004. The effect of artificial destratification on phytoplankton in a reservoir. Hydrobiologia, 524: 229-239.

Hrbáček J, Dvořakova M, Kořínek V, et al. 1961. Demonstrations of the effects of fish stock on the species composition and the intensity of the metabolism of the whole plankton association. Verhandlungen-Internationale Vereinigung für Theoretische und Angewandte Limnologie, 14: 192-195.

Hsieh C Y, Liaw E T, Fan K M. 2015. Removal of veterinary antibiotics, alkylphenolic compounds, and estrogens from the Wuluo constructed wetland in southern Taiwan. Journal of Environmental Science and Health - Part A Toxic/Hazardous Substances and Environmental Engineering, 50: 151-160.

Jowett I G, Richardson J. 1990. Microhabitat preferences of benthic invertebrates in a new zealand river and the development of in-stream flow-habitat models for *Deleatidium* spp. New Zealand Journal of Marine and Freshwater Research, 24: 19-30.

Jungo E, Visser P M, Stroom J, et al. 2001. Artificial mixing to reduce growth of the blue-green alga Microcystis in Lake Nieuwe Meer, Amsterdam: an evaluation of 7 years of experience. Water Science and Technology: Water Supply, 1: 17-23.

Lowe E, Battoe L, Coveney M, et al. 2001. The restoration of Lake Apopka in relation to alternative stable states: an alternative view to that of Bachmann et al. (1999). Hydrobiologia, 448: 11-18.

Mariotti G, Fagherazzi S. 2013. Critical width of tidal flats triggers marsh collapse in the absence of sea-level rise. Proceedings of the National Academy of Sciences of the United States of America, 110(14): 5353-5356.

Meijer M L, Hosper H. 1997. Effects of biomanipulation in the large and shallow Lake Wolderwijd, The Netherlands. Hydrobiologia, 342-343: 335-349.

Mitsch W J. 1993. Ecological engineering: a cooperative role with the planetary life-support system. Environmental Science and Technology, 27: 438-445.

Nakamura K, Tsukidate M, Shimatani Y. 1998. Characteristic of ecosystem of an artificial vegetated floating island. Advances in Ecological Sciences:171-181.

Nakano K, Lee Jong T, Matsumura M. 2001. *In situ* algal bloom control by the integration of ultrasonic radiation and jet circulation to flushing. Environmental Science and Technology, 35: 4941-4946.

Nishihiro J, Nishihiro M A, Washitani I. 2006. Restoration of wetland vegetation using soil seed banks: lessons from a project in Lake Kasumigaura, Japan. Landscape and Ecological Engineering, 2: 171-176.

Olyslager N J, Williams D D. 1993. Microhabitat selection by the lotic amphipod *Gammarus pseudolimnaeus* Bousfield: mechanisms for evaluating local substrate and current suitability. Canadian Journal of Zoology, 71: 2401-2409.

Patty L, Real B, Gril J J. 1997. The use of grassed buffer strips to remove pesticides, nitrate and soluble phosphorus compounds from runoff water. Pesticide Science, 49: 243-251.

Reynolds C S. 2006. The Ecology of Phytoplankton. New York: Cambridge University Press.

Richards W T, Loomis A L. 1927. The chemical effects of high frequency sound waves Ⅰ. A preliminary survey. Journal of the American Chemical Society, 49: 3086-3100.

Rubio F C, Camacho F G, Sevilla J F, et al. 2003. A mechanistic model of photosynthesis in microalgae. Biotechnology and Bioengineering, 81: 459-473.

Seidel K. 1976. Macrophytes and water purification//Tourbier J, Pierson R W. Biological Control of Water Pollution. Philadelphia: University of Pennsylvania Press.

Shapiro J, Lamarra V, Lynch M. 1975. Biomanipulation: an ecosystem approach to lake restoration// Brezonik P, Fox L. Proceedings of a Symposium on Water Quality Management Through Biological Control. Gainesville: University Press of Florida: 85-95.

Watanabe H, Grismer M E. 2001. Diazinon transport through inter-row vegetative filter strips: micro-ecosystem modeling. Journal of Hydrology, 247: 183-199.

Wood S E, White J, Armbruster C K. 2017. Microbial processes linked to soil organic matter in a restored and natural coastal wetland in Barataria Bay, Louisiana. Ecological Engineering, 106: 507-514.

Yin C, Zhao M, Jin W, et al. 1993. A multi-pond system as a protective zone for the management of lakes in China. Hydrobiologia, 251: 321-329.

Zhang G, Zhang P, Liu H, et al. 2006. Ultrasonic damages on cyanobacterial photosynthesis. Ultrasonics Sonochemistry, 13: 501-505.

# 第 5 章　水域生态修复工程案例

## 5.1　湖泊富营养化控制

从 20 世纪 80 年代起，我国太湖、滇池、巢湖等重要湖泊都出现了富营养化现象，蓝藻水华频发并对当地生产生活产生负面影响。从全球范围来看，水体富营养化引发的藻类水华问题并不是我国独有的生态灾害，欧美、日本等发达国家在工业化的早期就已经出现，至今尚有许多湖泊处于藻类威胁之中。针对有害藻类控制问题，国内外进行了长期的研究和实践，积累了许多值得借鉴的经验与教训。经过不断总结，目前形成的技术思路主要涉及“污染源控制”“湖泊生态修复”“有害藻类应急防治”等 3 个方面。

### 5.1.1　控制对策简介

控制外源性的和削减内源性的氮磷营养盐，一致被认为是缓解富营养化进程、控制蓝藻水华的根本性措施。日本学者认为，随着湖泊所供养的人口密度的增加，湖泊的有机负荷和营养盐负荷加重，蓝藻水华出现的概率增大。在丹麦，政府强制城市污水厂实施除磷脱氮技术，规定服务量超过 5000 人口的污水厂必须有除磷工艺，服务量超过 15 000 人口的必须有脱氮工艺，对于一些小规模的污水处理设施，政府则鼓励投加除磷剂进行深度处理。在美国，长达 40 余年的阿波普卡湖（Lake Apopka）整治和修复过程中，控制外源性磷就被认为是实施方案中最为核心的部分：一方面禁止周边的柑橘污水厂和城市污水处理厂向该湖排放有机物和生活污水；另一方面由于确认了农业废水是最主要的污染源，所以当地的水资源管理局斥巨资收购了面积高达 19 000 英亩①的农场，并将其中 2000 多英亩的土地改造成了具有水质净化功能的湿地（Coveney et al.，2001）。在日本，政府制定了十分全面的营养盐控制策略，针对市政污水，广泛推行城市污水厂的深度处理改造；针对排放量较小的点源如小村镇、别墅区等，普及合并式净化槽和土壤渗滤系统等分散型污水处理设施；针对面源污染，一方面改进农作技术，如引入侧沟施肥机改善施肥方法、根据土壤性质适度施肥等，另一方面则针对入湖入库河道，开展直接净化，目前较为成熟的有砾间接触氧化法（生态砾石法）、水生植物植栽

① 1 英亩=0.404 856hm$^2$

净化法、滞留池法等。较为引人注目的是，在日本霞浦湖的治理中，针对利尻川携带大量泥沙及营养盐入湖的问题，科技人员设计了面积为 3$hm^2$ 的由橡皮坝围成的“人工湖内湖”，运行后经核算，每年经由该河流入湖的总磷被削减了 46.5%（中村圭吾等，2000）。在外源得到有效控制的情况下，生物或物理因子等作用促使的沉积物释放，仍有可能导致水体在相当长的时间内难以摆脱富营养化或水质恶化等不良状态。例如，芬兰瓦西湖（Lake Vesijärvi）在外源负荷大幅削减后，蓝藻水华依然持续了十多年。富营养化仍然持续较长时间的原因主要是内源污染短期内不能消除（Nixdorf and Deneke，1997）。鉴于内源释放对富营养化具有长期的影响，在外源基本得到控制的情况下，国内外学者开发了一系列内源控制技术，如环保疏浚技术、底泥原位固化钝化技术、底泥覆盖技术等。

湖泊生态修复主要通过调控水生动物种群和恢复水生植物群落，促进受损的湖泊生态系统的水质好转，削减有害藻类生物量。美国通过组织实施清洁湖泊项目，开展受损湖泊生态修复研究，包括湖泊营养状况分类、遏制野生生物物种和群落多样性下降、恢复各种类型的生境，以改善和促进结构与功能的正常运转等。华盛顿湖在富营养化控制与水质改善方面取得了明显效果，被视为湖泊生态恢复和重建的范例。美国阿波普卡湖（Lake Apopka）通过捕获底栖鱼类美洲真鰶（*Dorosoma cepedianum*）达到改善湖水透明度、降低营养循环和减轻鱼类对浮游动物的摄食压力，浮游动物的增殖可以降低藻类生物量，在湖的沿岸带和浅水区种植了多种本地水生植物，有利于饵料生物增殖和鱼类摄食繁殖，并完善生态系统结构（Schaus et al.，2010；Slagle and Allen，2018）。北美五大湖的伊利湖、密歇根湖等的恢复与重建途径采取了工程措施、生物措施（水生植被恢复、重新引进土著鱼种、消除外来入侵种类及群落结构调整等）和行政管理等措施，取得了显著效果（Hartig and Thomas，1988）。

值得注意的是，一些国外湖泊如日本霞浦湖、美国华盛顿湖等的实践表明，控源策略耗资巨大，一般只能在实施 10 余年以后才能见效。而在我国现阶段国情也具有特殊性，即由于湖库水体功能交叉，常常出现纳污和供水并存的现象，要想完全截断外源污染困难重重，且部分富营养化水源地营养本底就较高。因此，在源头控制和生态修复的同时，还有必要采取有害藻类应急控制措施。

### 5.1.2 荷兰兹韦姆卢斯特湖生态修复

兹韦姆卢斯特湖（Lake Zwemlust）位于荷兰乌得勒支省（Utrecht），是一个小型浅水湖泊。平均水深 1.5m，最大水深 2.5m，面积约 1.5$hm^2$。该湖在夏季是游泳的胜地。水源来自周边费赫特河（River Vecht）的渗漏，入河氮、磷污染负荷分别为 2.2g P/($m^2$·a)和 5.3g N/($m^2$·a)。生物操纵工程实施前，该水体时常暴发蓝藻水华，优势种为铜绿微囊藻，水体透明度低于 30cm，沉水植物消亡殆尽（Van Liere and Gulati，1992）。

兹韦姆卢斯特湖的生态修复策略基于 Carpenter 等（1985）提出的营养级联学说，即认为生态系统的不同营养级生物之间存在着联动作用，消费者的逐级捕食作用，会自上而下地对藻类生物量、藻类种群结构和初级生产力产生重要影响。具体来说，位于营养级顶层的凶猛鱼类以捕食无脊椎动物和食浮游动物鱼类为生；当调控水体中存在大量食浮游动物鱼类时，凶猛鱼类将优先选择食浮游动物鱼类为主要食物；随着食浮游动物鱼类数量的下降，它们对下一个营养级——大型浮游动物的捕食压力降低，这时大型浮游动物的数量将很快增加；进一步地，由于大型浮游动物的滤食作用增强，水体中藻类生物量和初级生产力都会显著下降，同时个体尺寸较大的藻类被优先利用，藻类种群趋于微型化（Gulati and Van Donk，2002）。

兹韦姆卢斯特湖的生态修复工程于 1987 年 3 月间实施：首先将该湖放干，采用围网和电捕方式将食浮游动物鱼类和底栖鱼类清除，总共清除了 1500kg 鱼类，其中 75%以上为平均体长 10～15cm 的欧鳊（*Abramis brama*）；由于地下水自然补给，大约 3 天之后该湖恢复初始水位，此时重新引入 1600 尾平均体长为 4cm 的白斑狗鱼（*Esox lucius*）幼鱼和 150 尾红眼鱼（*Scardinius erythrophthalmus*）成鱼，红眼鱼的鱼卵可作为白斑狗鱼幼鱼的食物；还加入了总干重 1kg 的枝角类浮游动物，主要为蒙古裸腹溞（*Moina mongolina*）和透明溞（*Daphnia hyalina*）；同时为了营造鱼类和枝角类的栖息地，投加了一些球状轮藻（*Chara globularis*）种子、欧亚萍蓬草（*Nuphar lutea*）根茎和柳树枝，这些植生材料沉入水底，形成了可供白斑狗鱼栖息、繁育的苗床，同时也成为枝角类躲避捕食的最佳场所。

该工程实施后当年，控藻效果就显现出来。尽管外源氮、磷负荷没有变化，但藻类生物量从工程实施前的高于 100μg/L 下降至工程实施后的低于 5μg/L，而枝角类浮游动物种群密度则在春夏季的大部分时间都达到 100ind./L 以上；同时令人意想不到的是，沉水植物如伊乐藻（*Elodea nuttalli*）开始大量生长，1988 年沉水植物覆盖度达到 50%，1989 年则达到 80%，这不但直接将 70%左右的氮、磷固定在沉水植物生物库中，而且还大大增强湖体自身的反硝化能力，促使水体中溶解态氮浓度大大下降，湖泊进而转变为氮限制状态。现场连续研究结果还显示，湖泊的生物群落结构从原先的蓝藻、轮虫、鳊鱼为主，转变为沉水植物、枝角类和螺类及白斑狗鱼和红眼鱼为主的状态（Van Donk et al.，1990）。

工程实施后，还出现了一个意料之外的情况，即沉水植物过量生长，这导致游泳者活动不便，同时沉水植物也为螺类提供了优质的栖息地，大量增殖的螺类如静水椎实螺（*Lymnaea stagnalis*）还会分泌一些导致游泳者皮肤发痒的物质。于是工程方采购了一台水下割草机，通过定期收割的办法来控制沉水植物，运行结果显示大约每年收割两次，每次收割游泳区约 3%的沉水植物生物量即可保证游泳安全。

### 5.1.3 瑞典芬雅舍湖富营养化治理

芬雅舍湖（Lake Finjasjön）是瑞典南部的浅水型富营养化湖泊，面积约为 $1100hm^2$，平均水深约为 3m。20 世纪 30 年代开始，湖泊开始出现富营养化的特征，虽然后续污水处理厂建成，但处理仍然不够充分，蓝藻出现更加频繁；随着城市人口的增长，湖泊的磷负荷也不断增加，达到了 65t/a 的高峰值。1977 年，污水处理厂被重建，添加了化学絮凝工艺，减少了湖泊外部磷负荷至 5t/a；在 1992 年，政府启动了一项新的恢复项目（Annadotter et al.，1999）。

富磷的沉积物被认为是湖泊未能恢复的重要原因之一，60%的湖床面积被大约 3m 厚的沉积物覆盖。疏浚工作自 1987 年开始，5 年大约清除了 25%的沉积物。新恢复项目主要基于以下两个方法：通过减少鲤鱼的方法来操纵食物网，对浮游植物产生“自上而下”的效果；进一步减少外部营养负荷，包括来自入湖河流及污水处理厂的排水。具体实施措施如下。

通过拖网的方式减少鲤鱼的数量，并在船上配备分拣台，将捕获的掠食性鱼类重新放入湖泊中；为减少外部负荷，在入湖河流建立了 5m 宽的缓冲区，不用于农业，并且补偿每公顷 300 英镑每年的费用；同时建立了面积约为 $30hm^2$ 的人工湿地，用于进一步减少污水处理厂排出的富含氮元素和磷元素的尾水。

鲤鱼捕捞工程实施后，捕捞了大约 400t 鲤鱼，此时，湖内肉食性鱼类及草食性鱼类比例恢复至大约 1∶1，鱼群数量已经恢复平衡，明显的迹象表明，鱼类的减少对浮游生物群落产生了影响。其中浮游动物在 7 月出现了高峰，这是由捕食压力减少导致的；在夏季，浮游动物的群落变化伴随着浮游植物群落的变化，有毒的微囊藻藻华被多样化的植物群落所取代，浮游植物的总生物量及叶绿素 a 值明显低于正常值，透明度是往年的两倍。

在工程前，只有大约 1%面积的湖泊被沉水大型植物覆盖，而当工程实施后，沉水植物覆盖度增加到了 20%，并且由于沉水植物的恢复及透明度的提高，消失的鸟类重新回到了芬雅舍湖。

### 5.1.4 新西兰奥卡罗湖富营养化治理

奥卡罗湖（Lake Okaro）是新西兰北岛中部的一个小型、温暖的单体湖，面积约为 $0.32km^2$，最大水深 18m。湖泊的集水区大约为 $3.89km^2$，在 20 世纪 50 年代集水区几乎所有原生植物被清除，现在 95%以上区域为牧场。在 60 年代，湖泊低营养状态发展到富营养状态。

该湖是罗托鲁瓦湖泊（Lake Rotorua）中第二个开展恢复计划的湖泊。研究人员制定了以下计划（Özkundakci et al.，2010）：建造吸磷湖床盖；建造人工湿地去除入湖的营养物质；保护集水区中溪流的河岸；减少畜牧业带来的氮输入。具体实施措施如下：

2003 年 12 月，在湖中倒入大约 13m$^3$ 的明矾溶液，使得表层水体的铝浓度达到 0.6g/m$^3$；

2006 年 2 月，将两条常年流动的溪流水引入人工湿地，湿地面积约为 2.3hm$^2$。湿地种植超过 60 000 株植物，主要为一些灌木。经过计算，湿地每年能去除大约 45%入湖总氮负荷（165～210kg N）和 10%～15%的总磷负荷（5～6kg P）；

同时，河岸保护工程也在进行，包括牲畜的转移、围栏工程及湖滨带种植本土植物等；2007 年 9 月，110t 的铝改性沸石作为沉积物封盖剂被投入湖泊中将磷封盖至沉积物中。

工程实施后，每月度对湖水进行取样，湖泊水体透明度从 1.9m 增加至 2.4m。奥卡罗湖湖水中的磷浓度随改性沸石的应用而明显下降，这表明在该湖进行的所有修复工程中，沉积物封盖是最有效的。建成的湿地、农场的营养管理和河岸的恢复在减少总磷的外部负荷方面都非常有效。

### 5.1.5　西湖富营养化治理

杭州市西湖是国际著名的城市景观湖泊，其以秀美的山水、璀璨的历史古迹和深厚的文化底蕴而列入《世界遗产名录》，并成为国家 5A 级旅游景区。西湖是我国城市景观和历史文化的珍贵资源，千百年来，其以绮丽的自然风光、丰富的人文景观、深厚的文化积淀，成为国人心目中向往的天堂。西湖现有湖泊水域面积 6.5km$^2$，风景区域面积 59.04km$^2$，湖面被苏堤、白堤分成外西湖、北里湖、岳湖、西里湖和小南湖 5 个湖区，各湖区水体借桥洞相通，2003 年西湖向西扩展之后，增加了茅家埠等若干个子湖。西湖流域面积 27.25km$^2$，汇水面积 21.22km$^2$，地势总体上西南高东北低，西部低山区山势陡峭，东北部毗邻杭州湾，地势低平。西湖各支流为向湖汇集的放射状水系，支流的次级水系为羽状，支流较短小，主要有金沙涧、龙泓涧、赤山涧及长桥溪等补水溪流，集水面积共计 27.2km$^2$，合计集水面积占西湖总集水面积的 73.6%，同时环湖一些零星低丘也有一定溪水补给入湖。

西湖作为淡水湖泊，水源依靠天然降雨与山间积蓄的泉水，自净能力差。1955 年，为了防止湖泊的沼泽化，西湖进行了为期 4 年的大规模疏浚，平均水深从 0.5m 增至 1.8m。疏浚工程也带来了一些负面效应：大面积破坏了水生植物，造成了底栖动物种群的衰退，并且水深的增加与水下光照强度的下降对沉水植物的生长极为不利；与此同时，对西湖进行了渔业资源开发，大量放养草食性鱼类如草鱼、团头鲂等，进一步使得西湖内大型水生植物群落消亡，当时除北里湖、岳湖和三潭内湖有少量人工栽培的莲之外，其余湖区无任何水生植物生长；20 世纪 60～80 年代，随着地域经济及旅游业的逐步发展，流域内兴建了大量公共设施，大量污水直排入湖，促使西湖水体的富营养化水平迅速提高，水体中氮、磷等营养物质浓度显著上升，藻类大量生长，西湖水域生态系统由草型湖泊逐步转变为藻型湖泊。较为典型的是 1958 年出现的“红水”（由蓝纤维藻暴发引起，湖心点密度高达 $65\times10^8$cells/L）和 1981 年罕见的“黑水”（由水华束丝藻暴发引起，其数量占藻类总量的 98%，密度为 $6.77\times10^8$cells/L）现象。

#### 5.1.5.1 西湖富营养化治理的历史沿革过程

作为我国城市景观湖泊的典型代表和国际著名的景观湖泊，西湖富营养化及生态系统退化一直是政府和社会各界关注的问题。杭州市一直重视西湖的保护和治理，20 世纪 80 年代初，市政府就对西湖周边的城市污水采取了截污纳管措施，有效地控制了西湖北部、东部和南部城市污水对水体的污染（吴芝瑛等，2005）；1986 年建设完成了钱塘江引水冲污工程，当时日引水量为 30 万 $m^3$，连续引水一个月即可完成西湖一次水体交换，但引水冲污工程对西湖水质的改善仅局限于引水的进水口——西湖小南湖湖区，对其他湖区水质改善并不明显（马玖兰，1996）；90 年代末以来，杭州政府投入了大量资金用于西湖及其流域环境的整治与保护，如通过环湖截污工程，环湖基本实现了外部污染源的控源截污，使直接或渗排入湖的污水量每年减少 135.67 万 $m^3$，削减入湖总氮（TN）和总磷（TP）量分别达 11.94t/a 和 1.24t/a，有效控制了西湖北部、东部和南部城市污水对水体的污染；通过实施“西湖西进”，外迁湖西区 1000 多家住户及单位，新增湖面近 $90\times10^4m^2$，使西湖面积由原来的 5.67$km^2$ 加大到 6.38$km^2$（王向荣和韩炳越，2001），并且在湖西生态湿地区域种植水生植物近 66 种 100 多万株，年减少入湖 TN 和 TP 量分别达 4.63t 和 0.32t。在外源截污、扩展湖区的同时，还开展了一系列针对西湖水体的富营养化的治理与保护工程，包括西湖底泥疏浚工程、西湖引配水改建工程和湖西小流域生态治理工程（西湖龙泓涧生态治理工程）等。总体来看，2005 年以来，西湖外源营养物质输入逐渐减缓，局部水域水生植被得到恢复，藻类生物量明显下降，较大程度上延缓或遏制了西湖富营养化的发展，并使西湖及其流域的生态环境得到了较大改善（邓开宇等，2009）。

#### 5.1.5.2 西湖底泥疏浚工程

西湖底泥中营养物质含量非常高，有机质含量为 24.95%～68.70%，总氮含量为 0.93%～1.26%，总磷含量为 0.38%～0.41%，底泥释放作用是水体中氮、磷营养盐的主要来源之一，因此清除底泥是控制西湖富营养化的重要途径之一。前期监测结果显示，西湖底泥表层和软泥层总量为 389 万 $m^3$，折合含固率 25%的淤泥为 181 万 $m^3$。疏浚目标为清除表层 0.5m 左右的高污染底泥，总共疏浚含固率 5%的底泥共 500 万 $m^3$（折合含固率为 25%的底泥为 100 万 $m^3$）。疏浚工程分为两期，一期在 1999 年 12 月至 2000 年 9 月开展，二期在 2001 年 11 月至 2003 年 4 月开展，如图 5-1 所示，采用绞吸式疏浚工程作业，吸出含固率 5%的底泥，通过管道远距离输送至位于江洋畈的底泥堆场，利用自然沉淀作用进行脱水干化，所排出的上清水回流至西湖。

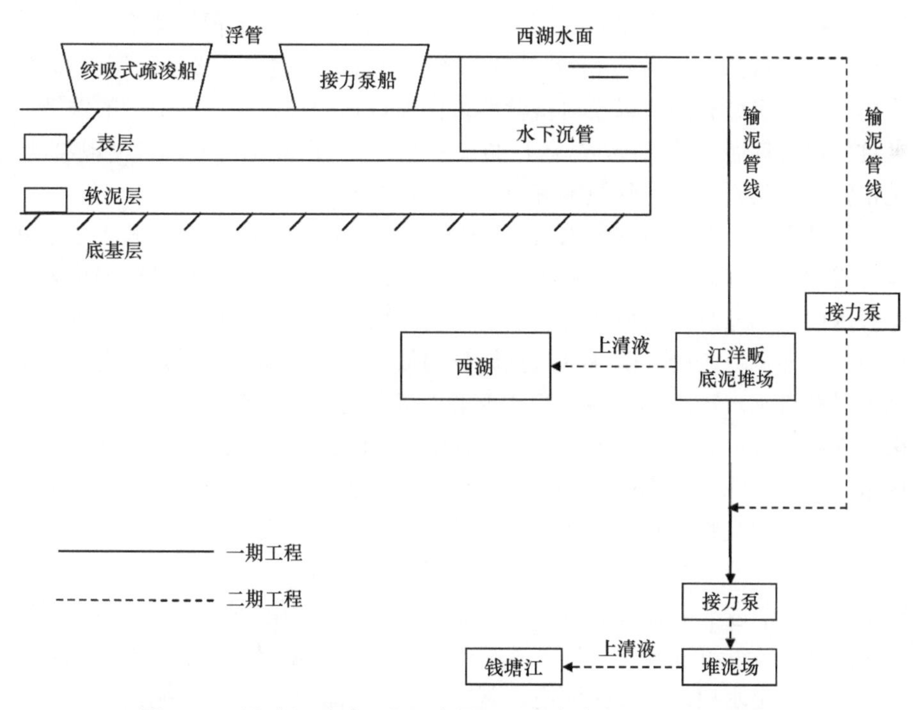


图 5-1　西湖底泥疏浚工程示意图（引自高建宏和王毅，1999）

现场疏浚工程选用荷兰产环保型绞吸式挖泥船吸泥，通过长约 400m 的浮管与水下潜管相连，浮管与水下潜管由钢管和橡胶管组成，浮管系用中密度聚乙烯浮筒浮起，潜管采用空压机注入空气使管道浮起进行移位和连接，湖中管道长约 3km，主要采用船泵与接力泵配合大型绞吸式挖泥船进行远程排泥接力作业，船泵排距不够时，由接力泵增压；通过陆上输泥管道将底泥输送到堆场，一般在排距 4km 左右设置一座加压泵房，基本采用对泵全封闭（即泵直接串联）的方法输送底泥。底泥堆场位于虎跑路以东的大慈山、钱王山和玉屏山之间的江洋畈，南端筑一高 20m、长约 290m 的拦泥坝，拦泥坝坝体采用碾压式土石坝，坝体材料就地取自堆泥场区内的土石料；底泥从北端进入堆泥场自然干化，上清水则从东南端溢出，上清水溢出后通过管道向东约 200m 处进入西湖引水管道，重力回流到西湖（高建宏和王毅，1999）。

西湖疏浚工程前后历时 4 年分为两期完成。两期共完成疏浚量 $346.9\times10^4m^3$（水下方），疏挖面积达 $5.54km^2$，平均水深从疏浚前的 1.65m 加深到 2.27m，有效降低了营养内负荷（吴芝瑛等，2008）。

#### 5.1.5.3 西湖引配水改建工程

西湖引水的目的为引水冲污，即利用水质相对较好的钱塘江水置换西湖水体，缩短水体换水周期，从而遏制西湖水质恶化的趋势，引水工程始建于 1986 年 9 月，设计引水量为 30 万 $m^3/d$，若连续引水一个月即可完成一次全西湖水体交换。但是由于投入资金有限，以及对富营养化问题认识的局限性，所引调的钱塘江并未经过任何处理而直接入湖。从运行结果来看，虽然西湖水体局部黑臭现象消失，但是富营养化问题没有得到根本解决，甚至日益严重。

为了从根本上改善西湖的水质，西湖引配水改建工程于 2003 年开工建设并于当年建成运行。其总体技术思路为采取絮凝沉淀工艺对钱塘江水进行强化处理，去除来水中大部分悬浮物质和总磷之后，再由引水管线分别输送至不同进水口放流至西湖，即从原来的高磷浊水入湖转变为低磷清水入湖，从原来的局部进水转变为多区域进水。该工程主要新建了玉皇山沉淀池，并改造了钱塘江引水泵站和赤山埠水厂，设计处理水量为每天 40 万吨（其中玉皇山沉淀池每天 30 万吨，赤山埠水厂内沉淀池每天 10 万吨）。其中混凝工艺主体构筑物为多级折板反应池，沉淀工艺主体构筑物为斜管沉淀池，絮凝剂则选用铝盐类。处理出水水质控制指标为：浊度＜7 度，总磷＜0.05mg/L，透明度≥120cm。如图 5-2 所示，出水经管网输配，从 5 个进水口流入不同湖区，其中小南湖和莲花峰每天 30 万吨、浴鹄湾每天 2 万吨、乌龟潭每天 3 万吨、茅乡水情每天 5 万吨，最后从圣塘闸、涌金闸、涌金池等 9 个出水口进入市区河道，基本实现西湖湖水的一月一换。

在西湖引配水改建工程建成后，西湖总体水质情况好于往年，表现为透明度逐年上升，主要营养盐指标有所下降。以 2007 年的西湖水质为例，年均透明度为 66.2cm，比 2002 年和 2003 年分别上升 22.2cm 和 17.2cm；总磷年均含量为 0.07mg/L，与 2002 年和 2003 年相比分别下降了约 30.0%和 26.3%；高锰酸盐指数年均值为 3.20mg/L，与 2002 年和 2003 年相比分别下降了 34.3%和 47.9%；叶绿素 a 含量为 53.8μg/L，比 2003 年下降 7.13%，比 2002 年下降约 20.80%。但受钱塘江水总氮含量较高的影响，西湖 2007 年总氮含量为 2.07mg/L，与 2002 年含量相当，比 2003 年增加了 1.82%。根据修正卡尔森营养状态指数计算的富营养化评价指数，也证明西湖的总体水质得到了一定程度的改善。

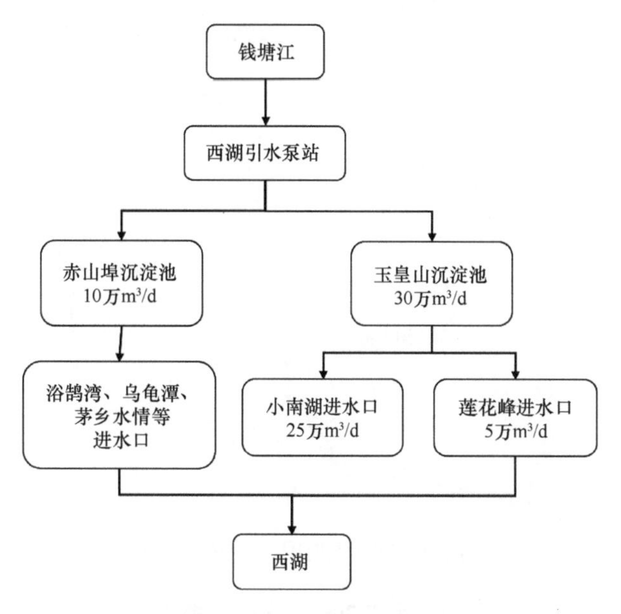


图 5-2　西湖引配水流向图

#### 5.1.5.4　西湖龙泓涧生态治理工程

西湖湖西部上游小流域产生的面源污染物绝大部分通过地表漫流进入 4 条主要溪流（金沙涧、龙泓涧、长桥溪、赤山溪），最终进入西湖水域。入湖负荷量中，以溪流入湖的 TN、TP 部分较高，根据实测数据，西湖周边溪流水中 N、P 的年平均浓度分别是西湖水体中的 2.2 倍和 2.3 倍。入湖溪流水质较差，是西湖水质不能完全达标的重要因素之一。因此，进一步控制入湖溪流污染，特别是削减其氮营养盐浓度，对于提升西湖水质、防治水体富营养化具有重要的意义。

龙泓涧位于西湖西南片山区，龙泓涧由发源于龙井的主流和吉庆山北侧支流构成，主要汇集吉庆山、里鸡笼山、天马山、龙井山等处的山涧溪流，以及这一区域内的茶园、居民点、旅游景点等产生的污、废水。在龙泓涧主流入湖口处现有以景观功能为主的五级梯级塘。龙泓涧主流最终形成两股出路：一股溪流汇入梯级塘，经过梯级塘的自净作用后，流入湖西茅家埠西南侧水域。在龙泓涧支流入湖口现有以景观功能为主的四级梯级塘，全部溪流汇入梯级塘，经过梯级塘的自净作用后，分为南北两股经过湖滨带湿地流入西湖湖西茅乡水情水域（图 5-3）。

当地相关部门 2005～2008 年对龙泓涧主流及支流逐月水质（入湖值）监测结果显示，高锰酸盐指数、总磷含量较低，其年平均值分别为 2.2～3.6mg/L 和 0.051～0.089mg/L；总氮和悬浮物含量较高，其年平均值分别为 3.5～5.2mg/L 和 12～19mg/L；年内总氮变化规律为在 1～14mg/L 波动，最高值出现在 10 月，达到

图 5-3 龙泓涧及其支流流向图（彩图请扫封底二维码）

14.0mg/L，次高值出现在 4 月，为 7.7mg/L；在入湖“三氮”中，硝态氮与总氮的相关性最强，以年平均值计硝态氮占总氮的比例为 61%；可溶性磷酸盐占总磷的比例则为 28%，这显示相当一部分磷以颗粒态形式进入西湖湖西水域。

受西湖风景名胜区管委会委托，上海交通大学河湖环境工程技术研究中心主持设计了龙泓涧小流域生态治理工程。由于龙泓涧是龙井茶的主要产区，是杭州市的著名景点，业主单位强调要求所实施的治理工程必须在不改变、不影响现有生态景观的前提下达成水质净化功能。在深入调查龙泓涧小流域污染源发生、污染物输移与入湖现状的基础上，根据国内外小流域生态治理的实践经验，结合杭州西湖的具体情况，确定总体设计原则为：利用龙泓涧及其支流已存在的沟渠、溪流、梯级塘坝、河口湿地、湖岸等，通过适宜的生态工程与生态恢复技术措施，构建水环境与水生态净化系统，实现小流域入湖溪流的生态净化与生态修复，达到控制与削减入湖污染、改善水质、修复生态的目的。

龙泓涧小流域生态治理工程基本设计思路为：针对污染物产生、输移、入湖全过程中的关键环节，集成“地表径流生态截流净化-前置库湿地净化-河口人工湿地强化净化-湖滨带生态恢复”等技术形成综合治理技术链，对水质进行逐级净化与修复（图 5-4）。其中，针对小流域山林、茶园、营业性茶室及餐馆集中的面源污染发生区域，在道路旁侧地面以下建设生态沟渠系统，对地表径流进行成片截流、渗滤处理，并收集导流引入溪流河道中；利用入湖溪流及天然存在的入湖河口之前连续 4～5 个梯级塘，构建以水生生物生态廊道、水生植物群落为主体的生态前置库系统，将溪流低污染水引入生态前置库中，利用生态廊道造成水体折流流动，最大限度地利用生态前置库中的有效容积延长停留时间，促使低污染水流与以挺水、浮叶、沉水等水生植物群落为主组成的微生物生物膜、微小动物生态系充分接触，利用水生植物、微生物生物膜等生态净化体系的综合作用对溪流中的悬浮物、总氮、总磷等污染物进行沉淀、吸附、吸收、同化、降解；在入湖河口周边，因地制宜地构建具有低污染水净化效能的复合湿地系统，利用配水沟渠将前置库系统净化出水均匀引入复合湿地系统，经过湿地基质及植物根系的物理、生物作用净化之后，流入湖体，因地制宜地构建湖滨带系统，最后利用湖滨带水生植物、微生物生物膜等生态净化体系的综合作用对低污染水进行生态净化，达到改善水质的目的。

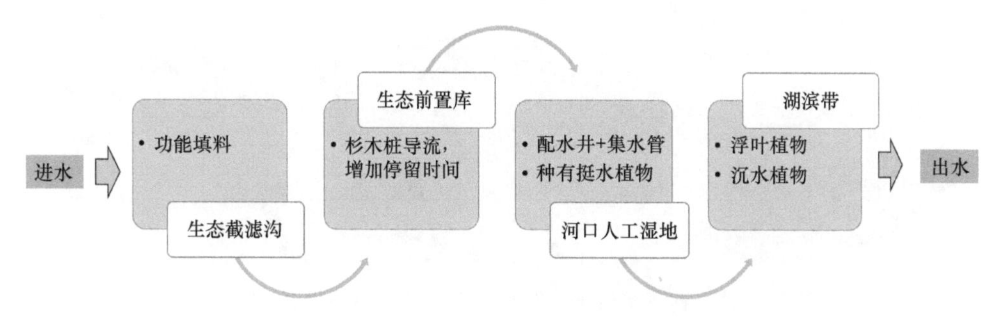


图 5-4　龙泓涧生态治理工程基本设计思路（彩图请扫封底二维码）

龙泓涧小流域生态治理工程由地表径流生态截流净化工程（图 5-5）、入湖溪流生态前置库净化工程（图 5-6）、河口人工湿地及湖滨带构建工程（图 5-7）等三部分内容组成。工程规模为建设地表径流生态截流净化沟渠约 3600m$^2$，建设生态前置库约 5 万 m$^2$，湿地与湖滨带约 2 万 m$^2$，其中河口人工湿地工程由于地基条件较差等多方面因素最终未能建设。龙泓涧小流域生态治理工程于 2012 年开工建设，并于当年完工。系统建成后运行结果显示，入湖溪流总氮浓度由原来的 5mg/L 降低至 1.5mg/L 以下，总氮去除率（按进出系统去除情况计）由原来的不

图 5-5　生态截滤沟施工完成情况（陈雪初摄）（彩图请扫封底二维码）
a. 整体效果；b. 近观效果

图 5-6　生态前置库构建（陈雪初摄）（彩图请扫封底二维码）

a. 杉木桩生态屏障施工情况；b. 生态前置库完工后情况；c. 春季前置库内挺水植物；d. 秋季前置库内挺水植物

图 5-7　龙泓涧-茅家埠湖滨带（陈雪初摄）（彩图请扫封底二维码）

a. 湖滨带；b. 近岸水域

足 10%提升至 40%以上，总磷和悬浮物去除率也提升至 30%以上。龙泓涧小流域生态治理工程在不改变龙泓涧风景原貌的前提下达到了削减入湖污染的目标，发挥了生态效益，得到了当地市民的好评。

#### 5.1.5.5　西湖湖西区水域水生植被恢复

2010 年起，西湖开展新一期的富营养化治理工程，水体水质逐步得到改善，局部透明度达到 1m 以上，但是水域中水生高等植物特别是沉水植物还较为少见，为此研究人员选取西湖湖西区茅家埠和浴鹄湾两处湖湾开展沉水植物恢复工程。

主要技术措施为沉水植物先锋物种的筛选种植、消除鱼类的影响及合理选择修复区域与水位的控制（张聪，2012）。

对西湖周边的原生水生高等植物历史及现状进行调查，根据生活史及其植物群落演替规律进行筛选，而后重建适合的先锋种类组合，在湖区局部进行人工培育繁殖试验。由于冬季水质较好，草食性鱼类对植株干扰最小同时人类干扰也较少，因此选择在 1 月开展种植工作。种植顺序分别是：菹草-苦草、黑藻-金鱼藻-狐尾藻-黄丝草-马来眼子菜。最先种植菹草，种植方式选择沉栽法，每 10 株菹草为一束，并以 6 束/$m^2$ 的密度种植在指定区域内；4 月调查显示，区域内菹草生物量达到 13.125t，其中浴鹄湾为 3.125t，茅家埠为 10t；同年 7 月调查结果显示，在菹草生长较好的区域，底泥中菹草营养体芽孢存量为 12 颗/$m^2$，有向菹草群落发展的趋势。苦草以播撒种子的方式种植，由于气候原因，种子发芽较晚。发芽后长势良好，在夏季快速生长，并且 8 月中旬在茅家埠龙泓涧盖度达到 95%，后期茅家埠全区水域较浅岸边均观察到苦草生长的痕迹，生物量达到了 9.5t。但黑藻种植效果不尽如人意，主要是由于其他水生植物的竞争。由于施工期间金鱼藻未达到生长期，不适宜直接种植，所以采用泥球包裹法使其慢慢沉入湖底。金鱼藻种植后恢复效果较为理想，能够稳定生长，且以较快的繁殖速度在湖区扩散，植株长度稳定在 1m 左右。同样选择沉栽法种植狐尾藻。狐尾藻恢复效果理想，植株高度最高达到了 1.7m，生物量约为 11.8t，6 月对部分区域进行补种措施。夏季调查显示，狐尾藻在茅家埠龙泓涧区块等区域形成稳定群落状，种植区域整体盖度达到了 50%，且分布较为均匀，水深处水浅处都可见长势良好的狐尾藻。黄丝草的恢复工作以失败告终，这与黄丝草不能完全适应在此处生长有关，一旦出现干扰，就逐渐消亡；马来眼子菜的恢复工作也以失败告终，这是由夏季藻类的增加、鱼类活动的频繁导致的。

实施过程中，鱼类对苦草、马来眼子菜等沉水植物的恢复产生了影响，因此苦草种植区域开展紧急围网隔鱼工作，以减少鱼类的干扰。工程实施后，示范区内沉水植物种类明显增多，在沉水植物群落稳定后对水质透明度改善较为明显，沉水植物现存区域透明度能维持在 1.8～2.0m，而无沉水植物区域的透明度也能达到 1.0m 以上，藻类总量降低了 54%。

## 5.2　河流生态修复

河流生态修复是指在充分发挥生态系统自修复功能的基础上，采取工程和非工程措施，通过改善功能退化或受损河流的水文、地理、生物等方面的条件，促使河流生态系统恢复到较为自然的状态，改善其生态完整性和可持续性的一种生态保护行动。通常包括对河道形态、河岸植被、河流水质、生物群落的修复，旨在改善生物生境，提高生物多样性，提升河道景观美学，使河流生态系统趋于自然化。

国外从 20 世纪中期开始探索河流生态修复，旨在减少工程措施对河流生态系统的影响，已有一些研究和实践。具体的生态修复技术包括堤防水坝拆除、岸坡生态防护、河流蜿蜒性和连续性恢复、亲水设施建设、河道修整泥土再利用等，在修复受损水体、提高景观质量方面起到良好作用。而国内在河流生态修复方面的探索目前大部分仅针对河道，河道整治与周边景观空间结合较少。中小型河流很多还在进行渠化，生态功能较差；大型河流在上游区域采用水土保持、湿地修复等措施进行改善，沿线发达城市主要对岸线绿化进行景观品质提升，对河流本身生态功能改善较少。

### 5.2.1 美国基西米河生态修复

基西米河（River Kissimmee）位于美国佛罗里达州南部，经由基西米湖向南流入奥基乔比湖，以基西米湖出口为界分为上游和下游。出于防洪的需要，在 1962～1971 年将原来自然状态下的基西米河渠化成由几段近似直线型人工河道组成的运河。渠化工程破坏了河流原有的水文循环过程，大面积的水域消失、河漫滩湿地萎缩，进而使流域内的鱼类水禽退化减少，破坏了生物多样性和生态系统稳定性。从 20 世纪 70 年代后半期开始，美国相关部门开展了一系列基西米河生态修复试验（Toth et al.，1995）。基西米河生态修复的环境目标是重建河流生态系统的完整性和稳定性。通过恢复原有河流的自然形态，尽可能地重现渠化前的水文循环过程。

在基西米河上游区域，通过调整上游一系列湖泊的水文调节方式和调控设施，在上游湖泊中形成更明显的或者恢复到渠化前的水位波动，进而重新形成从基西米湖到下游的具备季节特点的水流。涉及的工程改建有：对汇入基西米湖的部分运河进行扩宽改造，提升基西米湖南出口处的拦河坝的过流能力等。新开挖的河道完全复制原有河道的自然形态，加强干流与洪泛区的连通性，为鱼类水禽提供多样生境。

在基西米河下游区域，回填部分被渠化的河道，恢复河流渠化前的自然蜿蜒状态，通过上游来水的调整，形成原有的季节性水位波动，最终达到恢复基西米河生态系统的目的，为配合部分残余河道连接形成蜿蜒形态的河道，还将拆除两处拦河坝，此外还有一系列相应的河堤改造、附属设施更替等。

随着基西米河自然形态和水文节律的恢复，在干旱季节水流进入蜿蜒的主河道，在多雨季节水流漫溢进入洪泛区，落干与淹水交替，恢复了河漫滩湿地。近年来的监测结果表明，原有河道中过度繁殖的植物得到控制，水中溶解氧水平得到提高，水质得到了明显改善，恢复了洪泛区阔叶林沼泽地，扩大了常年淹水区。许多已经匿迹的鸟类又重新返回基西米河，涉禽种类包括白鹮、大白鹭、光鹮、雪鹭、小蓝鹭、三色鹭、大蓝鹭、木鹳和夜鹭等，鸟类数量增加了 3 倍。

### 5.2.2　新加坡加冷河-碧山宏茂桥公园水生态修复

加冷河（River Kalang）位于新加坡中心区域。20 世纪 60 年代，新加坡将加冷河由天然河道固化为城市防洪的混凝土排水明渠以缓解洪涝灾害，但笔直的运河随着时代发展出现许多问题，与周边景观相容性差、生态系统服务功能弱。碧山宏茂桥公园依傍于加冷河旁，由于综合公园基础设施需要修护、生态空间格局需要整合、河道排水与防汛能力急需提升等现状问题，2009 年，新加坡政府启动加冷河-碧山宏茂桥公园修复项目（陈敏和张臻，2015）。

碧山宏茂桥公园通过水泵将河水泵入生态湿地，清洁净化后回流至河道，一部分净化水要再经过紫外线消毒处理供应给公园里的水上游乐场。在河流改造过程中保留受影响树木总量的 30%，移植到宏茂桥公园其他场地。同时，生态绿化设计也可为动物提供栖息场所，创造鸟类及其他动物在不同公园间的运动通道，促进生物多样性。

加冷河生态修复工程将直线型混凝土河道调整为蜿蜒曲折的自然河道，河道长度由 2.7km 变为 3km，恢复河流自然形态，提高河道生境异质性。将植被和岩石等天然材料与工程技术相结合，用岩石控制土壤流失并减缓排水速度，用植物进行结构支撑，在河岸上插入木桩并植入植物，避免河岸泥土在下大雨时遭冲刷侵蚀。生态护岸使河道具备弹性与自然演替能力，改造前河道的最大宽度洪涝容量从 17～24m 扩宽至 100m（图 5-8）。

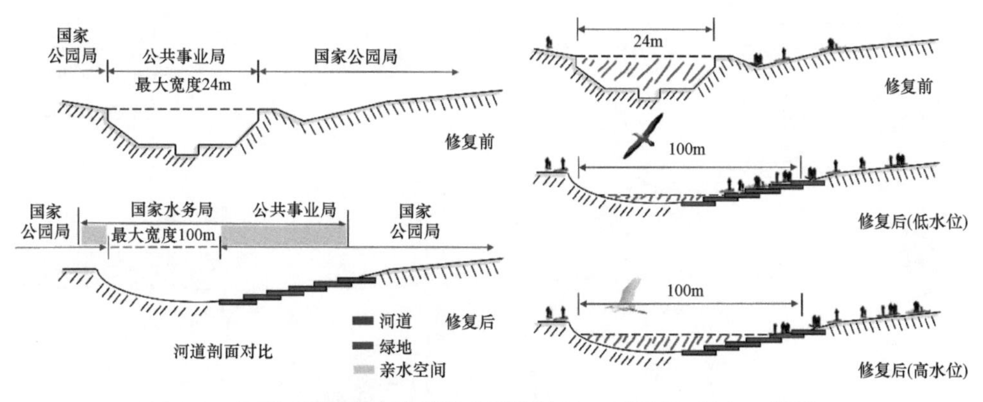


图 5-8　基于河漫滩理念的弹性公园效果图（彩图请扫封底二维码）

生态修复实施后，河流与碧山宏茂桥公园融为一体，日均净化 8640$m^3$ 的湖水、348$m^3$ 的河水，河流水质改善，景观品质提升，并且河流运输能力提高 40%；新的河流为动植物创造了栖息地，生物多样性增加 30%。

### 5.2.3 韩国清溪川生态修复

清溪川位于韩国首尔市中心，经历了“作为自然开放的城市河流、水泥封盖为排污暗渠、上盖为城市道路并架设高架桥、复原为新型城市生态内河”等 4 个重要的发展历程，随着城市急剧扩张和经济快速增长，大量的生活污水排入清溪川，20 世纪 70 年代，为解决首尔中心区交通拥堵问题，政府在封盖的清溪川上修建道路及高架桥，清溪川一度在城市地图上消失近 20 余年。直到 2003 年，为提升首尔作为国际大都市的城市品质，彻底改变清溪川地区老旧残破的城市面貌，首尔市政府启动清溪川复兴计划（Kang and Cervero，2009）。

该计划根据各河段所处区域的经济社会状况和功能需求，结合自然形态，进行分段规划。清溪川上游、中游区域位于市中心，规划主题为“历史中的河流”和“文化中的河流”，最大限度地恢复河流的原有历史面貌。下游区域规划主题是“生态中的河流”，在该河段进行生态修复。

首先增加清溪川周边地块的独立污水处理系统，解决现状排污问题。其次做了 3 种清溪川的水源补充：第一是以清溪川附近的汉江水作为主要的补充水源；第二是将雨水与地下水作为补充水源；第三是将中水作为备用水源。通过这些措施保证清溪川河道内能够常年有清洁的水流过。河岸雨水溢流管线与污水箱结合，防止未经处理的污水和被污染的暴雨径流在暴雨期间溢出至河流中（图 5-9）。

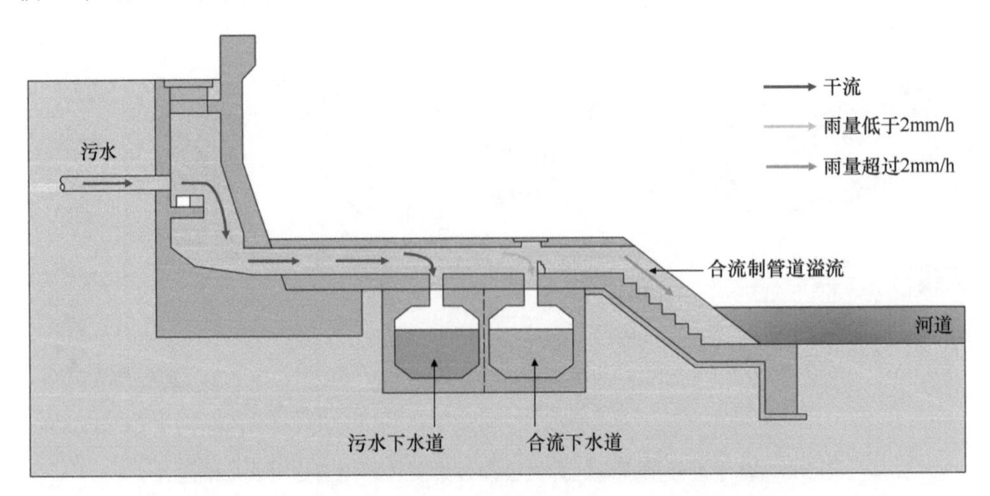


图 5-9 河道下游修复断面图（引自李丹等，2022）（彩图请扫封底二维码）

下游区域限制人工开发，平面绿化与垂直绿化结合，以乡土自然植被为主，从芦苇、水边植物、一般草本植物到爬藤植物，采用不同种类和不同花朵颜色的植物分片种植，如栽种野蔷薇、水葱、垂柳等，这些乡土植物不仅有较强的生命力，而且多具有发达的根系，可以起到保护河岸的作用。

清溪川修复后产生的综合效益非常明显。生态环境效应方面，水质完全达到环保要求，对儿童戏水等亲水活动绝对安全，适合于 1 级水鱼种和中浪川及汉江上栖息 2 级鱼类的栖息。清溪川沿岸生物多样性得到提升，据 2006 年生态监测统计，清溪川河道片区存在 14 种鱼类、18 种鸟类、42 种植物，周边小气候显著改善，城市热岛效应有效缓解，水系风廊的流通性大大增强，空气、噪声污染明显减轻。良好的滨水空间环境对社会经济效益也产生了积极的拉动效应。

### 5.2.4　德国巴登-符腾堡州多瑙河生态修复

自 19 世纪以来，为了提高内河航运能力，德国对境内多瑙河（River Danube）进行河道裁弯取直和渠化工程，河流的自然面积被极大压缩，水文循环遭到破坏，加之沿河流域的污染排放严重，因而造成水质污染加剧、生物多样性下降和河流生态系统破坏等问题。为此，德国南部的巴登-符腾堡州启动了“巴登-符腾堡州多瑙河整体规划”项目（刘苑等，2019）。河流整治目标设定包括恢复河流和河漫滩的物理及水文动力、河流再次弯曲化、重新确定自然水位和河流河谷的水位波动，以及改善动植物的栖息地条件等，极力打造近自然河流生境。

从多瑙河所在流域的整体性出发考虑，首先对河道水系的基准情况进行调研。水利研究人员将基于水力学分析计算不同分洪流量对河水水位的影响，水流及水动力条件生成的水系数字模型，创造性地与传统的数字地形模型有机结合，形成数字水文地形模型。基于这些资料，规划该段河流修复的构想是重塑一段约 2.6km 长的有凹岸和凸岸、浅滩和深潭、沙滩和沙洲的自然河湾，以涵养水源、降低河水流速、削弱洪水的破坏力，为各种生物提供必要的生存场所。低流速的浅滩跌水区域与深潭静水区的结合能够满足河流防洪设计，同时也会较好地支持该地域的水域生态系统，尤其是鱼类的洄游。

该项目建设的近自然式巨石固床斜坡生态鱼道，其形态是近 1700 块巨石沿着河水落差方向排列，犹如张开的渔网形状，每一块巨石都重达 1.6t，边长至少 1.5m。它们与河岸景观修复融合，建立起“陆地—河岸带—河道”完整的断面生态模式，与河岸带的植被共同重构河流廊道，不仅具有过鱼的功能，还有通过有机质、泥沙和其他水生生物的功能，以及在横断面上恢复河流廊道的功能，提高景观的连通性。

德国埃尔廷根-宾茨旺根段多瑙河修复后鱼类品种不断增加，其中包括鲑等名贵鱼种，这些鱼类作为流域敏感物种指示了河流水体的健康程度，并且有数据指出水体有毒物质减少了 90%，绝大多数的污染物种类已经检测不到，生态功能得到恢复。

## 5.3 水源地水质修复

最近十余年来，由于我国城镇水源地藻类水华、氨氮及有机物超标等污染现象的日益严峻，“针对水源水体开展水质修复与保护工程，抑制水源水体藻类生物异常增殖，改善水源水水质，为后续水厂提供优质原水”已成为技术研究和工程实践的热点，同时也成为各大城市水务管理部门亟待解决的重大民生问题。在国内，以东江为主要来水水源的深圳水库、以京杭运河支流为主要来水水源的嘉兴石臼漾水源地、以太湖为主要来水水源的无锡梅梁湾等已率先开展了水质修复与保护工程；从全球范围来看，水源水体所面临的水质安全风险如蓝藻水华、有机污染等并不是我国所独有的现象，欧美、日本等发达国家在工业化的早期就已经出现，至今尚有许多水源地处于水污染威胁之中，发达国家开展的许多针对水源水体的水质修复与保护工程也非常值得借鉴，其中较为典型的工程案例如下。

### 5.3.1 渡良濑水库

人工湿地净化水源水的典型案例为位于日本栃木县渡良濑水库的内循环式表面流人工湿地。渡良濑水库水面面积 4.5km$^2$，水深 6.5m 左右，总库容 2640 万 m$^3$，是一座人工挖掘的平原水库。平时为茨城县等六县市 64 万人口供水，日供水量 21.6 万 m$^3$，周围是渡良濑川的滞洪区，汛期时洪水由溢流堤流入水库，此时水库用于调洪，提供调洪库容 1000 万 m$^3$。长期以来，上游来水的污染导致渡良濑水库时常出现蓝藻水华。为解决这一问题，当地政府自 1993 年起在水库一侧低地上构建表面流人工湿地循环处理水库水。表面流人工湿地的平面布置见图 5-10。在水库南部出水口修建高 3.5m、宽 4m 的充气式橡胶坝，用以调控出水水位和流向；水流经引水渠流入设于地下的泵站，泵站建有单机流量为 1.25m$^3$/s 的水泵 2 台，负责将来水泵入箱形涵洞，再经过地下涵渠流入表面流人工湿地；表面流人工湿地出水汇入集水池，再经过渡良濑水库的北闸门回到水库库内。

表面流人工湿地占地 40hm$^2$，平均水深 0.2m，主要种植芦苇及少量的荻。分为西区和东区，两个区域内又进一步划分成若干个小区块，每个小区块都是一个处理单元，利用人工水道进行分水、布水和收水。表面流人工湿地最大处理能力为 43.2 万 m$^3$/d，最大水力负荷可达 1.6m/d，平均水力停留时间仅为 3h 左右。表 5-1 显示了从 1999 年至 2002 年表面流人工湿地对关键水质指标的改善情况，

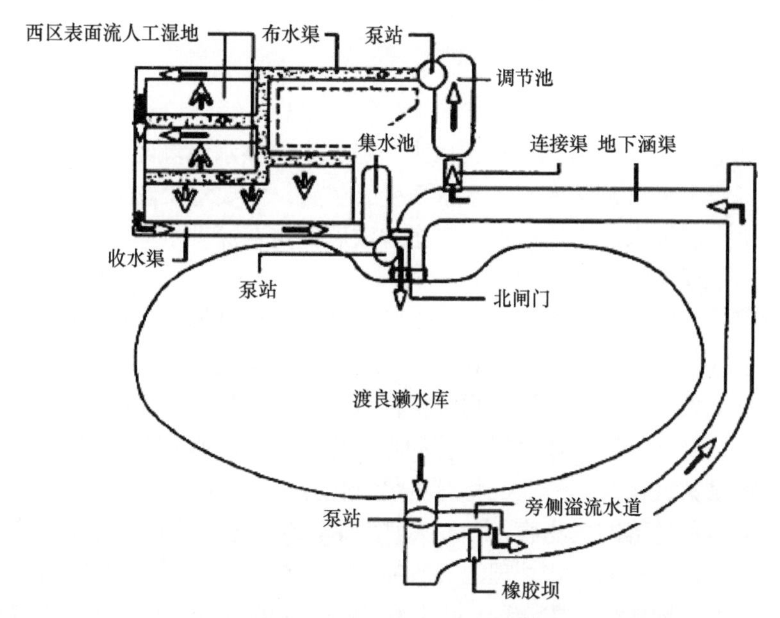


图 5-10　渡良濑水库表面流人工湿地示意图（引自 Zhou and Hosomi，2008）

**表 5-1　表面流人工湿地对关键水质指标的改善效果**

| 项目 | 1999 年 | 2000 年 | 2001 年 | 2002 年 | 平均去除率（%） |
|---|---|---|---|---|---|
| 叶绿素 a（μm/L） | 64.9 | 50.9 | 7.8 | 37.5 | 40.3 |
| 总氮（mg/L） | 37.0 | 21.9 | 19.8 | 23.6 | 25.6 |
| 总磷（mg/L） | 40.0 | 26.2 | 12.6 | 27.9 | 26.7 |
| 2-MIB（mg/L） | 48.9 | 36.5 | / | 24.6 | 36.7 |

注：“/” 代表缺乏数据

总体来看，系统在高水力负荷条件下达到了较为理想的控藻效果，叶绿素 a 平均去除率可达到 40.3%，总磷和总氮的平均去除率也在 25%以上，在正常运行的年份，主要嗅味物质 2-甲基异丁基酚（2-MIB）的去除率也达到了 20%以上。在水质得到改善的同时，表面流人工湿地的生态效应也逐渐发挥出来，逐渐演替形成了杞柳（水边林）-芦苇、荻、蓑衣草（高滩挺水植物）-茭白、宽叶香蒲（中低滩挺水植物）-荇菜、菱（浮叶植物）的植物分布格局，生物多样性逐渐升高，出现了绿头鸭、针尾鸭等禽类及芦鹀、白头鹞和鸢等鸟类；除此之外，渡良濑水库兴建了生态浮岛以净化水库的水质。浮岛中设置了产卵床以便鱼类进行产卵，并且为鱼类等其他动物提供栖息地，水中的浮游植物还可作为鱼饵。为了更好保证水质的洁净，浮岛上还种植了芦苇等植物为附着的微生物提供氧气，同时降解水中的营养盐物质。优美的湿地环境还吸引了大量的游客，成为对少年儿童进行环保及爱水教育的重要场所（Zhou and Hosomi，2008）。

### 5.3.2 深圳水库

在深圳地区，20 世纪 90 年代以来，随着东深供水流域经济的高速发展，生活污水和工业废水日益增多，供水水质受到威胁，主要污染物为氮、磷和有机物等。为解决东深供水的水质污染，广东省政府决定在深圳水库库尾兴建东深源水生物预处理工程（陈汉辉，2002）。

该工程位于深圳水库库尾，于 1998 年 1 月初动工兴建，1998 年 12 月底建成并投入试运行，日处理能力达 400 万 $m^3/d$。其基本工艺流程如下：东江来水经过沉砂区截留下大的砂粒，再通过粗细格栅进入生物处理池；生物处理池内填料上生长着多种好氧微生物，通过穿孔管的曝气作用，提高水中溶解氧，微生物在有氧条件下将氨氮氧化为硝酸盐、将有机物氧化分解成 $CO_2$；处理后的出水在沉淀区去除悬浮物和脱落的生物膜，汇入深圳水库。该工艺的核心部分是生物处理池，共建有 6 个并行分布的生物处理池（270m×25m×5m，有效水深 3.8m），采用弹性立体填料作为生物载体，填料单体尺寸为 200mm×3000mm，比表面积为 $23m^2/m^3$，填料采用绑扎形式悬挂于不锈钢支架上。氨氮的降解和有机物的氧化分解过程主要在生物处理池完成，微生物新陈代谢所需要的氧气由鼓风机通过曝气管网供给，采用穿孔方式供气，气水比为 0.9∶1～1.2∶1，水力停留时间约 0.9h。长期运行表明，主要指标的处理效果为：高锰酸盐指数（$COD_{Mn}$）去除率 15%～25%；五日生化需氧量（$BOD_5$）去除率 15%～35%；$NH_4^+$-N 去除率 50%～90%。工程制水成本 0.045 元/$m^3$，其中由电费、工资福利及日常维护费用组成的单位经营成本为 0.023 元/$m^3$。监测结果显示，工程出水口浮游生物种类和生物量较供水口处有所降低，这与净化后水体透明度增加、水质有所改善有关。此外，水库中投加一批滤食性鱼类，能在一定程度上降低水体中浮游生物的含量，改善水库的富营养化问题，兼顾水库的生态与经济效益。

## 5.4 湖滨带湿地恢复

湖滨带湿地是陆域与湖泊的过渡区域，包括陆域受不定期浸润影响的乔灌草林带，处于长期淹水状态的挺水植物生长带和沉水植物浮叶植物等占据优势的近岸水域。湖滨带湿地是湖泊生态系统对人类活动和自然过程影响最敏感的部分，健康完整的湖滨带具有重要的生态缓冲作用，对维持水域生态系统健康起到关键作用。湖滨带湿地的生态修复与重建工作应针对地形地貌、水文条件和生物多样性基线特征，选择合适的生态修复方案，促进生态系统的结构和功能恢复到与自然状态相接近的水平。霞浦湖、贡湖湾、巢湖、奥卡罗湖生态修复实践显示，在迎风迎浪面设置消浪墙、消浪木桩等可以降低风浪对湿地恢复区的影响；通过设置软围隔可以阻隔区域外高浓度浮游植物、投放滤食性鱼类增强“下行效应”减少区域内浮游植物；还可以通过人工补光措施改善光照，促进水生植物恢复。

### 5.4.1　太湖贡湖湾湖滨湿地生态功能区与植被修复

太湖贡湖湾水域面积 163.8km$^2$，2010 年调查显示，贡湖湾水质属于劣Ⅴ类，呈现轻度富营养化状态，区域内湖滨湿地生态总体状况较差，水生高等植被尤其是沉水植物呈现明显减少的趋势，部分湖滨湿地区域严重退化，急需展开修复工作。太湖贡湖湾退圩还湖生态修复工程利用生态学原理，完善修复区的生态结构，建立稳定、高效、生物多样性丰富的湿地系统。在恢复过程中充分利用本地物种资源和乡土树种重新构建本土化的植物群落，营造反映当地特色的景观区域。

根据生态修复工程实施方案和具体目标达成因素，生态修复工程整体主要采用建设生态缓冲岛、潜水型丁坝和生态护岸三个方面技术措施改善湖滨带基础生境，在此基础上将湖滨带进行分区，通过不同类型植物适合的生境、自身特点及项目恢复目标，选择合适的植物（乔-灌-草及水生植物）配置模式（徐新洲等，2013）。

**（1）清淤工程及生态岛构建**

淤泥中的有机物分解强烈，在夏季容易引起水生植物烂根，不利于水生植物恢复。清淤工程重点在入湖河口、沿岸地。项目工程清淤采用生态清淤干化一体化技术，清淤总面积 20km$^2$，清淤厚度为 1m，清淤量约为 450m$^3$。利用干化后的淤泥构建生态缓冲岛，缓冲高风浪对水生植物的影响。岛屿标高 5.0m，从底部底层为 2m 堆高的淤泥层做基底层，其上为 0.5m 的建筑垃圾土方；土方覆盖透水布层；透水布上层为 0.3m 的优质淤泥基底层和 0.2m 的土壤层。生态缓冲岛水面之下 0.5m 的坡面上种植大型挺水植物。挺水植物在保护堤岸的同时还吸附水体的营养，净化水质。另外，在宽水面中的生态岛受人类干扰少，不仅可以为浮游生物、鱼类提供栖息场所，也可以为鸟类提供休憩场所。工程设计构建了两层生态缓冲岛，用于改变贡湖岸带的水流方向，以及防浪消浪、削减水动力能量的作用。

根据贡湖湾的水文、风向、地理条件及生态修复的需求与景观需要，工程选择潜水型木石丁坝（图 5-11）。湖滨带的潜水型生态丁坝的平面形状为 Y 形，Y 形分叉之间的夹角为 67°。Y 形的下半部分伸向湖面。其中 Y 形的上半部分分叉间隔湖中景观带的堤岸 15～20m，有利于夏季蓝藻随湖流漂浮，不在丁坝的尾部形成聚集区。由于人工调控，工程区水位一般不会超过 3.5m（以吴淞口高程为基准），超过此水位即对湖水进行溢流。退圩还湖区的设计标高为 2.8m，随季节有少许波动，为 3.0～3.1m，芦苇生长所能忍受的水深上限为 40～60cm，因此，设计拦沙埂结构的顶部达到高程 2.7m，主体部分按 1∶3 的坡度比进行修建。

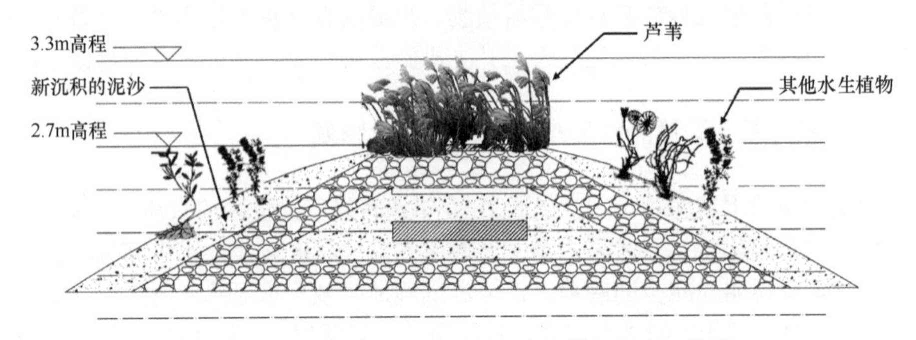


图 5-11　潜水型木石丁坝结构图（彩图请扫封底二维码）

针对岸带水位线以上区域，充分考虑到地表径流和水土流失及绿化景观造型，通过平整土地改造地形，采用植被定植基底稳固法、碎石稳固法等，岸带基底修复工程常和植被恢复配合进行，为缓冲带建设构建基底条件，从而发挥缓冲带的生态效能。对于坡度平缓的湖泊护岸边缘下部区域，为防止岸带土壤侵蚀，通过采用石块、原木等材料构建鱼类等生物栖息地，积聚有机碎屑，为水生生物或其他生物提供食物来源，从而促进湖泊水生态系统生物形成较广泛的食物网，同时在构筑物表层覆土种植小灌木或者草皮，形成丰富的植被护岸结构。护岸类型主要分为 4 种（图 5-12）。

a. 碎石植被护岸

c. 植被软质护岸

b. 湿地软质护岸

d. 矮墙硬质护岸

图 5-12　不同类型护岸

### （2）缓冲林带

为维护湖滨湿地生态修复工程质量，提升湖滨绿化带层次，在湖滨交错带结构以上有条件区域建设 20～50m 宽的缓冲林带，选择合适的乡土植物，营造具有一定观赏价值和经济价值的乔灌木林带，同时在地表以上种植草皮，构建合适立地条件的乔灌草复层植物防护隔离带。

在改造后地表高程 4.7m 的区域，进行带状植被栽植，选择耐水湿的速生阔叶树种进行带状布置，同时栽种的各树种呈不规则的块状混交分布。栽植树种为垂柳、水杉、意杨等经济树种；在景观区域栽植罗汉松、雪松、紫薇等常规园林树种；灌木选择观花的杜鹃等景观树种；考虑植物的观赏性、经济性和一定的隔离功能，间种植物多选早熟禾属、结缕草属等草皮植被，或者铁线莲等草本植物。

### （3）生态防护堤

在湖滨湿地等不具备全演替系列植被营建区域，可营造生态林乔灌草生态护堤，林带宽度控制在 20～50m，选择耐水湿的速生树种进行带状布置，地表上种植结缕草属草皮，建立合适立地条件的乔灌草相结合的植物生态堤。栽植形式选择点块状或进行带状混植分布。树种选择池杉、水杉、垂柳、河柳、水竹、意杨。主要考虑植物的耐水湿性及固堤隔离功能，同时兼顾观赏性和一定的经济性。工程实施前筛选出几种优良的植物配置模式，见表 5-2。

**表 5-2　湖滨带陆地植物配置模式**

| 序号 | 常水位（2.8m）以下 | 常水位至洪水位（3.5m） | 洪水位至岸顶 | 岸顶 |
|---|---|---|---|---|
| 1 | 菖蒲 | 乔木（榔榆）+灌木（夹竹桃）+草本（狗牙草） | 乔木（栾树）+灌木（夹竹桃）+草本（狗牙根） | 乔木（樟树）+灌木（木槿）+草本（狗牙根） |
| 2 | 芦苇 | 乔木（湿地松）+灌木（木芙蓉）+草本（高羊茅） | 乔木（女贞）+灌木（木芙蓉）+草本（高羊茅） | 乔木（女贞）+灌木（紫荆）+草本（高羊茅） |
| 3 | 香蒲 | 乔木（水杉）+灌木（马棘）+草本（薏苡） | 乔木（樟树）+灌木（马棘）+草本（假俭草） | 乔木（樟树、合欢）+灌木（小叶女贞）+草本（假俭草） |
| 4 | 菰 | 乔木（河柳）+灌木（美丽胡枝子）+草本（狗牙根） | 乔木（冬青）+灌木（美丽胡枝子）+草本（狗牙根） | 乔木（喜树）+灌木（石楠）+草本（狗牙根） |
| 5 | 水紫树 | 乔木（乌桕）+灌木（小蜡） | 乔木（枫香）+灌木（紫薇）+草本（麦冬） | 乔木（枫香）+灌木（桂花）+草本（麦冬） |
| 6 | 芦苇 | 乔木（苦楝）+灌木（斑茅） | 乔木（苦楝）+灌木（孝顺竹） | 乔木（垂柳）+灌木（孝顺竹） |
| 7 | 池杉、水葱 | 乔木（朴树）+灌木（蒲苇） | 乔木（朴树）+灌木（海桐）+草本（紫花苜蓿） | 乔木（朴树）+灌木（海桐）+草本（紫花苜蓿） |
| 8 | 黄菖蒲 | 乔木（垂柳）+灌木（美人蕉） | 乔木（女贞）+灌木（木槿）+草本（萱草） | 乔木（女贞、红枫）+灌木（木槿）+草本（萱草） |

资料来源：徐新洲等，2013

#### （4）湖滨挺水植物带

湖滨挺水植物带是湖泊水陆交错缓冲带的特定区域，根据国际通行的设计指导宽度，该区域设计考虑宽度为6～60m，植被以恢复耐湿灌木或湿生草本植物为主，营建以灌木和草本相结合的灌草防护带或草皮植被带。

在湖滨带高程3.2m以上区域，植物栽植灌木为紫穗槐、筐柳、沼柳、红皮柳等；草本为水葱、水莎草、喜旱莲子草（水花生）、水芹、灯芯草、节节草、铁线莲、普通早熟禾、中华结缕草或其他本地开花草本植物。栽植形式为混种或块状混交。在湖滨带高程3.2m以下区域，栽植菰、旱伞草、芦苇、野慈姑、水葱、香蒲、再力花等挺水植物，在局部条件较好的区域可小面积选种观赏荷花。栽植形式为水葱、再力花、芦苇分片种植，片状栽植最小长度为100m。

#### （5）浮叶和沉水植物带

在湖滨湿地高程2.0m以上水域，尤其是高程2.5m以上的重点区域，通过逐步恢复和优化配置浮叶植物进行植被修复。浮叶植物可选荇菜、菱角、浮叶眼子菜、槐叶萍等，在局部条件较好的区域里可选择种植芡、莼菜、睡莲等观赏性强的植物。

在湖滨湿地高程1.5m以上水域，尤其是高程2.0m以上的重点区域，通过逐步恢复和优化配置沉水植物进行植被修复。沉水植物可选黑藻、金鱼藻、狐尾藻、苦草、菹草、水毛茛、海菜花及各种眼子菜等。

沉水植被的恢复重建是水环境深度治理和生态恢复的核心，因此，沉水植被恢复重建区的总体原则是：先改善环境，后恢复沉水植物，营造一个稳定的草型湖滨生态系统。通过整个工程量统计得出，挺水植物种植面积为174 230m$^2$，浮叶植物种植面积为16 465m$^2$，沉水植物种植面积为36 568m$^2$。

其中，水陆交错带陆生、湿生、挺水和浮叶植物植株行距10cm×10cm，覆盖度为40%～50%。水深1m区域以包泥球方式种植刺苦草（25株/m$^2$）和苦草（20株/m$^2$）；水深1～2m水域以芽孢和扦插方法种植黑藻（25株/m$^2$）；水深2～3m水域以扦插方式种植金鱼藻（36株/m$^2$）和穗花狐尾藻（15株/m$^2$）；水深3～4m区域以扦插和土工布种植的方式种植马来眼子菜（20丛/m$^2$）；水文多变区以弧形方式栽种间距10cm×5cm、密度2株/丛的穗花狐尾藻和微齿眼子菜；人工水草按间距15cm×15cm布置，上方种植荇菜（表5-3）。

同时，投放滤食性软体动物和鱼类，利用草食性鱼类控制水生植物生物量，以滤食性鱼类、贝类和浮游动物控制浮游藻类生物量，再通过鱼类的捕捞实现水中营养元素的转移。

表 5-3　水生植物配置模式

| 模式 | 湿生植物 | 浮叶植物 | 沉水植物 |
|---|---|---|---|
| 1 | 花叶美人蕉，水生美人蕉，水葱，水烛，古佬芋，随手香 | 大王莲，芡 | 白茎眼子菜，苦草 |
| 2 | 玉蝉花，黄菖蒲，睡莲，鱼腥草，旱伞草，慈姑，紫芋 | 水鳖，菱 | 穿叶眼子菜，黑藻，石龙尾 |
| 3 | 荷花，再力花，梭鱼草，红蓼，香菇草，百花梭鱼草，溪荪 | 荇菜，萍蓬草 | 光叶眼子菜，狐尾藻 |
| 4 | 窄叶泽泻，东方泽泻，泽苔草，茭白，菖蒲，花叶水葱，小香蒲 | 红莲子草，黄花水龙 | 眼子菜，金鱼藻 |
| 5 | 香根草，黑三棱，莎草，香蒲，芦苇，灯芯草，三白草，毛茛 | 水葫芦 | 菹草，狐尾藻 |

贡湖湾湖滨湿地生态修复工程通过对湖滨湿地不同功能区与植被的生态修复，促进湖滨岸带生态系统的结构、功能恢复。其中，陆地植物达 235 种，覆盖面积 8950m$^2$；湿地植物达 25 种 22 万株，覆盖面积 8850m$^2$；水生植物达 85 种 25 万株，覆盖面积 10 120m$^2$；植被垂直层为 4 层，形成了区域内生物的多样性和稳定的水生态系统。

### 5.4.2　巢湖湖滨带生态恢复

由于植被消亡和生态系统退化，巢湖湖岸线和水向湖滨带丧失了削减面源污染、阻滞沉积物再悬浮等重要生态功能。卫星影像显示，巢湖湖滨区以农业用地为主，堤岸岸线总长 190.6km，大部分堤岸已经硬质化；湖滨带区域水生植物零星分布，物种多样性较低，植被覆盖度仅为全湖面积的 1%。目前巢湖岸线存在两个问题：污染削减能力差，硬质岸线对污染的缓冲能力几乎为 0，其他岸线植被种类单一，搭配不合理；物理结构不稳定，部分垒石岸线土壤受风浪侵蚀严重。巢湖湖滨带生态系统，尤其是水生植被，受到强烈的人为干扰，前期调查显示，巢湖水生植被分布面积不到 1%，物种多样性较低。分析认为，导致巢湖湖滨带植被退化的主要原因是：江湖阻隔等水利工程极大地改变了自然水位波动节律和水文连通性，严重影响了水生植被的生存与发育；围湖造田与堤坝建设致使湖滨滩地生境丧失，湿生和挺水植被面积锐减；环境污染与蓝藻水华暴发导致溶解氧和透明度急剧下降，沉水植物死亡。

相关设计单位对于巢湖环湖提出岸线修复总体思路：在保证稳固的同时，注重多种生态系统构建。在风浪较大的区域采用生态混凝土或者防浪林台构建护坡，在此基础上进行绿化；在已有的水泥岸线区域，通过改变基底结构，使其具备绿化条件；自然岸线予以充分保护，释放改善基底，优化植被结构；在城区和旅游区，加强景观建设。根据前期调查及现有的岸线修复技术，工程提出巢湖湖滨带岸线修复方案措施，具体见图 5-13。

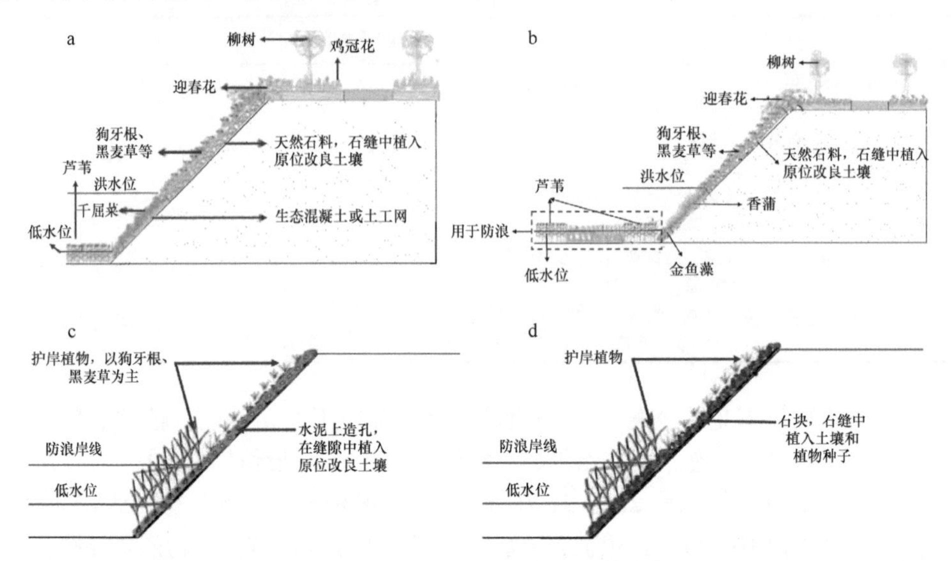


图 5-13　巢湖湖滨带 4 种岸线修复方案（引自王洪铸等，2012）（彩图请扫封底二维码）

底质环境是影响水生植物生长的重要条件。巢湖湖滨带底质环境多样，部分区域由于风浪较大，底质较硬；部分区域底质多由碎石组成，同样不利于水生植物的恢复。针对不同区域的特点，采取以下修复子方案。

方案一：对于风浪较大的西部湖滨带，现有的修复工程以防浪林台建设为主。现有防浪林台优点是可以抵御风浪、防止崩岸并恢复一定面积的植被。其顶部高程为 9.5～11.5m，宽约 100m，植被主要以柳树等为主，缺乏水生植被。在此基础上，该子方案建议对防浪林台植被种类搭配进行改进，种植一些挺水和湿生植物，如芦苇、梭鱼草、水葱、水莎草、灯芯草、苔草等；并建设一个二级平台。二级平台顶部高程控制在 8.8m 左右（图 5-14），宽度约 50m，平台迎风面通过抛石达

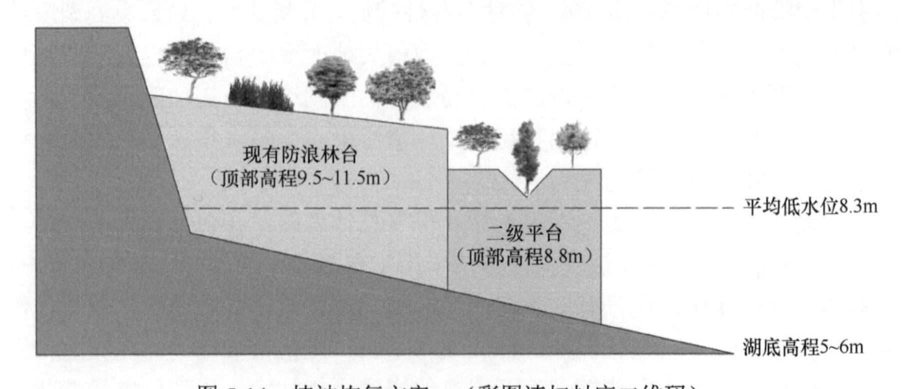


图 5-14　植被恢复方案一（彩图请扫封底二维码）

到消浪的目的，内部进行吹填湖泥，并形成一定数量的坑塘（深 1.0～1.5m）。二级平台内部种植芦苇、菖蒲、香蒲等，坑塘内可恢复沉水植物（马来眼子菜、狐尾藻、苦草、菹草等）和浮叶植物（荇菜、水鳖、芡、睡莲等）。该子方案的实施可以在崩岸或大风浪湖滨带恢复一定宽度的水生植被，也可以建设湖滨带优美景观，适合于西部城镇经济区湖滨带修复。

方案二：对于风浪相对较小的直立堤岸湖滨带（如北部），可通过建设防浪-基底改善平台进行恢复。平台顶部高程沿堤岸至水面逐步下降，由 10.0m 下降至 8.8m，平台宽度约 100m。由于风浪相对较小，平台外部可以紧密的木桩进行拦护，内部吹填湖泥改善基底环境，并营造一定数量的坑塘系统。平台迎风面可种植芦苇、菖蒲、香蒲等，靠岸区域可适量种植一些柳树，坑塘内可恢复沉水植物（马来眼子菜、狐尾藻、苦草、菹草等）和浮叶植物（荇菜、水鳖、芡等）（图 5-15）。该子方案在恢复湖滨带水生植被的同时，也可以形成湖滨带优美景观，适合于北部农业区湖滨带的修复。

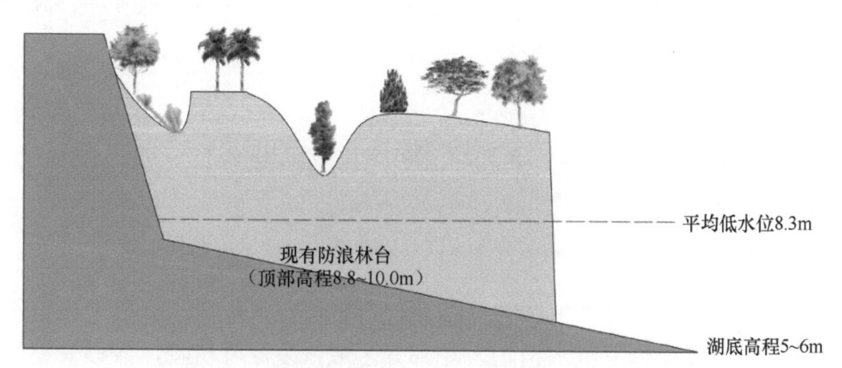


图 5-15　植被恢复方案二（彩图请扫封底二维码）

方案三：一部分风浪较小的直立堤岸湖滨带，由于航运或水质管理等限制，不能通过防浪平台建设进行修复。在此类区域，可将基底吹填至低水位线左右（高程 8.3m）（图 5-16），吹填宽度约 20m，然后在高程 8.0m 以上区域种植挺水植物如芦苇、菖蒲、香蒲等，在高程 7.0～8.0m 的区域种植适量浮叶植物，如芡、睡莲等。该子方案在兼顾航运、水质管理等目标的情况下，可恢复一定面积的水生植被，形成优美景观，适合东部城镇经济区湖滨带修复。

方案四：一部分湖滨带风浪较小，有一定坡度的缓坡，但由于底质较硬，多为碎石、沙石等，水生植物无法生长。在此类区域，可采取用湖泥喷浆的手段，在硬底上覆泥 50cm 左右，然后恢复水生植物。在高程 8.3m 以上区域可种植芦苇、菖蒲、香蒲等，在高程 7.0～8.3m 区域可恢复沉水植物（马来眼子菜、狐尾藻、苦草、菹草等）和浮叶植物（荇菜、芡等）（图 5-17）。该子方案适宜南部圩垸农业区湖滨带及丘陵山区湖滨带的生态修复。

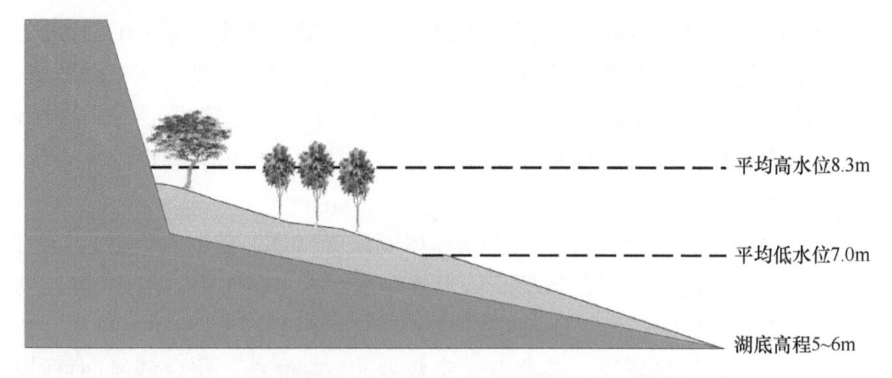


图 5-16 植被恢复方案三（彩图请扫封底二维码）

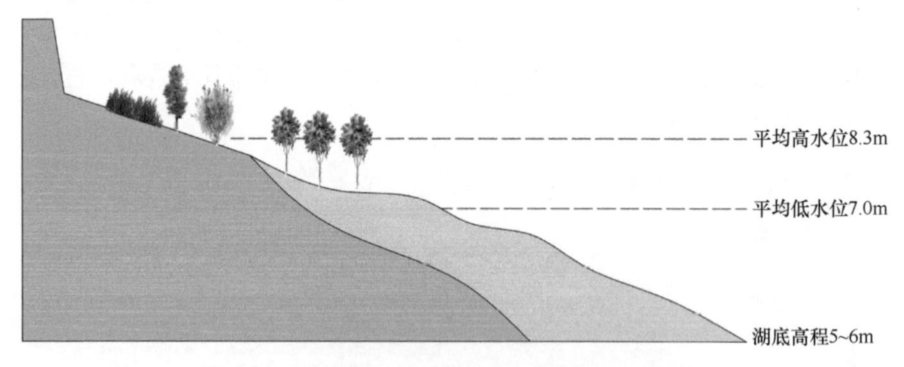


图 5-17 植被恢复方案四（彩图请扫封底二维码）

依据巢湖历史和现有水生植物分布高程，设计在水位 7.5m 以上恢复挺水植物；水位 6.5～7.5m 恢复沉水植物，在部分区域恢复浮叶植物，兼顾修复区的景观效果；在水位 7.5～8.5m 的恢复以芦苇、香蒲、菰为主。在水位 8.5～9.5m 区域以梭鱼草、再力花、水葱、菖蒲等为主；在 9.5～10.5m 区域以水蓼、千屈菜为主。在后期维护过程中，具体开展大型鱼类拦防、水生植物刈割、补救损坏措施、补种水生植物等。

相关单位基于上述技术和工程措施，开展示范工程，工程区位于巢湖船厂-碧桂园小区之间，面积 5 万 $m^2$。工程实施恢复水生植被面积 5 万 $m^2$，依据 2010～2011 年监测结果，工程实施后水体透明度由 30cm 增加到 60cm，达到该区域水生植物自然恢复的光照条件，植被盖度和水生植物多样性也明显增加。

### 5.4.3 日本霞浦湖湖岸恢复

霞浦湖是日本第二大湖，湖面开放面积和最大深度分别达到了 220$km^2$ 和 7m，在过去的几十年中，几乎所有的湖岸被改造成混凝土堤坝，水质恶化，湖岸植被破坏严重。1990 年的调查显示，混凝土堤坝的水生植被急剧下降，主要物种为芦苇，水生植物已经完全消失。日本国土交通省开始在混凝土堤坝处开展湖岸植被恢复项目，并采用湖底沉积物中的种子作为种子库（Nishihiro et al.，2006）。

### 5.4.3.1　湖滨带植被恢复

2000 年，日本召开了“霞浦湖湖岸植物带保护研讨会”，并根据讨论结果对霞浦湖湖滨带修复进行了各种有益的尝试。首先为了如实地再现过去的湖岸坡度，设计了接近于过去湖岸坡度 1/100～1/50 的湖岸缓坡，如图 5-18 所示。

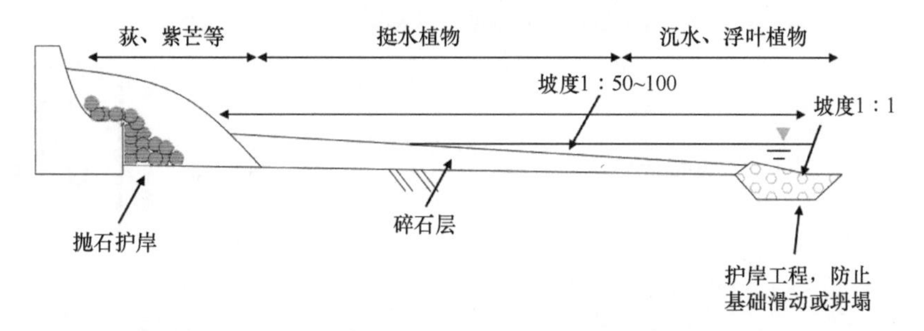


图 5-18　霞浦湖断面修复示意图（彩图请扫封底二维码）

在混凝土堤施工前，将含有土壤种子的湖泊沉积物（种子库）薄薄地铺在具有微地形变化的人工湖岸表面：2002 年 1 月至 3 月，从湖岸边的渔港周围挖取大约 0.5m 厚的湖泊沉积物，并转移至指定位置贮存 1～2 个月；同年 3～7 月，沉积物运送到修复点，在人工湖岸表面均匀铺设，厚度约为 10cm。即利用沉积物中的种子库对湖岸进行自然修复。

### 5.4.3.2　防浪堤构建

防浪堤能够减轻波浪作用并稳定岸线，在防浪堤内侧形成无风浪影响的有利于植被生长的生境。自然沙质护堤剖面图见图 5-19，人工构筑的防浪堤剖面见图 5-20。

根据上述理念实施霞浦湖的湖岸植物带复原工程，于 2002 年 3～7 月竣工（图 5-21）。据 2002 年的现场调查，竣工后 1～2 周开始发芽，到了夏季，恢复区生长出沉水植物、浮叶植物。图 5-22 是修复前后的对比图，3 月竣工后，到了 8 月确认了在大约 7500m$^2$ 的范围内生长出了 63 种植物；一年后，5 个恢复区调查到高达 180 多种物种，总面积达到了 65 200m$^2$，其中包括很多日本红色名单的濒危或者易危植物物种。工程结果充分支持了利用湖底沉积物种子库恢复湖岸植被的可行性。

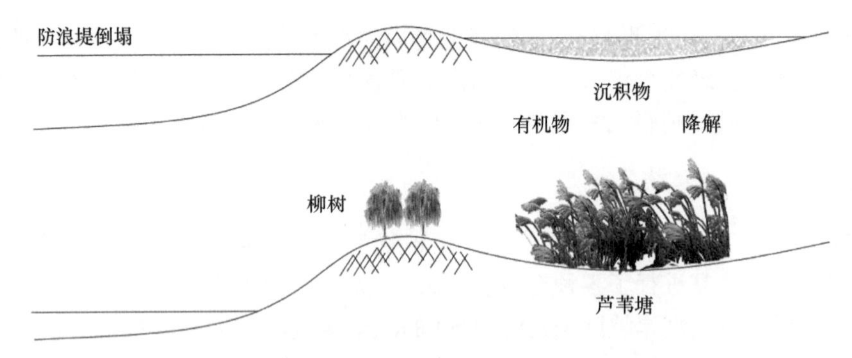


图 5-19　自然沙质护堤剖面图（彩图请扫封底二维码）

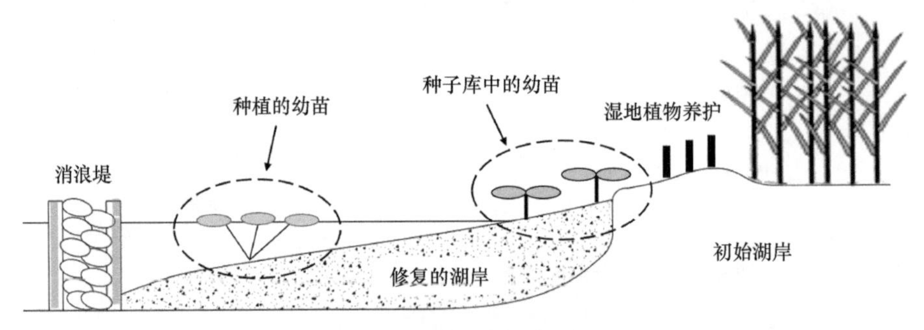


图 5-20　人工构筑防浪堤剖面图（彩图请扫封底二维码）

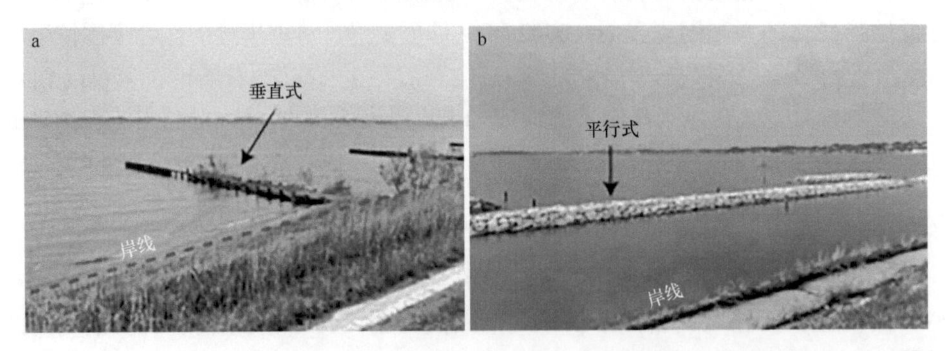


图 5-21　垂直式防浪堤（a）和平行式防浪堤（b）（Kim et al.，2019）（彩图请扫封底二维码）

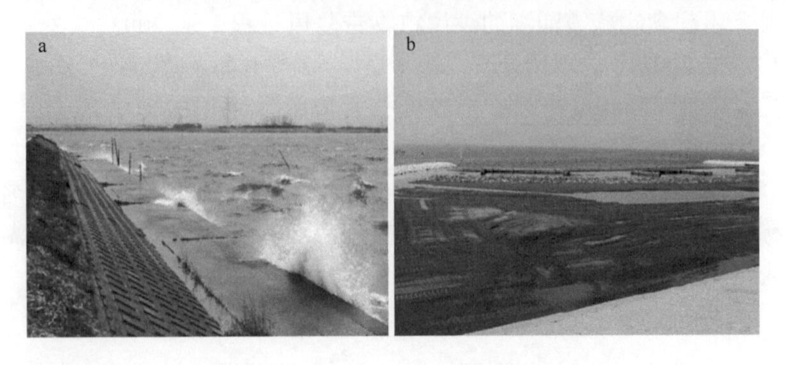

图 5-22　霞浦湖岸线修复前后对比图（Nishihiro and Washitani，2007）（彩图请扫封底二维码）
a. 修复前；b. 铺土结束当日；c. 铺土后两个月；d. 铺土后 1 年

### 5.4.4　太湖梅梁湾水生植物群落恢复

该项目于 2003～2005 年实施，是我国“十五”国家重大科技专项下属的“太湖梅梁湾水源地水质改善技术”相关课题的配套示范工程。它是国内较早开展的工程规模尺度的水生植物群落恢复技术实践，所取得的经验和教训，为我国其他湖泊如武汉东湖、杭州西湖、昆明滇池、大理洱海等的原位生态恢复工作提供了重要的借鉴。具体工程实施情况如下。

#### （1）渔网围栏工程的布设

针对示范工程区风浪、水流等物理环境条件，建立一个半封闭、相对稳定的水域，避免风浪、湖流及外来污染的强烈干扰，并为实施各种生物、物理及化学技术措施提高水体透明度创造条件。围拦网用 9 号渔网，围栏高度不低于 2.5～3m，围栏上层每间隔 1.5m 设一浮球，下端用石笼固定于底泥中，其结构见图 5-23a。渔网围栏总长为 10 000m，渔网围栏布置见图 5-23b。

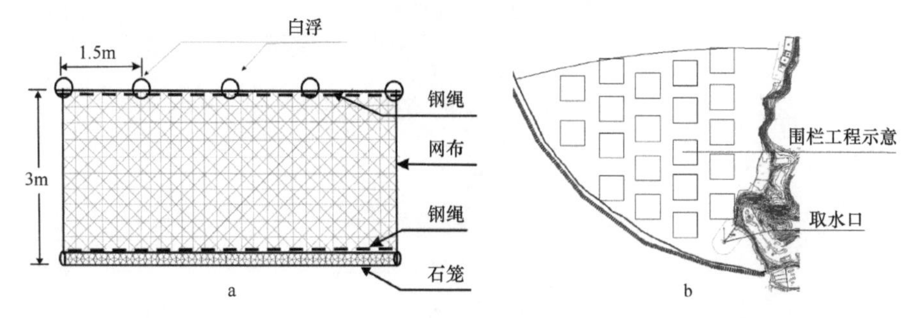


图 5-23　渔网围栏结构图（a）与布置图（b）（引自戴雅奇等，2006）（彩图请扫封底二维码）

#### （2）植物浮床构建工程

植物浮床是采用漂浮植物（以喜旱莲子草为主），利用网袋固定与无土栽培技术制作而成，将喜旱莲子草定植于竹排消浪带上（图 5-24）。此项工程一方面为水质净化的漂浮植物工程，另一方面又是生物消浪的工程措施。

图 5-24　喜旱莲子草浮床现场照片（戴雅奇摄）（彩图请扫封底二维码）

**（3）水生植物种植工程**

该工程区底泥相对较薄，水较深，透明度较低，这些因素是该区植被恢复的主要限制因子。因此该区需要一定的保护措施进行水生植物恢复，主要的保护措施为渔网围栏和喜旱莲子草消浪带。

主要种植种类有马来眼子菜、微齿眼子菜、苦草、伊乐藻、狐尾藻、菹草、金鱼藻、轮叶黑藻等沉水植物，以及菱、荇菜等浮叶植物。种植面积约为 50 万 $m^2$，水生植物种植工程量约为 600t，种植密度为 0.2～1.5kg/$m^2$。水生植物种植工程区域分布见图 5-25，共分为 3 个种植区：种植 1 区为近岸带湖湾区域，部分水域有淤泥，该区域种植种类以伊乐藻+苦草+狐尾藻为主；种植 2 区水位较深，距离消浪桩较远，所以为沉水植物和浮叶植物混合种植，以马来眼子菜+菹草+菱为主；种植 3 区距离消浪桩较近，风浪相对较小，种植种类以马来眼子菜+菹草为主。

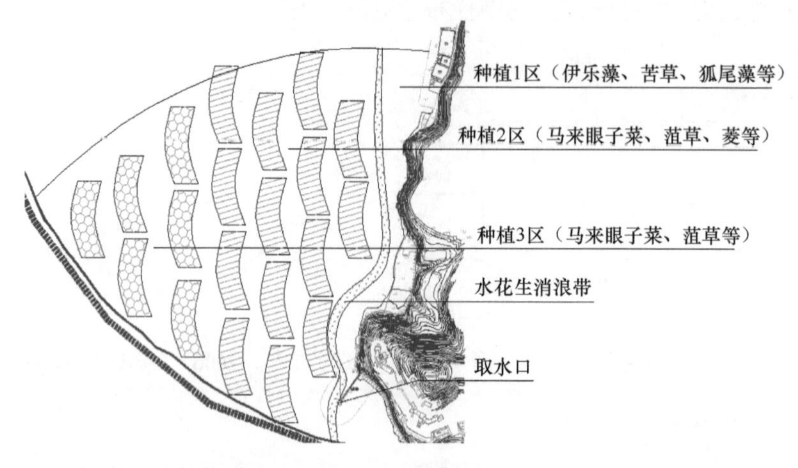


图 5-25　不同的水生植物群落分布图（引自戴雅奇等，2006）（彩图请扫封底二维码）

所采用的种植技术中，沉水植物为麻布袋定植法、包裹填石法，浮叶植物则采用种子繁殖与根状茎繁殖。麻布袋定植法采用 80cm×120cm 规格的麻布袋，填满泥土、石块及混合基质，在其上种植水生植物，主要应用于无底泥水域的水生植物种植；包裹填石法将根部用泥团包住，外裹纱布，然后再用装石块的袋子将泥团包住，抛入太湖中，主要应用于有底泥水域的水生植物种植；部分植物采用种子抛撒法种植，将种子进行预处理后直接抛撒入太湖中。

为提高水生植物成活率，可采用阶段移栽法进行种植（图 5-26），先在浅水区进行种植，等植株发芽生长至一定高度，超过下一水位光补偿点深度，再移植到下一个较深水位中，如此反复移植至深水位中。通过满足光补偿点的种植方式，让水生植物逐步适应光照、风浪等条件，最终能在深水位的环境下生长。

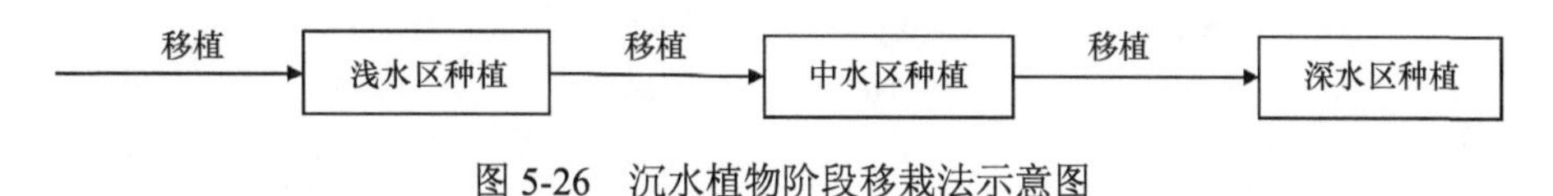


图 5-26　沉水植物阶段移栽法示意图

示范工程区水生植物规模种植始于 2004 年 3 月，种植重点为苦草和伊乐藻等沉水植物，其次为荇菜和菱等浮叶植物，种植区域局限于工程区南部种植条件较好的湖湾区域，因此在 4 月份的水生植物调查中，伊乐藻的分布面积较大；后面的几个月中加大了浮叶植物的种植力度，荇菜和菱的分布面积增加迅速，在 7 月份调查时发现苦草分布面积进一步扩大，但是伊乐藻分布面积呈萎缩状态，可能该种类不适合示范工程区的环境，后经历 7 月份的台风，水生植物遭受一定影响；2004 年秋季开始，进行马来眼子菜和狐尾藻的规模种植，同时进行浮叶植物的进一步扩植，持续进行到 2004 年 12 月，2005 年后进行苦草和黑藻的种植，2005 年 4 月进行水生植物调查发现浮叶植物和马来眼子菜、狐尾藻分布面积较大，黑藻也有一定面积的分布；2005 年 4 月以后继续进行马来眼子菜和狐尾藻的规模种植，同时进行浮叶植物的扩植，至 7 月份调查时浮叶植物和沉水植物均有较大分布面积。

**（4）植物群落恢复效果**

2005 年 7 月份进行工程效果调查，水生植物覆盖面积约 32 万 $m^2$，覆盖度为 64%，其中浮叶植物面积 20 万 $m^2$，沉水植物面积 12 万 $m^2$，水生植物种植实施效果数据详见表 5-4。

通过 2003 年 8 月和 2005 年 5 月江苏省无锡市环境监测中心站对工程示范区的水质监测中监测点的数据比较，可以发现在示范工程实施后化学需氧量、生化需氧量、氨氮及叶绿素 a 都有明显的降低，证明了示范工程种植的水生植物群落可以明显地改善水质（表 5-5）。

表 5-4　水生植物种植实施效果数据（$m^2$）

| 种类 | 名称 | 分布面积 | | | |
|---|---|---|---|---|---|
| | | 2004 年 4 月 | 2004 年 7 月 | 2005 年 4 月 | 2005 年 7 月 |
| 浮叶植物 | | 6 000 | 24 000 | 36 000 | 200 000 |
| | 荇菜 | 5 000 | 20 000 | 30 000 | 150 000 |
| | 野菱 | 1 000 | 4 000 | 6 000 | 50 000 |
| 沉水植物 | | 41 600 | 9 500 | 41 200 | 119 900 |
| | 苦草 | 1 000 | 8 000 | 2 000 | 21 000 |
| | 菹草 | 300 | / | 1 400 | / |
| | 马来眼子菜 | 0 | 200 | 30 000 | 86 000 |
| | 狐尾藻 | 300 | 700 | 6 000 | 12 000 |
| | 黑藻 | 0 | 100 | 1 500 | 400 |
| | 伊乐藻 | 40 000 | 500 | 100 | 200 |
| | 篦齿眼子菜 | 0 | 0 | 200 | 300 |
| 总计 | | 47 600 | 33 500 | 77 200 | 319 900 |

表 5-5　工程实施前期和后期水质指标对比（mg/L）

| | DO | $COD_{Mn}$ | $BOD_5$ | $NH_3$-N | TP | 叶绿素 a |
|---|---|---|---|---|---|---|
| 2003 年 8 月 | 9.9 | 25 | 7.0 | 1.25 | 0.09 | 0.123 |
| 2005 年 5 月 | 9.2 | 6.0 | 4.0 | 0.26 | 0.09 | 0.048 |

在 2005 年 6 月对示范工程区和对照区域进行水生动物密度和生物量的调查（表 5-6、表 5-7），以此来定量判定沉水植物种植示范工程对当地水域生态系统的改善情况。

表 5-6　对照区域和工程示范区水生动物密度比较（个/$m^2$）

| | 铜锈环棱螺 | 圆顶珠蚌 | 沼虾 | 摇蚊幼虫 | 水丝蚓 |
|---|---|---|---|---|---|
| 对照区域 | 89 | 3.4 | 13.7 | 76 | 4 |
| 工程示范区 | 154 | 4.3 | 31.6 | 33.6 | 12 |

表 5-7　对照区域和工程示范区水生动物生物量比较（g/$m^2$）

| | 铜锈环棱螺 | 圆顶珠蚌 | 沼虾 | 摇蚊幼虫 | 水丝蚓 |
|---|---|---|---|---|---|
| 对照区域 | 214.1 | 87.7 | 23.1 | 0.52 | 0.007 |
| 工程示范区 | 341.7 | 122.6 | 39.8 | 0.43 | 0.019 |

## 5.5　海岸带生态修复

海岸带处在城市空间与海洋的过渡带，为城市发展提供了生物资源和生态系统服务，另外海岸带又是最易受到人类活动影响和自然灾害干扰的区域之一。尤其在沿海大都市，城市发展面临着空间资源的瓶颈，海岸带湿地往往成为其拓展空间资源的后备用地。从 20 世纪开始，为了解决土地短缺问题，许多沿海地区将盐沼、红树林等海岸带生态系统排干和填埋，转变为工业用地、农田、海水养殖及娱乐空间，导致生态系统功能丧失和环境容量降低。同时，大量氮、磷营养元素通过工农业废水、城市雨水径流和海水养殖废水输送到城市附近海域，导致水体富营养化，增加赤潮发生的风险。此外，为防护岸线和减缓岸线侵蚀，沿海城市在海岸带修建了大量围堤、防波堤等硬质人工设施，使得岸线高度人工化。与自然岸线的形态不同，人工岸线结构相对单一，不仅破坏了原有的自然景观，而且对海洋生态环境造成了一定的影响。

随着海岸带自然资源的价值得到重视，许多沿海城市从 20 世纪开始采取削减污染源、减少渔业捕捞和保护滨海湿地等措施以减少城市发展带来的负面影响。进入 21 世纪，在拓展海洋开发利用空间的同时，海岸带生态整治修复成为热点。2006 年，纽约利用基底修复和植被恢复技术在牙买加湾（Jamaica Bay）修复了 27.3hm$^2$ 盐沼湿地。同年启动的旧金山南湾盐池恢复工程将约 6110hm$^2$ 的工业盐池逐步恢复成湿地和候鸟栖息地。从 2010 年开始，上海等城市先后投入 92.9 亿元海域使用金返还资金，开展多项海域海岸带整治修复项目，修复了 5876hm$^2$ 海岸带生态系统。2016 年起，厦门、青岛等 28 个城市先后开展“蓝色海湾”整治行动，推进滨海湿地生态修复工程，恢复滨海湿地生态功能，同时推进“南红北柳”“生态岛礁”等重点海洋修复工程。

需要注意的是，就大都市海岸带而言，往往处于城市开发区域与邻近海域之间的生态交错带，海岸带生态修复不仅仅要关注海岸带岸线安全保障和生态质量提升，还要为城市滨海空间可持续利用和当地城市社会经济发展提供基础支撑。围绕上述海岸带生态修复目标，在实际项目实施中往往采取特定工程技术措施促成特定生态结构与功能的恢复乃至滨海生态系统景观的形成。

### 5.5.1　美国特拉华湾湿地生态恢复

20 世纪 90 年代初，美国特拉华湾（Delaware Bay）塞勒姆（Salem）核电站因为温排水对海湾生态的影响问题备受指责，促使其不得不决心投入资金对受影响海域进行生态补偿。在环保组织和生态专家的共同建议下，塞勒姆核电站向新泽西州环境保护署（NJDEP）提出，恢复核电站附近退化潮滩湿地是具有可操作性的生态补偿具体措施，之后经过长期评估和多方论证，最终得到 NJDEP 许可并付诸实施。在确定技术方案之前，塞勒姆核电站以温排水进出水口成鱼、仔稚鱼、浮游动物幼虫的死亡率为基本计算依据，构建种群变化模型，估算其对近岸生物资源的影响，进一步地结合前期开发的潮滩湿地食物链模型，估算需要恢复多少潮滩湿地才能补偿生态损失。模型研究结果显示，理论恢复面积为 980hm$^2$，在与 NJDEP 协商之后，考虑到模型结果的不确定性，最终协定将实际恢复面积扩大为理论值的 4 倍以上，即 4050hm$^2$。恢复工程针对当地因人工围堤导致生态退化的潮滩湿地而开展，以“水动力修复”为核心内容，其恢复思路为根据当地水文潮汐特征和水工模型计算结果，开挖堤坝形成缺口，人为修复湿地主潮沟和次级潮沟，引导潮汐进出湿地，确保湿地内部形成周期性淹水与落干过程；在此基础上任由湿地内小潮沟自然发展，诱导生态演替自然发生。特拉华湾生态恢复工程于 1998 年实施，至 2012 年历经 14 年时间，潮滩植物（互花米草）全面恢复并占据优势，最终达到了预定的恢复目标（Teal and Weishar，2005）。

### 5.5.2 美国牙买加湾潮滩生态修复

美国牙买加湾（Jamaica Bay）位于美国纽约州长岛西南部，是纽约城区下游的浅水湾，总面积约 67.3km$^2$。牙买加湾潮滩湿地同时面临人为干扰和自然侵蚀的影响：长期以来纽约城污水厂处理出水排入该海湾，导致水体富营养化；另外湾区的不断开发改变了当地的水文潮汐状况和泥沙净输入，影响了湿地基底的稳定性，研究显示 1983 年至 2003 年潮滩湿地损失速度达 13.4hm$^2$/年。为此自 2006 年起，由美国陆军工程兵团（USACE）牵头，美国国家公园管理局（NPS）、纽约州环境保护局（NYS DEC）等机构参与，在牙买加湾开展了潮滩湿地恢复示范工程（Roy et al.，2012）。第一期工程在 Elders East 和 Elders West 两地开展，总共恢复潮滩湿地面积 27.3hm$^2$。主要工程内容包括“基底修复”和“植物引种”两个方面。基底修复利用附近运河开挖产生的弃土，采取直接吹填的方式实施，土方工程量约为 19 万 m$^3$；植物引种采取外来移栽和原位移栽相结合的方式，即在湿地内部区域移栽互花米草（*Spartina alterniflora*）、盐草（*Distichlis spicata*）、狐米草（*Spartina patens*）幼苗，并在恢复区外围搭建防风网，以减少砂质基底流失；同时在湿地边缘利用原生的互花米草和基底堆构植物岛丘，诱导潮滩植物自然生长。在工程实施 3 年之后的 2008 年，工程主体恢复区植物盖度达到 50%以上，其中互花米草为优势种。

### 5.5.3 比利时斯海尔德河河口潮滩湿地生态恢复

斯海尔德河（Schelde River）是一条 350km 长，蜿蜒流经法国、荷兰，并在西北部比利时境内入海的国际河流。在其河口区域，为应对风暴潮带来的洪涝灾害和侵蚀问题，当地政府在局部河堤的外侧构筑了一道高程低于风暴潮水位的外堤，在主堤与外堤形成滞洪区（flood control area，FCA）。2005 年以来，当地政府认识到应当进一步恢复滞洪区内部的湿地生态系统，发挥滞洪区的生态效应，因此对现有滞洪区进行了改造，形成潮汐减控（controlled reduced tide，CRT）系统，其设计原理为在外堤上部设置单向进水闸，在河流处于高潮位时自动将潮水引入滞洪区；在外堤中下部设置单向出水闸，在河流处于低潮位时自动将滞洪区内部水体排出，通过这种利用自然潮汐动力的设计，可调控进出湿地水量、潮差和停留时间，恢复湿地内部周期性的淹水-落干过程，以营造有利于植物生长的生境条件（图 5-27）。截至 2013 年，斯海尔德河河口区域已建成 3 处规模分别为 $10hm^2$、$200hm^2$、$600hm^2$ 的潮汐减控系统，在滞洪区内成功恢复了以芦苇为优势种群的湿地植物（Jacobs et al.，2009）。

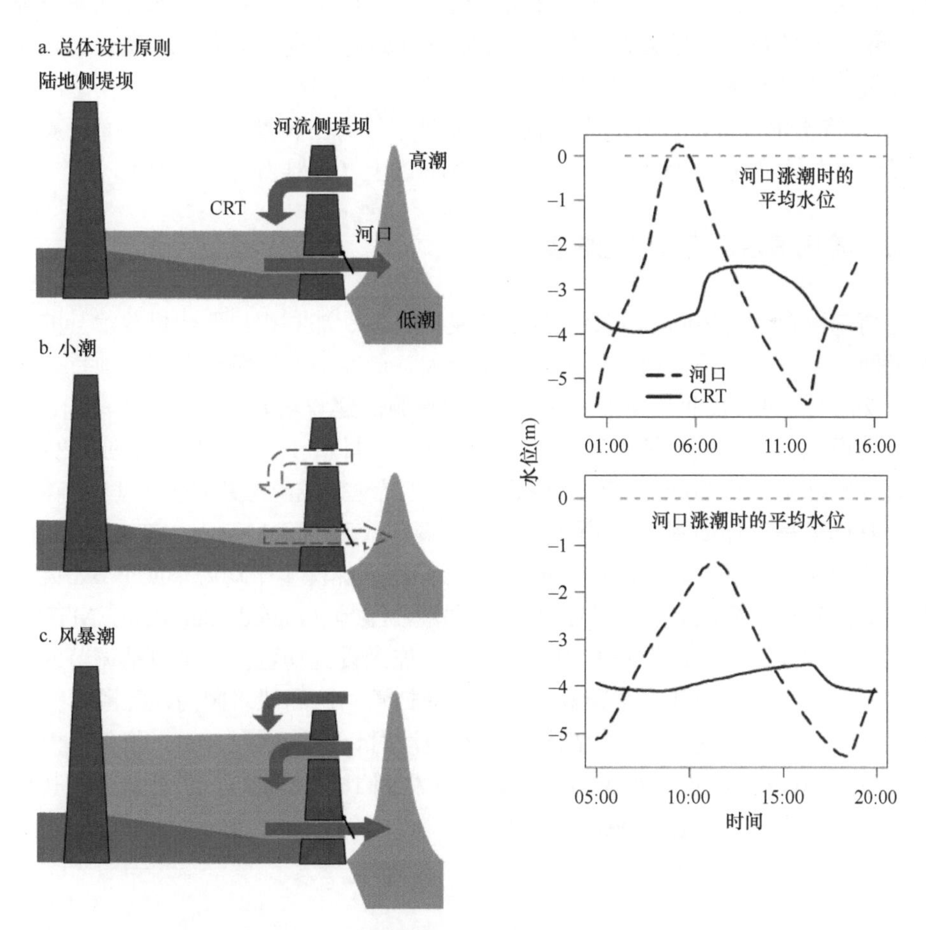


图 5-27 比利时斯海尔德河河口潮滩湿地潮汐减控系统（引自 Jacobs et al.，2009）
（彩图请扫封底二维码）

### 5.5.4 杭州湾北岸奉贤岸段生态恢复

杭州湾北岸奉贤岸段是我国典型的侵蚀岸段，在自然力和陆域排污的双重作用下，潮滩基底受损严重，湿地生态系统面临消亡。自2010年起，在国家海洋局“中央分成海域使用金支出项目”的支持下，以上海市著名景点碧海金沙旅游区为依托，开展“杭州湾北岸整治修复奉贤岸段示范项目”。其设计原理为修复基地并补偿营养，构建生态坝防止岸滩侵蚀，利用涵管调控水位。坝外水体通过涵管进入清水涵养区，清水涵养区水体由太阳能潜水泵提升，放流进入生态前置库，出水进入苇草表流湿地，净化出水重新汇入清水涵养区；针对基底损失问题，通过生态护岸措施等保护湿地岸滩稳定，通过人工引种快速形成先锋植物丛群；同时通过潮沟、浅塘等措施将盐沼湿地区内部与外部水体连通，保证湿地内部具有适宜的水文条件，并利用人工潮汐流形成适宜于近岸水生生物生长的潮间带生境条件，引入本地鱼类、贝类等，最终形成完整健康的湿地生态系统。截至2014年7月中旬，对于湿地恢复区内 2013 年已试种芦苇的区域（约占恢复区总面积的70%），植物生长良好，盖度达到80%，新种区域海三棱藨草、糙叶苔草、藨草生长情况良好，部分新种区域盖度也达到70%以上（戴雅奇等，2021）。

### 5.5.5 美国博尔萨奇卡低地恢复

博尔萨奇卡（Bolsa Chica）低地恢复项目位于加利福尼亚州奥兰治县的亨廷顿海滩，是加利福尼亚南部历史上规模最大、最复杂的沿海湿地恢复项目之一。由于20世纪的农牧业和城市化发展、采油设施的建设堵塞了湿地的出海口，大面积湿地退化，严重威胁了候鸟、鱼类的生存。项目从1996年开始计划，2004年秋天开始动工，到2006年夏天海水引入恢复湿地完成，总共修复了1247英亩区域。整体工程设计如图5-28所示，全潮汐湿地（full tidal basin，FTB）通过潮汐入口连接到海洋，水文完全由海洋潮汐控制，挖掘加深至平均海平面下6.8英尺[①]，并在周围建造了堤坝。位于FTB北部的弱潮汐湿地（muted tidal basin，MTB）通过三个潮汐控制设施连接到FTB。每个潮汐控制设施均包括一个自动调节的挡潮闸门，一个泄水闸门和多个翻板闸门。自动挡潮闸门和泄水闸门在涨潮时控制潮水从FTB到MTB的流入，而翻板闸门在退潮时让水排回到FTB。修复区内种植的鳗草于2009年已扩大到35.5英亩，并观测到166种鸟类，47种鱼类，其物种多样性得到进一步加强（Webb，2001）。

---

① 1英尺=0.3048m

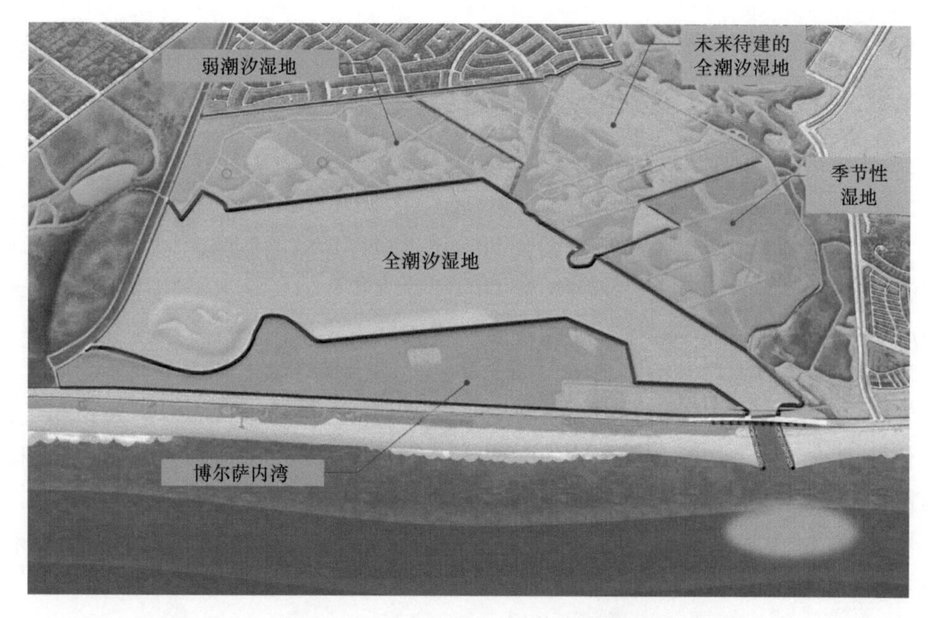


图 5-28　博尔萨奇卡低地恢复项目（彩图请扫封底二维码）

## 5.5.6　西雅图海堤生态修复

西雅图海岸位于埃利奥特湾，周围与派克市场、先锋广场、公共码头等城市繁华地带，体育馆、水族馆等基础公共设施相连，是一个集工业、航运和交通功能为一体的海岸带。随着时间变迁，原有建成于 1920～1936 年的海堤因为多年承受潮汐、风浪和海下洋流侵蚀，整体结构破损，已不能较好地满足防洪、防汛等安全需求，海堤改造迫在眉睫。该海岸还是三文鱼洄游通道，对三文鱼保护具有重要的价值。此外，由于位于城市中心，过去政府一直在积极地构想滨海与城市良好沟通的策略。西雅图海岸带修复不仅包括生态环境修复还是涉及区域空间连接的重大项目（Krasny et al.，2014）。

针对上述需求，当地提出了西雅图海岸生态修复方案，将废弃海堤更替为抗震生态海堤，实现沿海横向连接，海平面上升高度是确定线型海堤高度的主要因素。据估计，到 2100 年海平面至少上升 6 英尺，最高上升 50 英尺，基于预测，新海堤设计满足最大海平面上升高度。同时，海堤挑出滨海步行走廊，并在步行通道上有规律增加透光面板，为三文鱼迁徙提供适宜方向的光照，改善之前黑暗、无光的水下环境。另外一个重要组成部分就是定制化海堤面板，面板由景观设计师或艺术家设计，形成较深纹理的混凝土预制板，凹凸不平的面板有利于植物生长和底栖动物栖息，植物茎叶和粗糙表面利于吸附水中悬浮物、甲壳残体，为三文鱼提供觅食环境。埃利奥特湾作为三文鱼洄游通道，滨海设计中强调维持这一生态过程，建立潮汐沟、抬高海床营造、铺就砾石，为三文鱼和其他鱼类提供生存、觅食、繁殖场所。

## 5.6 多功能生态湿地构建与恢复

生态系统多功能性是指生态系统同时提供多种功能的能力，如养分循环、碳固存和分解作用等。受人类干预和调控的湿地具有同时发挥多种功能的特性，进而产生多种生态系统多服务，如传统农耕模式下，水稻田不仅生产主粮，还提供生物多样性保护、养分循环利用、水土保持和美学景观等多种生态系统服务。不同生态系统服务之间往往表现为负相关，即此消彼长的权衡关系，以及正相关，即相互增益的协同关系，如美国俄亥俄州湿地保护计划恢复了曾被开发成农田的湿地和河岸缓冲区，农业生产被削减，但是增强了碳固存，改善了水质。在构建与恢复多功能生态湿地过程中，更关注供给服务与调节、支持服务之间的权衡关系，在主导服务确定之后，通过调控生态系统内在结构，充分发挥生态系统多功能。

### 5.6.1 上海鹦鹉洲生态湿地

在 2015 年度中央海岛和海域保护资金的支持下，上海市实施了“金山城市沙滩西侧综合整治及修复工程”，在城市海岸景观区恢复总面积约 23.2 万 $m^2$ 的滨海湿地景观，建成鹦鹉洲生态湿地，于 2017 年底对外开放。鹦鹉洲湿地包括湿地净化展示区、盐沼湿地恢复区、生态廊道缓流区及自然湿地引鸟区 4 个不同功能区。主要采取以“工程保滩、基底修复、本地植物引种、潮汐水动力调控”为核心的潮滩湿地生态恢复技术，重构与恢复海岸带潮滩盐沼湿地景观；同时以“生态沉淀、强化净化、清水涵养”为核心水质生态修复技术，修复与改善工程区水质；并结合景观设计将恢复湿地与人工湿地融合形成兼具生态功能、水质修复功能与景观功能的城市滨海湿地（陈雪初等，2017）。采用“生态前置库-苇草型表面流人工湿地-清水涵养区”为核心的复合生态净化技术体系对来水进行生态净化，并将净化后水体导入盐沼湿地恢复区；同时通过人工潮汐调控、基底修复、营养阻留、潮沟引导等方法营造出复合自然的盐沼湿地；下泄清水通过“生态廊道缓流区”经过多级跌水之后进入“自然湿地引鸟区”，自然湿地引鸟区构建深水坑、浅塘、浅滩、植物岛丘、卵石滩等形成多样化的湿地水文与生境条件，营建丰富的河口湿地景观，为不同营养级的湿地动物提供栖息生境。从 2017～2020 年的运行情况来看，鹦鹉洲生态湿地对来水水体中溶解性无机氮和溶解性无机磷去除率均达到 50%以上，悬浮物的平均去除率为 60%，湿地不同单元的协同净化作用可以实现对多种污染物的有效去除。园内观测并记录到 100 多种野生鸟类，其中列入世界自然保护联盟（IUCN）濒危物种红色名录低危及以上等级的鸟类有 22 种。在大气调节方面，湿地整体表现为碳汇，是附近自然湿地的 2 倍以上。

### 5.6.2　上海崇明东滩互花米草生态控制与鸟类栖息地优化工程

崇明东滩鸟类国家级自然保护区是以迁徙鸟类及其栖息地为主要保护对象的湿地类型自然保护区，是亚太地区迁徙水鸟的重要通道，也是多种生物周年性溯河和降河洄游的必经通道（曹牧等，2018）。20 世纪 90 年代以来，崇明东滩互花米草入侵现象较为严重，由于互花米草的生态竞争优势显著大于本土物种芦苇和海三棱藨草，侵占了大量海三棱藨草、芦苇、光滩的分布区，部分区域海三棱藨草消失。因此如何尽快控制互花米草的扩张，改善入侵地生态系统质量，稳定鸟类栖息地和食物来源，是崇明东滩鸟类国家级自然保护区面临的紧迫问题。2012 年 12 月"上海崇明东滩鸟类国家级自然保护区互花米草生态控制与鸟类栖息地优化工程"启动。该工程于 2013 年 9 月正式开工。项目实施范围位于崇明东滩鸟类国家级自然保护区内。北面自北八滧水闸开始，南部大致接崇明东滩 1998 大堤中部，西以崇明东滩 1998 大堤为界，东边界为互花米草集中分布区外边界以外约 100m 处。项目实施总面积 24.19km$^2$，其中 8.98km$^2$ 位于保护区核心区、5.33km$^2$ 位于缓冲区、9.88km$^2$ 位于实验区。工程主要内容包括互花米草生态治理、鸟类栖息地优化、土著植物种群恢复（汤臣栋，2016）。

其中互花米草生态治理方面，新建 25km 长的围堤构成整个项目实施范围的外边界，从空间上阻断互花米草继续向外扩张；清除、控制措施近期以物理控制法为主，通过刈割、水淹、晒地清除互花米草，远期以生物控制法为主，采用定植、调节盐度与水位控制清除互花米草。形成了"围、割、淹、晒、种、调"六字方针的综合生态治理方案，即先围剿，再割除，用水淹残根，太阳暴晒，种海三棱藨草、芦苇等乡土植物，调节水系盐度，达到生态修复的目的。保护区形成了 2000hm$^2$ 相对封闭、水位可调控管理的互花米草生态治理区，其灭除率达 95% 以上。

鸟类栖息地优化方面，从有利于鸟类群落稳定、栖息地改造的可行性和工程成本等方面考虑，设置鸻鹬类主栖息区、苇塘区、雁鸭类主栖息区、鹤类主栖息区和科研监测管理区；通过在 98 大堤内开挖环形随塘河，在项目实施范围内补植芦苇、海三棱藨草，设置粗放型生态鱼塘等措施来优化鸟类栖息地。研究后提出了 6 种主要的栖息地营建类型，即芦苇带、滨海草滩湿地、有生态小岛的开阔水域、生态小岛、漫滩、灌丛/林地。目前，保护区形成了 2000hm$^2$ 相对封闭、水位可调控管理的鸟类栖息地优化区。在优化区域内建成了长达万余米、相互连通的骨干水系，营造了总面积近 18 万 m$^2$ 的生境岛屿，为迁徙过境的鸻鹬类和越冬的雁鸭类提供了良好的栖息环境，鸟类种群数量显著增加。据调查，优化区内水鸟已达 38 种，成为部分夏候鸟繁殖的筑巢场地，还吸引到大量越冬雁鸭类在此栖息，水鸟栖息地的效果已经初步显现。

土著植物种群恢复方面，支持了潮间带滩涂土著植物海三棱藨草的种群重建与复壮任务。恢复地点为东旺沙涵闸口外滩地，面积约为 20hm$^2$。海三棱藨草在自然状态下一般通过地下根茎的营养繁殖策略形成密集植株种群，相对于种子种植策略和实生苗种植策略，球茎种植策略更能抵抗潮汐冲刷和泥沙沉积的干扰，将带土的海三棱藨草球茎微系统作为人工植被恢复的种植材料时，多数球茎经过接近一个月的短暂适应期后能实现定居并开始出苗，再通过营养分蘖和地下根茎发育形成斑块。目前，保护区东旺沙潮间带区域形成了约 15hm$^2$ 的海三棱藨草恢复区。

崇明东滩鸟类自然保护区为保护鸟类栖息地，通过水文调控技术实现了对互花米草的生态治理。保护区利用围堤和涵闸维持治理区域的水位，淹死刈割后残根，但是由于人工围堤，新形成的 2000hm$^2$ 治理区也出现了新的生态问题，如温室气体排放、鱼类生境与生物通道丧失等。为此，研究人员正在深入研究如何利用涵闸调控潮汐来水等措施，进一步提升生态功能。

### 5.6.3 日本谷津干潟公园

谷津干潟公园（图 5-29）位于日本千叶县的干潟滩涂，邻近东京湾，滩涂总面积约为 41hm$^2$，是感潮型海岸带湿地，退潮时滩面裸露，满潮时水深将近 1m，整年均可观看多种水鸟。20 世纪原本计划将干潟滩涂开发为垃圾填埋场，但是当地居民注意到谷津干潟生态系统服务功能的重要性，自发地开展了谷津干潟保护行动。谷津干潟公园整体形状呈现为不规则矩形，周围绝大部分区域都已经被开发为建设用地，高速公路与道路环绕，但保留了高濑川和谷津川两条水道与东京湾相连通，以供潮汐进出涨落。许多从西伯利亚和阿拉斯加到东南亚和澳大利亚迁徙的候鸟在此中转，据统计谷津干潟及其周边滩涂区域为全日本约 10%的鸻鹬类提供了宝贵的栖息地，因而被指定为国家野生动植物保护区，并于 1993 年加入了湿地公约。目前已观察到 110 种野生鸟类，其中 70 种是水鸟（Hattori and Mae，2001）。典型留鸟如灰喜鹊、翠鸟、黑翅长脚鹬、黑颈䴙䴘等；候鸟有斑尾塍鹬、灰尾漂鹬、翻石鹬、白眉鸭、翘嘴鹬、中杓鹬、蒙古沙鸻等。在谷津干潟公园内部有一条长约 3.5km 生态走廊，设有自然观察中心以供游客观察滩涂和鸟类，并配合教育解说、影片播放、设置网络视讯系统等方式减轻游客对鸟类造成的干扰。除此之外，还设置了展览角、读书角、草坪开放空间、咖啡馆等一系列休闲娱乐设施。谷津干潟公园栖息地营造与管理策略运用值得借鉴之处是在提升生态功能的同时兼顾环境教育和休闲娱乐，体现了人与自然和谐共生。

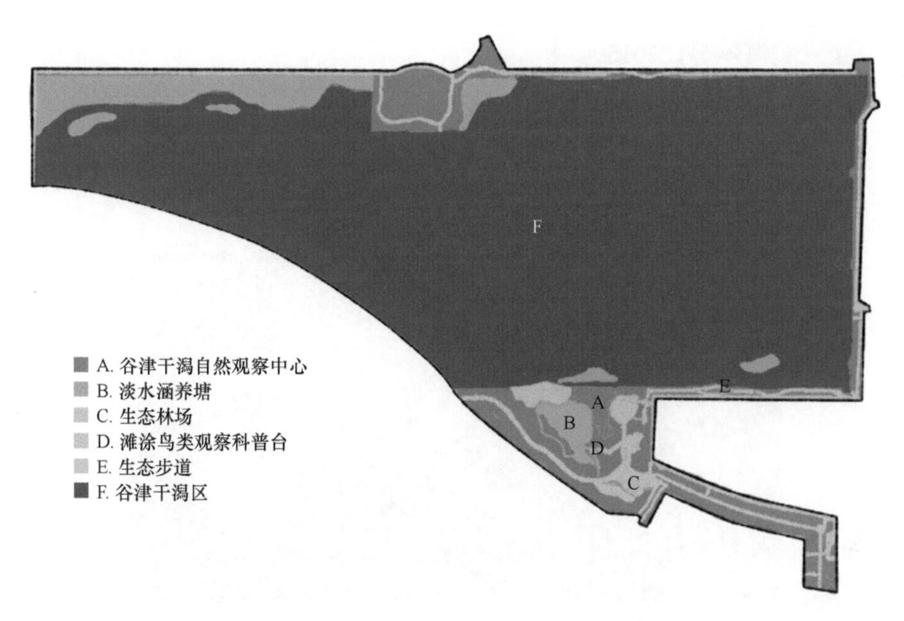


图 5-29　谷津干潟公园平面图（彩图请扫封底二维码）

### 5.6.4　厦门五缘湾湿地公园

五缘湾湿地作为厦门市占比面积最大的湿地公园，位于厦门市五缘湾南部，被誉为“城市绿肺”。全园为南北长 3km、东西宽约 0.5km 的狭长水道及区域，总占地面积约为 920 000m$^2$，公园根据其功能可划分为：重点保护区、外围保育区、湿地展示区、湿地科普区、游览活动区和管理服务区等区域。在生态修复前湿地生物多样性遭到破坏，并且周围生活生产污水的排入使得水体富营养化严重。为了改善水体环境，整个项目采用了底泥矿化处理、微生物净化、人工浮岛净化、生物栅、增氧推流、复合滤床处理、人工湿地等一系列生态修复技术措施，通过多个污染点逐步改善、修复、重建，最终实现水质改善。例如，设计制造了总面积达到 1000m$^2$ 的 125 个花瓣型人工浮岛，分散性固定在水系湖区，通过吸附和根际微生物对污染物的分解、矿化及植物化感作用，削减水体中的氮、磷等营养盐和有机物，抑制藻类生长，净化水质，恢复湖泊生态系统。在湿地公园东侧，还设置了一个面积为 2400m$^2$ 的迷宫景观（图 5-30），种植湿地植物形成表流湿地，进一步改善水质。园内营造出由水生和陆生植物构成的多样性生境空间，并且为了更好地满足市民的文化与休闲需求，布置了大量的天然材料制成的景观设施，长期开展科普文化教育活动。治理前，湿地水系主要水质指标超过地表水劣Ⅴ类标准，其中 $NH_3^-$-N、TN、TP、COD 平均指数分别是Ⅴ类标准的 6 倍、7.6 倍、5 倍、2.5 倍以上。修复后园区整体水质得到改善，到达Ⅴ类标准，观测到 100 多种野生鸟类（黄海萍等，2015）。

图 5-30　五缘湾湿地公园湿地迷宫（陈雪初摄）（彩图请扫封底二维码）

### 5.6.5　佛罗里达自由公园湿地

自由公园湿地（freedom park wetland）位于美国佛罗里达州那不勒斯金门公园大道和古德莱特-弗兰克路交汇处，属于戈登河流域，是一个 20hm$^2$ 的雨水径流质量改善项目。该项目旨在利用雨水管理设施减少戈登河那不勒斯湾的污染，缓解戈登河流域内的洪水，构建本地动植物的自然栖息地。自由公园于 2009 年 10 月建成，是人工湿地和自然湿地复合构建形成的多功能生态湿地，其中包括雨水池、人工湿地、湿地恢复区、乔灌木种植区和休闲公园设施及 232m$^2$ 的环境教育设施（Bishop et al.，2012）。

自由公园的处理系统（图 5-31）包括 1.9hm$^2$ 的雨水储存池和 2.7hm$^2$ 的人工湿地，处理出水再排放到 5.8hm$^2$ 的天然湿地。浅水（15～30cm）区域生长着本地湿地植物，如锯齿草等。深水（1.3m）区域主要为睡莲，散布在湿地中，以发挥生态净化功能，为生物提供栖息地及固定有机碳。在雨季，公园会用泵站将水从周边城市集水区抽到湿地当中，使其先通过重力流过池塘，再流经人工湿地，然后是天然湿地，当天然湿地汇集水量较多时，多余的水排入戈登河。第二个泵站在枯水期将戈登河水抽到湿地中进行额外处理和作为水源，以削减那不勒斯湾的基流负荷。

流经自由公园的雨水和戈登河水的磷和氮浓度分别降低约 30%和 70%，溶解氧通常远高于州水质标准。公园里有 1158m 的木板栈道和 3.2km 的步道，游客可以通过高架的森林木板路进入恢复的柏树平原栖息地，位于湿地的多个景观亭可用于遮阴、休息和观鸟（图 5-32 和图 5-33）。

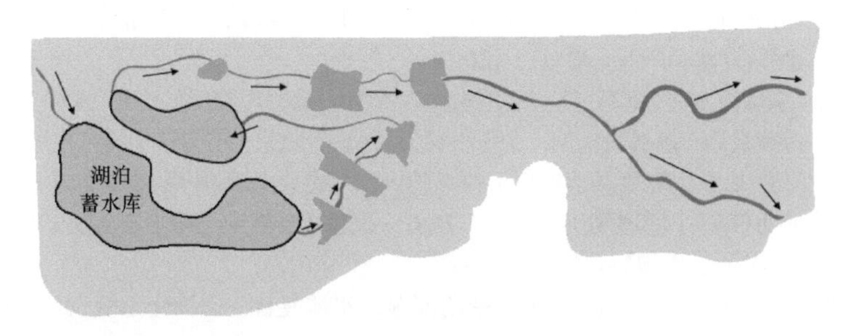


图 5-31　自由公园湿地处理系统（彩图请扫封底二维码）

图 5-32　雨水储存池和人工湿地（陈雪初摄）（彩图请扫封底二维码）

图 5-33　湿地恢复区和乔灌木种植区（陈雪初摄）（彩图请扫封底二维码）

# 主要参考文献

曹牧, 蒋劭妍, 陈婷媛, 等. 2018. 崇明东滩自然与人工修复湿地鸟类种群特征对比研究. 南京林业大学学报(自然科学版), 42: 113-120.

陈汉辉. 2002. 东深源水生物预处理对深圳水库水生态环境的影响//周光召. 加入 WTO 和中国科技与可持续发展: 挑战与机遇, 责任和对策(上册). 北京: 中国科学技术出版社.

陈敏, 张臻. 2015. 基于恢复生态学视角下的基础设施生态化策略研究: 以新加坡碧山宏茂桥公园与加冷河为例//中国科学技术协会, 广东省人民政府. 第十七届中国科协年会: 创新驱动先行论文集. 广州: 中国科学技术协会.

陈雪初, 戴雅奇, 黄超杰, 等. 2017. 上海鹦鹉洲湿地水质复合生态净化系统设计. 中国给水排水, 33: 66-69.

戴雅奇, 陆金忠, 陈雪初. 2021. 海岸带侵蚀岸段湿地恢复设计及运行成效分析: 以杭州湾北岸奉贤段为例. 园林, 38(8): 20-24.

戴雅奇, 甄彧, 吴健, 等. 2006. 渔网围栏介质对太湖梅梁湾富营养化水体的改善. 中国环境科学, 26(2): 176-179.

邓开宇, 吴芝瑛, 张国亮, 等. 2009. 从叶绿素 a 的变化浅析西湖综合保护工程效益(1998-2007年). 湖泊科学, 21(4): 518-522.

高建宏, 王毅. 1999. 西湖底泥疏浚工程设计. 浙江建筑, (S1): 16-17.

黄海萍, 陈彬, 俞炜炜, 等. 2015. 厦门五缘湾滨海湿地生态恢复成效评估. 应用海洋学学报, 34: 501-508.

李丹, 郭尚敬, 赵红霞. 2022. 基于功能需求的城市河流生态景观营建方式: 以韩国首尔清溪川为例. 现代园艺, 45: 98-100, 103.

刘苑, 王润, 陆文钦, 等. 2019. 城市河流社会-经济-自然复合生态系统构建: 长沙市圭塘河流域治理与生态修复规划设计. 景观设计学, 7(4): 114-127.

马玖兰. 1996. 西湖引流钱塘江水 9 年后的水质分析. 环境污染与防治, 18: 31-33.

汤臣栋. 2016. 上海崇明东滩互花米草生态控制与鸟类栖息地优化工程. 湿地科学与管理, 12: 4-8.

王洪铸, 宋春雷, 刘学勤, 等. 2012. 巢湖湖滨带概况及环湖岸线和水向湖滨带生态修复方案. 长江流域资源与环境, 21: 62-68.

王向荣, 韩炳越. 2001. 杭州"西湖西进"可行性研究. 中国园林, 17: 11-14.

吴芝瑛, 吴洁, 虞左明. 2005. 杭州西湖水生高等植物的恢复与水生生态修复. 环境污染与防治, 27: 38-40.

吴芝瑛, 虞左明, 盛海燕, 等. 2008. 杭州西湖底泥疏浚工程的生态效应. 湖泊科学, 20: 277-284.

徐新洲, 薛建辉, 吕志刚, 等. 2013. 太湖贡湖湾湖滨湿地生态功能区与植被修复研究. 南京林业大学学报(自然科学版), 37(3): 35-40.

张聪 2012. 杭州西湖湖西区沉水植物群落结构优化研究. 武汉理工大学硕士学位论文.

中村圭吾, 森川敏成, 島谷幸宏. 2000. 河口に設置した人工内湖による汚濁負荷制御. 環境システム研究論文集, 28: 115-123.

Annadotter H, Cronberg G, Aagren R, et al. 1999. Multiple techniques for lake restoration. Hydrobiologia, 395-396: 77-85.

Bishop M, Bays J, Griffin M, et al. 2012. More than a pretty space: stormwater treatment wetlands with multiple benefits at Freedom Park, Naples FL//WEF. 85th Annual Water Environment Federation Technical Exhibition and Conference. New Orleans: WEF.

Carpenter S R, Kitchell J F, Hodgson J R. 1985. Cascading trophic interactions and lake productivity: fish predation and herbivory can regulate lake ecosystems. BioScience, 35: 634-639.

Coveney M F, Lowe E F, Battoe L E. 2001. Performance of a recirculating wetland filter designed to remove particulate phosphorus for restoration of Lake Apopka (Florida, USA). Water Science and Technology, 44(11-12): 131-136.

Gulati R D, Van Donk E. 2002. Lakes in the Netherlands, their origin, eutrophication and restoration: state-of-the-art review. Hydrobiologia, 478: 73-106.

Hartig J H, Thomas R L. 1988. Development of plans to restore degraded areas in the Great Lakes. Environmental Management, 12: 327-347.

Hattori A, Mae S. 2001. Habitat use and diversity of waterbirds in a coastal lagoon around Lake Biwa, Japan. Ecological Research, 16: 543-553.

Jacobs S, Beauchard O, Struyf E, et al. 2009. Restoration of tidal freshwater vegetation using controlled reduced tide (CRT) along the Schelde Estuary (Belgium). Estuarine, Coastal and Shelf Science, 85: 368-376.

Kang C D, Cervero R. 2009. From elevated freeway to urban greenway: land value impacts of the CGC project in Seoul, Korea. Urban Studies, 46: 2771-2794.

Kim J Y, Yano T, Nakanishi R, et al. 2019. Artificial wave breakers promote the establishment of alien aquatic plants in a shallow lake. Biological Invasions, 21: 1545-1556.

Krasny M E, Russ A, Tidball K G, et al. 2014. Civic ecology practices: participatory approaches to generating and measuring ecosystem services in cities. Ecosystem Services, 7: 177-186.

Nishihiro J, Nishihiro M A, Washitani I. 2006. Restoration of wetland vegetation using soil seed banks: lessons from a project in Lake Kasumigaura, Japan. Landscape and Ecological Engineering, 2: 171-176.

Nishihiro J, Washitani I. 2007. Restoration of lakeshore vegetation using sediment seed banks; studies and practices in Lake Kasumigaura, Japan. Global Environmental Research, 11(2): 171-177.

Nixdorf B, Deneke R. 1997. Why 'very shallow' lakes are more successful opposing reduced nutrient loads. Hydrobiologia, 342-343: 269-284.

Özkundakci D, Hamilton D P, Scholes P. 2010. Effect of intensive catchment and in-lake restoration procedures on phosphorus concentrations in a eutrophic lake. Ecological Engineering, 36: 396-405.

Roy C, Gail S, Michael J, et al. 2012. Tidal wetlands restoration//Ali M. The Functioning of Ecosystems. Croatia: InTech.

Schaus M H, Godwin W, Battoe L E, et al. 2010. Impact of the removal of gizzard shad (*Dorosoma cepedianum*) on nutrient cycles in Lake Apopka, Florida. Freshwater Biology, 55: 2401-2413.

Slagle Z J, Allen M S. 2018. Should we plant macrophytes? Restored habitat use by the fish community of Lake Apopka, Florida. Lake and Reservoir Management, 34: 296-305.

Teal J M, Weishar L. 2005. Ecological engineering, adaptive management, and restoration management in Delaware Bay salt marsh restoration. Ecological Engineering, 25: 304-314.

Toth L A, Arrington D A, Brady M A, et al. 1995. Conceptual evaluation of factors potentially affecting restoration of habitat structure within the channelized Kissimmee River ecosystem. Restoration Ecology, 3: 160-180.

Van Donk E, Grimm M P, Gulati R D, et al. 1990. Whole-lake food-web manipulation as a means to study community interactions in a small ecosystem. Hydrobiologia, 200-201: 275-289.

Van Liere L, Gulati R D. 1992. Restoration and recovery of shallow eutrophic lake ecosystems in the Netherlands: epilogue. Hydrobiologia, 233: 283-287.

Webb C K. 2001. Wetland restoration at Bolsa Chica, California//Hayes D F. Wetlands Engineering & River Restoration 2001. Reno: ASCE.

Zhou S, Hosomi M. 2008. Nitrogen transformations and balance in a constructed wetland for nutrient-polluted river water treatment using forage rice in Japan. Ecological Engineering, 32: 147-155.

# 第 6 章　水生态修复方案设计

水生态修复方案设计是水生态恢复项目能否成功的关键。水生态修复方案设计阶段，与一般工程项目类似，包括资料调研、现场调查、可行性研究方案编制、项目立项、工程设计方案编制等工作。水生态恢复方案设计的目标是为解决水域生态问题提供技术路径，指导生态工程建设。水域生态问题具有综合性的特点，虽然具体表现为生态系统结构与功能的受损退化，但背后却普遍受到人类社会经济活动的影响，而这些水域生态问题反过来又对社会经济发展产生制约作用。面对这类复杂生态问题，水生态修复方案设计应就对象进行深入全面地了解与认识，在提出技术性解决方案的同时，还必须思考人与自然的关系，结合生态修复项目找到将绿水青山转化为金山银山的方法，促进当地社会经济发展。本章以湖泊富营养化控制项目为例介绍水生态修复方案设计流程，并以鹦鹉洲生态湿地等设计案例为例，介绍解决水域生态问题的技术思路和工程方案编制参考。

## 6.1　方案设计前期调研工作

### 6.1.1　资料收集

在开展污染源与水质水生态调查之前，必须先进行资料收集工作。掌握充分的、有价值的资料，可为安排现场调查工作计划提供依据，是调查得以顺利开展的重要基础。一般来说，可采取收集各类媒体公开资料与查询政府文件相结合的方式进行。但在具体操作中，应尽可能通过相关政府部门获取资料，甚至可以通过甲方的协助，安排几次与政府相关部门的访谈，因为第一手的、最有价值的资料往往都掌握在各级主管部门的手中，通常需收集的资料如下：

当地最新年鉴及统计年鉴；

目标水体与周边流域的行政区划图、土地利用图、水系图等；

目标水体的水文气象、水质监测资料、干湿沉降监测资料等；

与目标水体相关的各类规划，包括水环境及水资源规划、生态规划、土地利用规划、农林规划、旅游规划等；

流域内各个乡镇人口数、畜禽养殖量、污水收集系统建设情况、垃圾和人畜粪便管理情况等；

流域内农田面积、分布、主要作物、施肥量、农药使用情况，以及农灌回水排放相关资料；

流域内各类企业的相关资料，包括企业经营类型、企业规模、污水排放量、污染物浓度、处理回用量等；

流域内餐馆、旅店相关资料，包括工作人数、经营项目、床位、餐位及污水和垃圾收集处理情况等；

流域内景区历年游客数量，近两三年每季度或每月游客数量。

如果能够充分获取上述这些资料，就可以对污染源的各个组成部分的源强大小、分布状况有一个大致的认识，初步把握目标水体所在流域污染物排放的基本情况。这样就可以在开展现场调查之前，有针对性地安排工作计划。

### 6.1.2 现场调查

#### 6.1.2.1 调查组组建

调查组人员由三部分组成：项目方组织人员、项目方调查人员、当地协助人员。项目方组织人员是调查工作的现场指导者和负责人，起着总体协调的作用，包括安排调查路线、定位调查目标、分配具体任务等；项目方调查人员是调查工作的具体实施者，在开展调查之前，必须通过培训使得调查人员深入理解调查的目的，掌握相关的方法，特别是要熟悉相关的调查表格，学会针对不同人群采取合适的询问方式；当地协助人员在调查实施过程中起到十分重要的辅助作用，一方面可以通过他们了解当地污染源的细节状况，另一方面有当地协助人员在场时，可避免由语言不通、人地生疏造成的交流困难。

为使调查任务保质、保量完成，需要项目方调查人员与当地协助人员配合开展调查工作。在开展调查之前，必须对相关工作人员进行培训。培训内容一般包括 4 个方面：①调查的意义与目的；②调查的工作方法；③调查内容；④工作注意事项。

#### 6.1.2.2 调查内容设计

**（1）污染源调查设计**

污染源调查的主要目的是了解目标水体的污染负荷情况和主要污染负荷来源，据此判断是否必须在实施控藻工程之前先开展控源工作，开展何种控源工程，为“可行性方案”编写提供基础依据。主要工作内容一般包括以下方面：

了解目标水体及其周边流域总体情况，包括土地利用状况、主要建筑物分布格局、主要排污单位、有无畜禽养殖专业户、有无乡镇企业等；

流域内主要河道、沟渠分布及走向情况；

目标水体周边直排口和汇水河道情况；

流域内居民用水、排水方式、人均用水量、人均排水量、生活垃圾去向、人均垃圾排放量；

农业种植方式、种植类型、种植规模、排水方式；

牲畜养殖方式、粪便处理与利用情况；

餐馆、酒店客流量情况，人均用水量。

具体调查工作包括发表调查、口头调查、现场拍照、可疑污染源排放口排查等。其中，发表调查是获取污染源基础信息的主要途径，其结果可以为后期估算各种类型污染源的污染负荷提供依据。可根据各个不同类型污染源，设计针对性的调查表格，包括当地乡镇基本情况调查表、生活污染入户调查表、工业源调查表、旅游污染源调查表等。

**（2）水质及水生态调查设计**

开展水质及水生态调查的主要目的是获取目标水体的水质及水生态现状，认识主要理化指标的超标情况，分析限制藻类、大型水生植物、枝角类浮游动物等生长的主要生境因子，初步判断水体自净能力现状及其潜力。一般来说，水质调查需要监测的理化指标包括：水温、溶解氧（DO）、pH、透明度、悬浮物浓度、总氮（TN）、总磷（TP）、氨氮、硝酸盐、亚硝酸盐、溶解性无机磷（DIP）、化学需氧量（$COD_{Cr}$）、高锰酸盐指数（$COD_{Mn}$）及底质有机质含量等；水生态调查需要监测的生态指标包括：叶绿素 a、优势藻生物量、粪大肠菌群、浮游动物、底栖生物（底层及近底层）、鱼卵仔鱼及鱼类资源、大型水生植物和鸟类分布状况等。

## 6.2　工程方案的编制与实施

### 6.2.1　可行性研究报告的编制

编制可行性研究报告的目的是在前期调研与数据分析的基础上，提供给甲方一份可供参考的水生态修复总体方案。一般应包括以下实质性内容：对目标水体污染现状的分析、水生态修复工艺的比选与可达性分析、水生态修复技术方案概述、工程初步概算等。

#### 6.2.1.1　对目标水体污染现状的分析

水域生态系统的外源性污染负荷类型主要有农业面源、生活污染源、工商业点源、旅游污染、干湿沉降等，根据前期调查结果，可以对各类污染负荷的发生强度进行估算。

就农业面源而言，一般先依据现有资料，给定不同种植类型农田的污染发生强度，再根据前期调查获取的不同种植类型农田的面积，估算出农业面源污染负荷；生活污染源包括生活污水与生活垃圾两个部分，通过前期调查并结合相关资料，可给定人均污水排放量、人均垃圾排放量和主要污染物浓度，从而测算人均排污当量，再将其乘以人口数就可以估算出生活污染负荷；工商业点源的排污量、污染物浓度数据一般掌握在环保部门手中，有条件的话可以根据这些数据来直接估算，如不可行则必须自行调查，排污量可以根据调查得来的用水量来大致估算，污染物浓度除了直接监测之外，还可以依据现有资料报道的不同工商业类型排水污染物浓度作为基础；旅游污染是游客在流域内的旅游活动所产生的污染，主要发生在酒店、旅馆与餐饮店等区域，因此可以根据酒店、旅馆与餐饮店的客流量来估算污染负荷；干湿沉降常会被忽视，因为一般来说它所占污染负荷的比例很低，然而值得注意的是在车流量密集的区域，来自干湿沉降的氮负荷会占总负荷的相当大的部分，在实际状况下，很难准确获取干湿沉降数据，除非当地环保监测部门有开展相关工作，常常只能根据一些当地现有的监测资料来估算。

在估算出目标水体的污染负荷情况之后，就可以进一步分析主要污染负荷来源，如果生活污染负荷或工业源占很大比例，那么就有必要在可行性方案中提出生活污染源或工业源的控制问题；如果农业面源污染负荷占主要比例，那么就意味着控源工程实施起来难度会较大，但可以考虑实施一些基于现状河道、河口水塘、湿地、湖滨带的原位净化工程，在污染物入湖入库之前先削减相当一部分污染物。

在认识污染源现状的同时，还必须分析目标水体的水质水生态状况。如以“控藻”为主要目标编写可行性方案时，可根据前期调查结果，先分析现状水体藻类种群结构、优势藻生物量动态变化情况、藻类水华暴发情况等；再结合可能影响藻类增殖的生物因素、理化因素的现状调查结果，分析藻类水华暴发的限制因子，为控藻工艺选择提供基础依据。

#### 6.2.1.2 工艺比选

工艺比选一般选择两三种水生态修复工艺，比较它们各自的技术实施效果、建设成本、运行成本、运行维护难度等，选取最优者作为主体工艺。在实际操作中，很多设计人员往往为了突出某一控藻工艺而有意将其与一些可行性很差的工艺进行比较，这并不一定就是恰当的比选方式，因为在可行性方案阶段主要还是在为甲方决策提供参考依据，如果参与比选的工艺明显不可行，往往会招来甲方对主体工艺的质疑。比较恰当的方式是根据目标水体的现状，选取几种各有特点和各具优势的工艺进行比较，再结合甲方在项目投资、后期管理等方面的实际情况，推荐一种最适合甲方的工艺。例如，针对西湖龙泓涧小流域的生态治理问题（详见第 5 章 5.1.5 节），设计单位提出了以下三个工艺方案：

工艺方案一：生态塘工程+湖滨带生态恢复工程；

工艺方案二：生态砾石床工程+生态塘工程+湖滨带生态恢复工程；

工艺方案三：地表径流生态截滤沟工程+生态前置库工程+河口人工湿地工程+湖滨带生态恢复工程。

对上述三个工艺方案的比较如表 6-1 所示。

**表 6-1　各方案的特点分析**

| 方案 | 方案一 | 方案二 | 方案三 |
| --- | --- | --- | --- |
| 方案特点 | 针对入湖河口区实施常规生态塘工程，后接湿地湖滨带恢复工程，发挥自然生态系统的净化功能，在生态塘、湖滨带设置挺水、浮叶、沉水植物，景观效果良好；但是由于单纯采用常规生态塘与湿地、湖滨带植被生态恢复技术，处理效果受气候、水位、水体流态影响较大，污染物去除效能有限 | 针对入湖河口区实施强化净化地埋式生态砾石床工程，后接湿地湖滨带生态恢复工程，不影响周围自然景观，处理效果较好，受季节影响较小；但是生态砾石系统在处理系统的前端，存在着堵塞的可能，反冲洗不方便，尤其是对于原位建设的生态砾石床 | 针对污染物输移的关键环节实施生态工程，以自然生态系统为主，采用生态截滤沟对地表径流进行初步处理；在生态前置库中设置杉木墙形成生态廊道，充分利用前置库的容量，延长污染物与高等植物-生物膜复合生态系统接触时间与效率；在河口区构建人工湿地，对前置库出水再次进行强化净化等，可实现污染物去除和景观美化的双重效果 |
| 净化效果 | 一般 | 较好 | 较第二方案为好 |
| 工程投资 | 一般 | 较高 | 在第一与第二方案之间 |
| 生态恢复 | 一般 | 一般 | 较第一方案高，但是较第二方案低 |
| 景观效果 | 梯级塘与湖滨两方面景观效果较好，增加了视觉上的美感 | 景观效果与现状相比基本相当，湖滨景观有一定改善 | 由于生态前置库内设置生态廊道，与原有自然景观相比有所下降，但是湖岸与湖滨建设了湿地与湖滨带植物体系，增加了视觉上的美感 |
| 社会、环境与经济效益 | 环境效益一般，具有一定的景观经济效益 | 环境效益较好，同时该地环境的改善将会促进附近旅游业进一步发展，具有一定的间接景观经济效益 | 环境效益较好，同时将会促进附近旅游业进一步发展，具有一定的间接景观经济效益 |

通过上述比较，特别是从水质、生态、工程成本及环境效益出发，综合考虑推荐方案三作为本综合工程方案。

#### 6.2.1.3　水生态修复技术方案概述

经过工艺比选之后就确定了适宜的水生态修复工艺，在此基础上对水生态修复工艺进行深化，提出具体的水生态修复技术方案。在“可行性研究”阶段，一般只需对水生态修复技术方案进行概述，但需注意的是应提供一些与工程实现相关的明确信息，包括：工程实施内容中必须具体开展的几个方面，这几个方面各自的工程规模、平面布置、主体工程构筑物情况和所用到的设备，工程施工的基本方式；总体工程的处理水量和处理水质，各单元建设成本、单位面积或吨水建设成本、运行成本等。技术方案概述所要达到的“深度”视各个工程的实际情况和甲方的具体要求有很大差别，但是至少要满足以下两个条件：根据方案概述所提供的信息，可以进一步对水生态修复目标可达性进行分析判断；根据方案概述所提供的信息，可以初步进行工程总体投资概算。

#### 6.2.1.4 可达性分析

可达性分析是在假设所推荐的水生态修复技术方案实施完成的情况下，分析其是否能够达到水生态修复目标。由于在工艺比选阶段已经对技术方案是否可行进行了初步的判断，这一部分看起来有些多余，但实则十分必要。可达性分析要从原理方面入手，定量分析工程运行后的水生态修复效果，定性或半定量地预测水体中水质、有害藻类生物量等随运行时间的削减情况，并对水体水质和水生态变化情况作出总体判断。值得注意的是，水生态修复工程的效果受到各方面因素的影响，往往很难期待能 100%达成目标，因此在可达性分析部分，最好能就不同情境进行分析，如目标水体外部污染负荷突然加重时、藻类水华暴发时等等，并针对这些异常情况提出相应的解决方案。

### 6.2.2 工程设计方案的编制

可行性研究报告通过甲方组织的论证程序并得到甲方认可之后，进入工程设计阶段。工程设计是将可行性研究报告中提出的水生态修复技术方案具体细化，并落实到工程设计图纸上，实现技术方案的真正“落地”。在工程设计阶段，一般必须要有设计院介入，承担相关的设计责任。

工程设计的第一个环节是编制初步设计方案，主要包括工程设计说明、工程设计图纸、工程材料表和工程概算等内容。工程设计说明是对技术方案中所涉及的各个工程部分进行分解之后，展开细致的阐述，具体说明每一部分所涉及的工程实施内容、工程实施方式和工程量；工程设计图纸大体包括平面布置图、工艺设计图纸、主要构筑物图、土建工程图等若干个部分，对于水生态修复工程设计而言，许多设计部分往往找不到可以直接套用的设计标准，因此必须要有科研人员、工艺设计人员、土建设计人员共同协作完成；工程材料表的计算依据来自工程设计说明和工程设计图纸，工程材料表中所有材料细项的名称、数量应能够与工程设计说明和工程设计图纸中所表达的一一对应；依据工程材料表，结合工程定额中公布的工程材料单价和人工单价，就可以进行工程概算，给出比较确切的总体工程造价。

初步设计方案完成之后，一般甲方还会组织一两次方案论证会，其间要根据甲方和与会专家意见对初步设计方案进行不断地补充和修改，论证通过之后就进入施工图设计阶段。这一阶段主要通过图纸，把设计者的意图和全部设计结果表达出来，为工程招投标、工程施工、工程验收提供依据，是设计和施工工作的桥梁。施工图设计完成之后，进入招投标程序，这时科研机构和设计单位不再担任主角角色，转为协助施工单位完成主体工程任务。

## 6.3 工程方案设计案例

### 6.3.1 鹦鹉洲生态湿地设计

#### 6.3.1.1 项目背景

杭州湾北岸是我国典型的侵蚀岸段，在人为干扰和自然侵蚀的共同作用下，基底受损严重，盐沼湿地退化消失；同时水域水质指标中无机氮和活性磷酸盐超标明显，且水体因悬浮物含量较高表观浑浊，透明度较低。2011～2014 年，在“中央分成海域使用金支出项目”支持下，科研团队在奉贤岸段开展了 6500m$^2$ 规模的盐沼湿地生态修复技术示范并取得成功；2015 年在上海市海洋管理事务中心、华东师范大学等单位的共同推动下，上海市“金山城市沙滩西侧综合整治及修复工程”获得“中央海岛和海域保护资金”支持立项。该项目设计分为“生态修复、水工结构、景观”三个部分，主要采取以“工程保滩、基底修复、本地植物引种、潮汐水动力调控”为核心的潮滩湿地生态修复技术，重构与恢复海岸带潮滩盐沼湿地景观；同时采取以“生态沉淀、强化净化、清水涵养”为核心水质生态修复技术，修复与改善工程区水质；并结合景观设计将恢复湿地与人工湿地融合形成总面积约为 23.2 万 m$^2$，兼具生态功能、水质修复功能与景观功能的城市滨海湿地——鹦鹉洲生态湿地（陈雪初和高婷婷，2018）。

#### 6.3.1.2 工艺设计思路

鹦鹉洲生态湿地于 2016 年初开工建设，2017 年 9 月竣工，目前该湿地已进入对外开放运行阶段。结合国内外海岸带生态修复和湿地公园建设的成功实践案例，以及前期在奉贤碧海金沙岸滩生态修复的研究成果，本研究提出了金山鹦鹉洲生态湿地的总体技术思路。

如图 6-1 所示，鹦鹉洲湿地共有 4 个核心生态功能区，从北到南依次分为湿地净化展示区、盐沼湿地恢复区、生态廊道缓流区及自然湿地引鸟区。湿地水源来自鹦鹉洲湿地旁侧的金山城市沙滩水上休闲区，通过水泵提升后至湿地前端，逐级自流经过湿地内部各个生态功能区，返回水上休闲区。

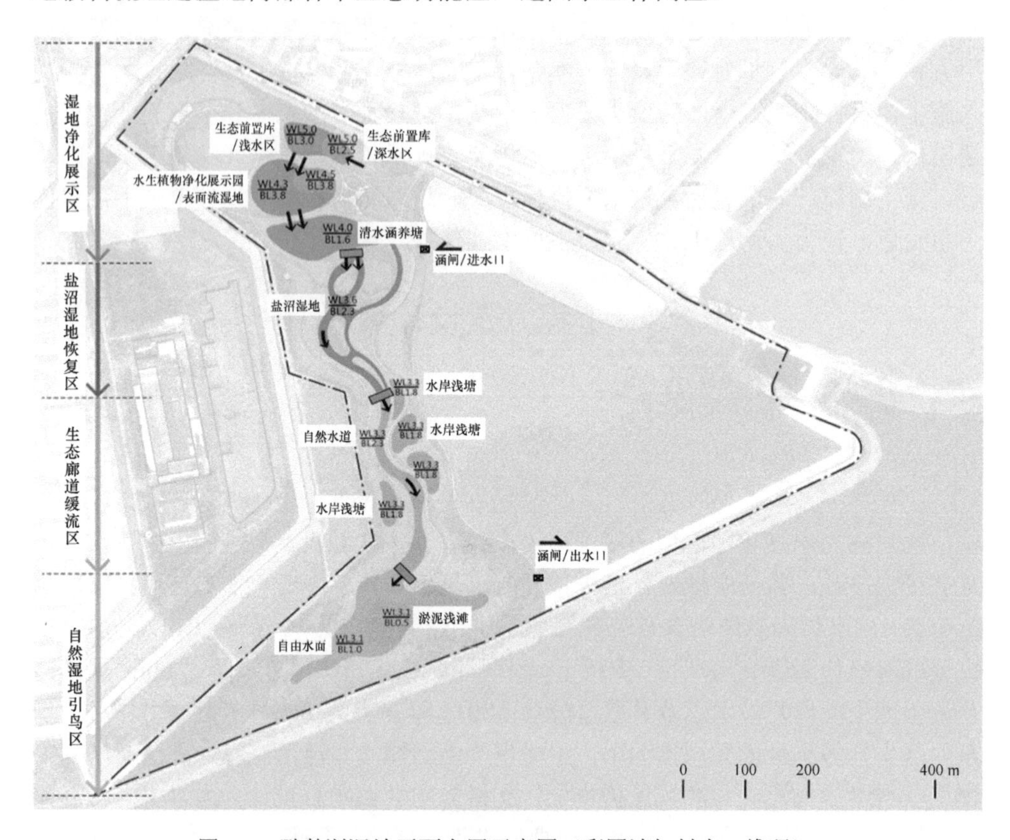


图 6-1　鹦鹉洲湿地平面布置示意图（彩图请扫封底二维码）

#### 6.3.1.3　分区设计要点

**湿地净化展示区**。采取以“生态沉淀-强化净化-生态恢复-清水涵养”为核心的多级生态净化设计理念，构建以“生态前置库-苇草型表面流人工湿地-清水涵养区”为核心的复合生态净化技术体系，对来水进行生态净化，削减悬浮物、无机氮、活性磷酸盐等污染物，并将清水水源引导入后续的盐沼湿地恢复区，以利于盐沼植物生长。

**盐沼湿地恢复区**。本区域内通过潮汐流调控、基底修复、营养阻留、潮沟引导等方法，恢复湿地生境条件，在此基础上引种本地湿地植物，形成盐沼湿地景观（图 6-2）。在湿地植物生长期，通过调控水位使其处于稳定低水位，为种苗提供适宜的非淹水生境，以保证植物快速生长；待湿地植被成熟后，引入人工潮汐，利用潮汐水位变化促进湿地生态系统结构和功能的发育，形成真正的盐沼湿地。

下泄清水通过“生态廊道缓流区”经过多级跌水之后进入“自然湿地引鸟区”。

图 6-2　盐沼湿地恢复区景观（陈雪初摄）（彩图请扫封底二维码）

**自然湿地引鸟区**。在本区域内，构建深水坑、浅塘、浅滩、植物岛丘、卵石滩等形成多样化的湿地水文与生境条件，营建丰富的河口湿地景观，为不同营养级的湿地动物提供栖息生境，同时，通过对“湿地构型、植物群落、景观布局”等进行整体优化设计，将湿地内的生态功能区与周边绿地相融合，最终形成城市滨海湿地景观，为鸟类、鱼类等湿地生物提供栖息地，为当地市民提供生态环境科普教育场所（图 6-3）。

图 6-3　自然湿地引鸟区（陈雪初摄）（彩图请扫封底二维码）

通过上述生态修复工艺设计，期望达成以下功能：

1）生态功能。在湿地系统内种植适应杭州湾自然生境条件、生态价值高的盐沼植物本地种，以及具有一定观赏性、水质净化功能、耐盐性强的湿地草本植物、乔、灌木等；并对关键植物丛群的空间格局进行合理配置，形成自然恢复力较强、建群种稳定性高的湿地植被群落，为鸟类、鱼类、浮游动物、底栖动物等提供适宜的生境，营造生物多样性高、食物链完整的湿地生态系统，并形成优美的自然生态景观。

2）水质净化功能。本项目将生态前置库、表面流人工湿地、清水涵养塘等组合，形成水质强化净化湿地，达成水质净化功能。所设计的水质强化净化湿地主要去除来水体中无机氮、活性磷酸盐及悬浮物等污染物，根据前期研究结果，削减能力为：出水与进水相比，其无机氮、活性磷酸盐及悬浮物的削减率分别约为20%、15%和30%。

3）科普教育及休闲娱乐功能。在湿地生态修复和生态环境改善的基础上，通过湿地区域内游览廊道、观赏休闲亭台等配套设施的修建，为进入海滨水上游乐区的人们提供教育及休闲娱乐场所，兼具观赏优美湿地生态景观、接受相关生态科普教育的功能。

4）科学研究功能。在本项目设计过程中，在盐沼湿地恢复区，考虑到未来开展长期研究的需要，在构建形成较大规模的盐沼湿地连片区域的同时，还在恢复区西侧引入了20余个用于引种不同类型湿地植物的植物岛丘，用于今后开展湿地植物演替规律及生物多样性研究，同时设置科研温室、工作间等，为长期湿地生态学研究预留空间。

#### 6.3.1.4 生态修复效果

本项目所设计的水质强化净化湿地主要去除进水体中无机氮、活性磷酸盐及悬浮物等3种污染物。从近3年的运行情况来看，鹦鹉洲生态湿地对来水水体中溶解性无机氮（DIN）和溶解性无机磷（DIP）去除率均达到50%以上，悬浮物的平均去除率为60%，湿地不同单元的协同净化作用可以实现对多种污染物的有效去除（张春松等，2021）。在湿地生态系统管理方面，在湿地植物生长期，通过调控水位处于稳定低水位，为种苗提供适宜的非淹水生境，同时通过水泵及管道等，形成内部水循环，一方面利于改善水质，另一方面为湿地植被提供好的生境，使其快速生长；待湿地植被成熟（能够抵抗海水潮汐）后，引入自然潮汐或人工潮汐，利用潮汐水位变化促进湿地生态系统结构和功能的发育，形成真正的盐沼湿地。

新恢复的鹦鹉洲生态湿地吸引中华攀雀、鸳鸯、黑水鸡、白骨顶、白鹭、小鸊鷉、苇鳽等，园内观测并记录到100多种野生鸟类，有国家一级重点保护野生动物黄胸鹀，国家二级重点保护野生动物震旦鸦雀、水雉、鸳鸯、红隼、燕隼、鹗等，列入世界自然保护联盟（IUCN）濒危物种红色名录低危及以上等级的鸟类有 22 种；利用鹦鹉洲湿地探索盐沼湿地恢复过程中蓝色碳汇效应及其调控机制，研究发现鹦鹉洲表现出很强的碳汇作用，平均全球增温潜势（GWP）达到 –17.6μmol/($m^2$·s)，是附近自然湿地的 2 倍以上（Yang et al.，2020）。

鹦鹉洲生态湿地形成湿地、水域、林地复合的滨海生态空间，发挥了水质净化、固碳增汇等生态服务功能，为近岸水鸟、鱼类等提供栖息、觅食生境，并为市民提供亲自然游憩与湿地生态科普场地，成为当地市民感受湿地、亲近海洋的滨海生态空间（吴威等，2020）。

### 6.3.2 农林水乡林湿复合生态净化系统设计

#### 6.3.2.1 项目背景

城市郊野地区农业耕作强度大，作物管理过程中施用的过量化肥和农药导致大量氮磷营养盐进入环境水体，增加富营养化风险，进而形成严峻的农业面源污染问题。人工湿地是目前解决农业面源污染问题常见的方法，农田周边种植芦苇、菰的沟渠湿地对面源污染物有较强的吸收能力。但是在农耕区土地紧约束的现状下，难有足够空间支持人工湿地发挥净化功能；并且常规人工湿地的功能较为单一，以往的设计多聚焦于水质清洁效果，普遍不考虑生物多样性的支持作用。如何在空间有限的情况下有效削减农田退水污染物，同步发挥生态保育功能，是城郊农用地开发建设中亟待解决的问题。

20 世纪 70 年代，著名生态学家 H.T. Odum 提出了利用森林-湿地复合体即林泽湿地净化污水的想法，调查研究显示林湿复合空间能成为鸟类的繁殖栖息地，具有相对较高的鱼类丰富度和多样性（Odum and Odum，2003）。基于森林-湿地复合体的理念，本研究提出面向农业面源污染控制的林湿复合生态净化系统设计，即针对区域水环境、植被现状，利用微地貌开挖土方，引种乡土植物，构建由林泽湿地、芦苇湿地斑块镶嵌形成的森林-湿地多级复合体。林湿复合生态净化系统可促进氮磷养分周转，提供初级生产力，维持各营养级生物动态平衡，具有多功能性、多服务性，兼顾了农田退水净化与生物多样性保护，可望为阻控农业面源污染提供基于自然的解决方案。

研究区位于上海市金山区廊下镇，该地是上海市的农业大镇，耕作强度大，仅小麦、大麦、水稻、蔬菜的种植面积就达 4 万亩[①]。研究区属于廊下市级土地整治项目（二期）的范围内，毗邻朱平公路与向阳河，交通可达性高，水系连通性

① 1 亩≈666.67$m^2$

好。该区域总占地面积 14.28hm$^2$，其中包括 11.08hm$^2$ 的耕地、1.39hm$^2$ 的林地。区域西侧原为废弃鱼塘，地势低洼；东侧原为成排规整种植的人工林地，以香樟、水杉、意杨为主，林相单一，群落结构简单，林下原有水泥硬质排水沟，其中水体浑浊、水质较差。西侧通过土地整治形成约 100 亩精品良田；东侧经过改造形成林湿复合生态净化系统，消纳西侧百亩农田产生的退水。项目于 2021 年建成并命名为“农林水乡”，已成为廊下郊野公园中的重要景观节点（盛世雯等，2022）。

#### 6.3.2.2 工艺设计思路

针对区域土地利用效率低、水环境质量差、生物多样性丧失等问题，项目应用了林湿复合生态净化系统的设计思路（图 6-4）：通过复合利用农用地周边现有的林地、湿地，恢复乡村生态空间的水肥内生循环，基于自然提出农田养分管控与水肥资源再利用的解决方案；导入异龄、复层、落叶常绿混交的近自然林及生物通道，提供适合鸟类、蛙类、水生昆虫等动物的多样化栖息生境；优化郊野地区农田、林地、湿地生态空间格局，提升生态系统的供给、调节、支持、文化服务，同时产出生态产品，增进公众福祉。

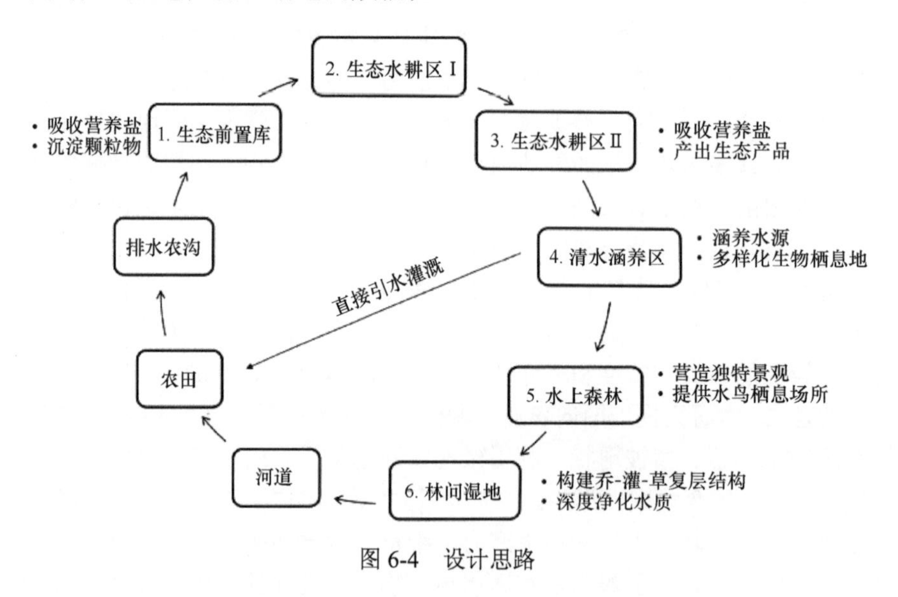


图 6-4 设计思路

设计目标为：在区域内东侧的人工林地中，应用复合生态循环原理，构建包括前置库、多功能水耕湿地、清水涵养塘、水上森林、林间湿地等的复合生态净化系统，发挥湿地的水质清洁作用和生物栖息地效应，为当地农业生产和人类活动提供生态系统服务。主要指标达到：系统平均日处理水量 500m$^3$ 以上（暴雨期最高日处理 1000m$^3$/d，超出时外排），出水水质达到地表水Ⅴ类以上标准，并为鸟类、蛙类等提供栖息地。

#### 6.3.2.3　工艺与平面布置

本研究基于工程实施前的水环境调查，预估农耕期间污染较严重的来水水质：总氮、氨氮、总磷以 7.8mg/L、4.5mg/L、0.7mg/L 计。出水设计至少达到地表水Ⅴ类标准，即总氮低于 2mg/L、氨氮低于 2mg/L、总磷低于 0.4mg/L。因此，设计林湿复合生态净化系统的氮磷去除率应达到 40%～70%。根据上述水质净化要求，结合周边农田日均 500m$^3$ 的排水需求，进行本生态净化系统的设计，并提出具体的生态改造措施展开施工：西侧靠近农田的区域开挖浅塘，种植湿生植物，东侧靠近河道的区域改造林下沟渠湿地，并针对原有苗圃式种植的人工林，引种乡土乔、灌木，恢复近自然林相，整体形成包括前置库、多级生态水耕区、清水涵养塘、水上森林、林间湿地、河流的复合型生态净化系统（图 6-5、图 6-6）。周边的农田退水首先汇入生态前置库与生态水耕区，然后进入清水涵养区，在这三个单元中来水中大颗粒悬浮物质被去除；清水涵养区的一部分出水为农田备用灌溉水，一部分继续汇入水上森林区；水上森林区内种植耐淹的乡土树种，堆高土方所建的生态岛种植乔木，形成异龄、复层、落叶常绿混交的近自然林（达良俊，2021）；林间湿地区域利用林下空间，串联水塘、芦苇湿地，形成多级复合型林间湿地；林间湿地区域出水一部分进入向阳河，一部分向南进入支流，可用于农田灌溉，就此恢复了农耕区的水肥循环。

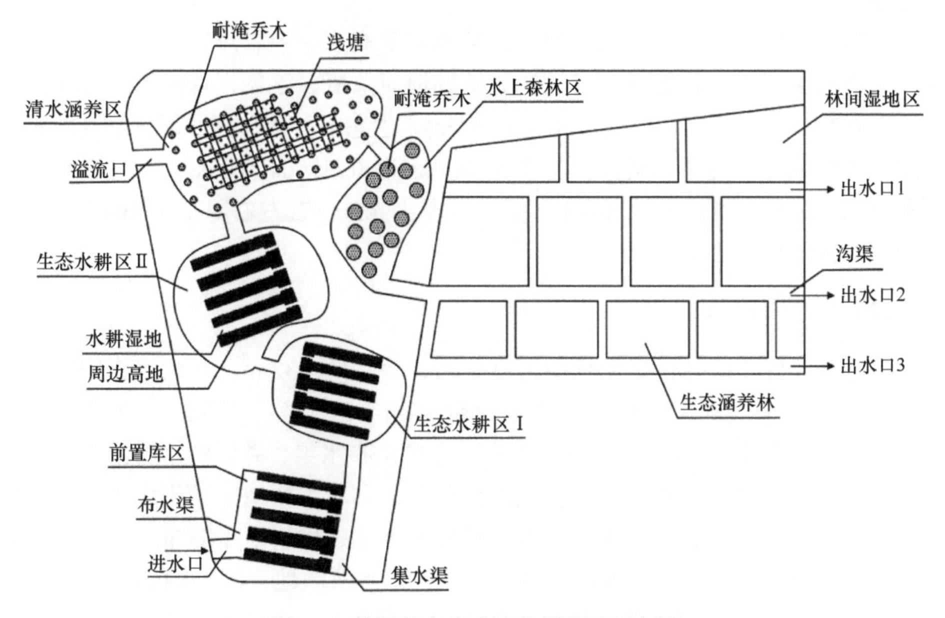


图 6-5　林湿复合生态净化系统平面布置

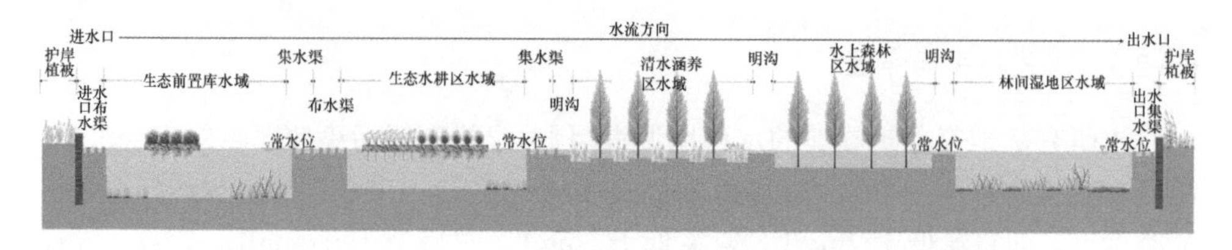


图 6-6　林湿复合生态净化系统剖面图（彩图请扫封底二维码）

6.3.2.4　分区设计

**（1）生态前置库**

农田退水经由水泵提升之后，进入生态前置库，通过生态沉淀作用去除来水中大颗粒悬浮物质和营养物质，然后再进入生态水耕区。生态前置库占地面积约 3.3 亩，容积约 550m$^3$，平均水力停留时间为 26.9h。该单元平均水深 0.5m，其中底标高 3.0m，常水位标高 3.5m，生态前置库外围土方标高 3.6m，保证区域内水体不溢流。西侧精品良田灌溉排水先汇入排水农沟，此处水位约 2.9m，再经过水泵提升至布水渠；布水渠引水进入并联的条带状湿地，在自然沉淀作用下去除大颗粒悬浮物质；湿地内构建生态浮岛净化来水水质，前段浮岛种植旱伞草、西伯利亚鸢尾，后半段采用生物栅填料+微孔曝气的方式；水体流经条带状湿地后通过集水渠进入下一单元，集水渠也使用生物栅填料，使出水流向生态水耕区的过程中得到进一步净化。

生态前置库净化功能类似植物塘，截留沉降来水中的悬浮物，吸附降解营养盐，结合相关湿地工程运行效果，认为植物塘对总氮、氨氮、总磷的削减能力分别达到 0.3g/(m$^2$·d)、0.2g/(m$^2$·d)、0.05g/(m$^2$·d)。生态前置库单元水域面积 1100m$^2$，可期待去除水体中总氮、氨氮、总磷各 0.3kg/d、0.2kg/d、0.05kg/d，使来水总氮含量由 7.8mg/L 左右降至 7.2mg/L，氨氮含量由 4.5mg/L 左右降至 4.1mg/L，总磷含量由 0.7mg/L 左右降至 0.6mg/L。

**（2）生态水耕区**

生态水耕区Ⅰ、Ⅱ占地面积均为 3.6 亩，容积约 432m$^3$，平均水力停留时间 22.5h。该单元平均水深 0.3m，其中底标高 3.2m，常水位标高 3.5m，外围土方标高 3.6m，保证区域内水体不溢流。水耕区主要由布水渠、并联的水耕湿地、集水渠等构成，水面设置生态浮岛栽培花卉或蔬菜，利用水耕植物净化水质的同时取得一定的农业经济效益。前置库的出水首先流入生态水耕区Ⅰ的布水渠，布水渠长 34m、宽 4m，使来水均匀进入 4 块并联的生态水耕湿地；单片水耕湿地长 32m、宽 4m，以引导来水避免短流，提高有效水力停留时间；水体流经狭长的水耕湿地后汇入另一侧的集水渠，集水渠长 34m、宽 4m，汇集 4 块水耕湿地的来水，引向生态水耕区Ⅱ。其中布水渠与生态水耕区及生态水耕区与集水渠之间均通过明沟连接。生态水耕区Ⅱ与生态水耕区Ⅰ水深、面积接近，区域内布局一致，水流从生态水耕区Ⅰ流出后以同样的方式流过生态水耕区Ⅱ，最后漫流进入清水涵养塘。水耕区浅水及近岸区域种植石菖蒲、苦草等本地湿生植物，岸边的挺水植物带吸引两栖类产卵，也为水鸟提供可以休憩、躲藏的隐蔽环境；边坡使用 50cm 高松木桩，部分位置码放卵石，起到稳定护岸、避免水土流失的作用，同时也为陆生动物饮水提供了落脚条件。

水耕区单元净化功能参考陈雪初和高婷婷（2018）设计的景观池塘循环净化系统中湿地植物滤池部分，在植物-微生物-底泥的复合作用下，植物滤池对总氮、氨氮、总磷的削减能力分别达到 0.2g/($m^2$·d)、0.08g/($m^2$·d)、0.02g/($m^2$·d)。水耕区总水域面积 1440$m^2$，对总氮、氨氮、总磷的削减总量分别为 0.3kg/d、0.1kg/d、0.03kg/d，使水体总氮进一步下降至 6.6mg/L、氨氮下降至 3.9mg/L、总磷下降至 0.5mg/L。

**（3）清水涵养区**

清水涵养区占地面积 4.8 亩，容积约 600$m^3$，平均水力停留时间 21.6h。该单元平均水深 0.2m，其中底标高 3.3m，常水位标高 3.5m，外围土方标高 3.6m。该单元的主要功能是涵养优质水源，并提供多样化生物栖息地。农田退水通过多级生态水耕区后以漫流方式进入清水涵养区，清水涵养区由两部分构成：靠近农田一侧为 0.19 亩的溢流区，农田备用水从此区域通过溢流口流入农田水渠；剩余区域内均匀分布 27 个 4m×4m 的浅坑，浅坑处形成水深 20～40cm 的浅塘，种植苦草，浅坑外水深 0～20cm，种植耐淹乔木如落羽杉，以及再力花、水葱、旱伞草等挺水植物。由于 40cm 左右的水深不适合落羽杉生长，其幼苗无法扩散进入这些区域。随着落羽杉林的生长，将会在浅坑处形成“林窗”，而“林窗”区域光照充足，湿生草本将快速侵入，呈现典型的林泽湿地景观。这个单元的一部分出水作为农田备用水源，用以灌溉周边农田，另一部分进入水上森林区得到深度净化。

清水涵养区接近表面流湿地，对总氮、氨氮、总磷的削减能力为 0.6g/($m^2$·d)、0.3g/($m^2$·d)、0.02g/($m^2$·d)。清水涵养区可去除总氮约 1.8kg/d、氨氮约 0.9kg/d、总磷约 0.06kg/d。该单元出水总氮 3mg/L、氨氮 2.1mg/L、总磷 0.4mg/L。

**（4）水上森林区**

水上森林区占地面积 3.75 亩，容积约 500$m^3$，水力停留时间 24h。该单元通过适当挖深和围合形成自由水面，控制水深在 0.2m 左右，其中底标高 3.3m，常水位标高 3.5m，外围土方标高 3.6m。挖深后产生的多余土方集中堆高形成生态岛，其坡度 10°、最大高程 6m。生态岛种植乡土乔、灌木形成小型的近自然林，增添不同类型的生境，秋冬季还可用以消纳秸秆、水生植物残体等，避免水质二次污染。水上森林栽培在上海耐水表现良好的池杉、落羽杉，相邻幼苗的间距约 2m。林间设置通行的木栈道，挑空高度约 0.2m。可利用该区域的林下空间组织开展亲水活动，激发游人生态保护意识。该单元同样也为水鸟提供静谧的栖息场所。

水上森林过水区域湿地植物种植密度较低，除乔木外基本为自由水面，对氮磷营养盐的削减能力相对较弱，其氮磷削减效果约为清水涵养区的 1/4，即总氮削减 0.15g/($m^2$·d)、氨氮削减 0.075g/($m^2$·d)、总磷削减 0.005g/($m^2$·d)。水上森林区可去除总氮约 0.4kg/d、氨氮约 0.2kg/d、总磷约 0.01kg/d。

**（5）林间湿地区**

林间湿地区总占地面积 35.25 亩，包括 4.25 亩的沟渠湿地及 31 亩的近自然林地。沟渠湿地渠底标高 3.2m，水面标高 3.5m，平均水深 0.3m，水力停留时间 40.8h；林地地面标高 3.6m。林间湿地的构建充分利用现有林下空间，以生态涵养林内现有排水沟渠为基础，将硬质水泥边岸改为人工松木桩垂直驳岸，并适当开挖土方。湿地 0～20cm 浅水区种植挺水植物再力花、旱伞草等，20～40cm 较深处种植耐寒矮化苦草，并营造多个串联小型生物栖息地。生态涵养林选择性保留耐水湿的树种，补种池杉、墨西哥落羽杉、枫杨、乌桕等耐水湿乔木，以及耐水湿、喜阴的灌木（Ewel and Odum，1986）；通过构建乔、灌、草相结合的多层次植物群落，结合原有片林实现对空间的围合。林下浅溪放置倒木和人工生物通道，加强了林湿复合系统的连通性，促进小型哺乳动物、爬行动物在林地斑块间迁移。林间湿地区域出水一部分进入向阳河，一部分向南进入支流，农田灌溉可从该支流引水。

林间湿地的氮磷削减效果与水上森林情况类似，认为是清水涵养区的 1/4。该单元水域面积 2831$m^2$，可去除总氮约 0.4kg/d、氨氮约 0.2kg/d、总磷约 0.01kg/d。林间湿地出水总氮降至 1.4mg/L 以下、氨氮 1.3mg/L 以下、总磷 0.3mg/L 以下，符合地表水Ⅳ类标准。

#### 6.3.2.5 效果分析

上海市金山区廊下镇“农林水乡”项目于 2020 年完工（图 6-7），2021 年 4 月开始运行。主要监测林湿复合生态净化系统的水质、植被、鸟类等方面的生态恢复情况。水质监测频率每月 1 次，监测内容包括溶解氧、浊度、叶绿素、总氮、硝态氮、氨氮、总磷等指标。在生态前置库的进水口、林间湿地的出水口各布置 1 个采样点，进行整个系统的进、出水监测；在生态前置库、生态水耕区、清水涵养区、水上森林区这 4 个单元内各布置 1 个采样点，在林间湿地内布置 4 个采样点，以监测沿程水质的变化，比较各单元净水能力差异。以 2021 年 8 月的监测数据为例，由于正值水稻抽穗扬花期，农田施肥量较大，导致退水中氮磷污染负荷高。排水农沟中的水体总氮 4.97mg/L、氨氮 0.95mg/L、总磷 1.91mg/L，属于劣

Ⅴ类水，经过林湿复合生态净化系统处理后，出水总氮低于 0.70mg/L、氨氮低于 0.09mg/L、总磷低于 0.16mg/L，氮磷去除率高达 85%～90%，符合地表水Ⅲ类标准。不同单元的净水效果存在差异，其中生态前置库、生态水耕区、清水涵养区发挥主要的水质清洁功能，与预计的氮磷去除效果相符。

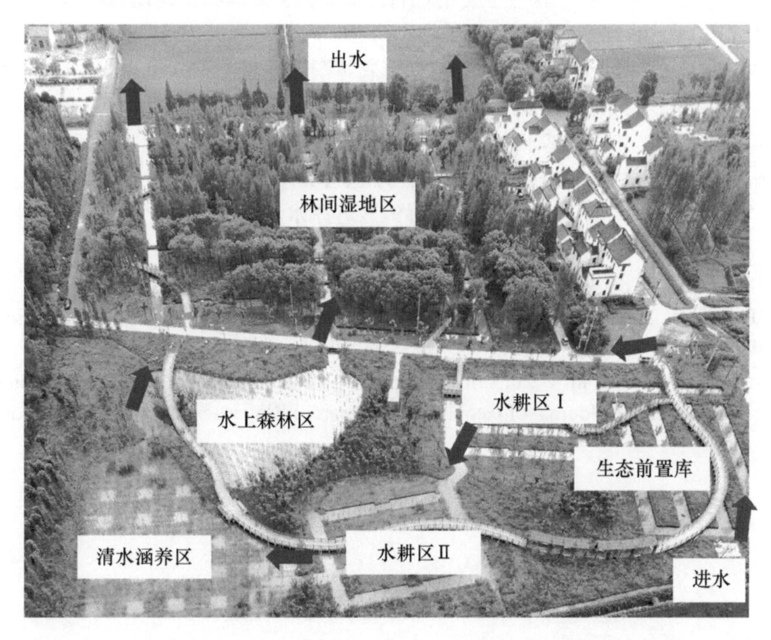


图 6-7　建成后的林湿复合生态净化系统（徐平摄）（彩图请扫封底二维码）

调查结果还显示农林水乡起到了较好的生物保育作用，吸引到池鹭、普通翠鸟、北红尾鸲等 36 种鸟类来此觅食栖息。以 2021 年 9 月鸟类调查数据为例，“农林水乡”区域共观察到鸟类 13 种；周边人工林地共观察到鸟类 4 种。计算得到“农林水乡”区域鸟类 Shannon-Wiener 多样性指数为 2.38；周边人工林地鸟类 Shannon-Wiener 多样性指数为 1.24。

“农林水乡”项目是林湿复合生态净化系统在我国的一个重要实例，基于 H.T. Odum 提出的森林-湿地复合体清水理念，构建兼顾环境、生态、社会效益的林湿复合生态净化系统，阻控城郊地区农业面源污染。农林水乡建设过程中还促进了林地、湿地、农田的功能复合，营造了开阔非遮阴的水塘、林下局部遮阴的浅溪、“异龄、复层、落叶常绿混交”的近自然林、低矮的灌丛草地及岸坡的水陆缓冲带等多样化的生境，在发挥消纳农田退水污染、清水蓄水功能的同时，还提供了多样化的生物栖息地。随着生态功能的发育，农林湿复合生态空间将为当地居民提供一个“生态后花园”，并成为生物多样性的热点，为发展自然教育与亲自然游憩提供条件。

## 主要参考文献

陈雪初, 高婷婷. 2018. 上海鹦鹉洲滨海盐沼湿地的恢复经验与展望. 园林, (7): 48-52.

达良俊. 2021. 基于本土生物多样性恢复的近自然城市: 生命地标构建理念及其在上海的实践. 中国园林, 37(5): 20-24.

盛世雯, 陈雪初, 聂晓钟, 等. 2022. 大都市郊野农林湿复合生态空间设计: 以上海金山区友好村农林水乡为例. 园林, 39(6): 74-81.

吴威, 李彩霞, 陈雪初. 2020. 基于生态系统服务的海岸带生态修复工程成效评估: 以鹦鹉洲湿地为例. 华东师范大学学报(自然科学版), (3): 98-108.

张春松, 杨华蕾, 由文辉, 等. 2021. 新恢复湿地对近岸水域水质的净化效果研究. 中国给水排水, 37: 65-68, 73.

Ewel K C, Odum H T. 1986. Cypress Swamps. Gainesville: University Press of Florida.

Odum H T, Odum, B. 2003. Concepts and methods of ecological engineering. Ecological Engineering, 20: 339-361.

Yang H, Tang J, Zhang C, et al. 2020. Enhanced carbon uptake and reduced methane emissions in a newly restored wetland. Journal of Geophysical Research: Biogeosciences, 125: e2019JG005222.